冶金工业出版社

普通高等教育"十四五"规划教材

功能材料实验教程

袁蝴蝶　汤　云　任小虎　主编

U0341703

北　京

冶金工业出版社

2021

内 容 提 要

本书从适应高校创新实践教学改革的需要出发,对功能材料实验教学内容进行理性设计和整合,旨在进一步充实、加深和强化学生对功能材料专业知识的认识和理解,使学生能够掌握材料合成与加工的新方法及功能材料的物理性能测试方法,对功能材料的磁学、电学、热学、光学、声学等性能进行具体的测定和表征。同时,书中增设了多项前沿性综合设计类实验,力图使学生具备材料设计、正确选择设备进行材料合成以及对材料进行工艺、结构、性能相关性研究的能力,为今后改进现有材料的制备工艺或探索新型功能材料打下基础。

本书为高等院校材料类专业的实验教材,也可供相关专业的科研人员及生产技术人员参考。

图书在版编目(CIP)数据

功能材料实验教程/袁蝴蝶,汤云,任小虎主编. —北京:冶金工业出版社,2021.10

普通高等教育"十四五"规划教材

ISBN 978-7-5024-8938-0

Ⅰ.①功… Ⅱ.①袁… ②汤… ③任… Ⅲ.①功能材料—实验—高等学校—教材 Ⅳ.①TB34-33

中国版本图书馆 CIP 数据核字(2021)第 197101 号

功能材料实验教程

出版发行	冶金工业出版社	**电 话**	(010)64027926
地 址	北京市东城区嵩祝院北巷 39 号	**邮 编**	100009
网 址	www.mip1953.com	**电子信箱**	service@ mip1953.com

责任编辑 杨 敏 美术编辑 吕欣童 版式设计 禹 蕊
责任校对 梅雨晴 责任印制 李玉山
北京虎彩文化传播有限公司印刷
2021 年 10 月第 1 版,2021 年 10 月第 1 次印刷
787mm×1092mm 1/16;17.75 印张;426 千字;273 页
定价 45.00 元

投稿电话 (010)64027932 投稿信箱 tougao@cnmip.com.cn
营销中心电话 (010)64044283
冶金工业出版社天猫旗舰店 yjgycbs.tmall.com
(本书如有印装质量问题,本社营销中心负责退换)

前　　言

　　功能材料是一类具有特定的电、热、声、光、磁等物理特性及其相互转换效应的新型材料，以高性能的新型功能材料为基础的各种敏感（如热敏、气敏、压敏、力敏、光敏、磁敏等）元器件以及功能转换（如电声转换、光电转换、热电转换等）元器件，在不同行业和领域都具有广泛的用途和重要的作用。功能材料是国家重点发展的领域，近年来，我国对从事功能材料研究、生产与应用等方面工作的人才的需求量呈现不断增加的趋势。在功能材料的研究、开发和生产中，人们越来越注重采用新型化学合成与制备技术，以充分提高材料、产品或器件的性能，更好地满足实际应用的需要。因此，加强对学生在功能材料的化学合成与制备等方面的基本知识和基本技能的培养和训练，是造就适应社会需要的合格人才的客观要求。

　　实验教学是实现素质教育和创新人才培养的重要环节，也是培养卓越工程师的迫切需要。它对培养学生实验技能、科学素养、创新和综合研究能力有着不可替代的作用。2016 年 6 月，中国科协代表我国正式加入《华盛顿协议》，我国成为第 18 个会员国。加入《华盛顿协议》是提高中国工程教育质量、促进中国工程师按照国际标准培养和提高中国工程技术人才培养质量的重要举措。工程教育专业认证对学生实践和创新能力，特别是解决复杂工程问题的能力提出了较高的要求。专业实验课程是材料类专业本科生进行实践和创新能力培养的最重要的途径之一，将实验教学独立设课便是实验教学从内容到形式上的重大变革。为了满足功能材料专业的实验课教学需要，我们组织功能材料专业具有高级职称的课堂及实验教学教师，按照教育部功能材料专业教学指导委员会对功能材料专业本科人才培养目标的要求编写了本书。

　　在本书编写过程中，编者查阅了大量的材料科学与工程学科国内外的最新资料和成果，结合我国现阶段实验室装备情况，征求了相关专家和实验教学一线教师的意见，旨在使之能够满足新时代对人才培养的需要。本书共 11 章，涵盖了功能材料专业教学所涉及的演示性、验证性、综合/设计性以及虚拟仿真的经典实验，在内容上引用新标准、新规范，详细讲述了实验原理和实验设备使用方法，理论与实际应用有机结合，满足创新性和拓展性实验要求；附录部分编录了实验所需的相关数据表以供查阅。本书系统性强，具有材料类专业的普适性，除可供材料类专业本科生实验教学使用外，亦可供本专业研究生、科研人员及生产技术人员参考。

本书由袁蝴蝶、汤云、任小虎主编，魏英、杨春利、阙美丹等参编。编写分工如下：袁蝴蝶编写第 1 章、第 5 章、第 9 章及附录；汤云编写第 3 章、第 6 章、第 8 章；任小虎编写第 2 章、第 4 章；魏英编写第 7 章。本书第 9 章设计性实验由杨春利和魏英共同完成，虚拟仿真实验项目由杨春利和袁蝴蝶共同完成，第 9 章实验 9-7 由阙美丹完成。全书由袁蝴蝶、汤云、任小虎统稿。

本书由西安建筑科技大学实验室与设备管理处处长、功能材料专业负责人尹洪峰教授主审，西安建筑科技大学功能材料实验室主任杨春利副教授也参加了部分实验项目的审稿。在本书编写过程中，参考了有关文献资料，且得到了西安建筑科技大学相关部门的大力支持和帮助，在此一并致以衷心感谢。

由于编者水平有限，书中疏漏和不当之处在所难免，恳请广大读者提出宝贵意见。

编　者

2021 年 1 月

目　录

1 绪 论

材料是可以直接用来制造有用成品的物质，是人类生存和发展、征服自然和改造自然的物质基础。材料的使用和发展是人类不断进步和文明的标志。随着科学技术的发展，材料的研究和制造将十分重要，而新材料的发现和使用，必将推动科学的发展和技术的革命。

材料的研发和使用必须以科学实验为基础，这些实验活动综合体现了化学和物理相结合、微观和宏观研究相结合、理论和技术相结合的特点，因此，科学实验是成为材料科学家和工程师所必须具备的基本素质。

1.1 "功能材料实验"课程的目的和要求

"功能材料实验"课程讲授的不仅仅是传统意义上的验证型实验，更多的是大量的综合型、设计型和创新型实验，通过大量的实验训练，使学生能够掌握功能材料实验的基本方法和技能，从而能够根据所学原理设计实验，正确选择和使用实验仪器和设备，锻炼学生观察现象、正确记录数据、处理数据、分析实验结果的能力；培养学生严肃认真、实事求是的科学态度和作风；增强学生的探索精神、团队精神和创新精神。通过"功能材料实验"课程的教学，还可以验证所学原理，巩固和加深对理论知识的理解，提高学生灵活运用理论知识的能力。因此，必须对学生进行正确、严格的基本训练，并提出明确的要求。在进行每一个实验项目时，必须做到以下要求。

1.1.1 实验前的预习

（1）实验前必须充分预习。明确实验内容和目的，掌握实验的基本原理，了解所用仪器、设备的构造和操作规程，明确实验所需进行的测量和记录的数据，对整个实验过程要求做到心中有数。

（2）编写预习报告。预习报告要求简明扼要地写出实验目的及实验原理，列出原始数据记录表格。若有不懂之处，应提出问题。

（3）进行实验前，指导老师应检查学生的预习报告，进行必要的提问，并解答疑难问题，在学生达到预习要求后方能进行实验。

1.1.2 实验过程

（1）进入实验室不得大声喧哗和随意走动，严格遵守实验室安全守则，以保证实验顺利进行。

（2）不了解仪器使用方法时，不得擅自使用和拆卸仪器，仪器装置安装好后，必须经过指导老师检查，无误后方能进行实验。

（3）遇到仪器损坏应立即报告，检查原因，并登记损坏情况。

（4）严格按实验操作规程进行，不得随意改动，若确有改动的必要，应事先取得指导老师的同意。

（5）实验数据的记录要求完全、准确、整齐清楚，所有实验数据必须记录在记录纸上，不要忘记记录实验条件，如室温、大气压等，实验数据尽量采用表格形式记录，在记录实验数据过程中应实事求是，严禁涂改。

（6）充分利用实验时间，观察现象，记录数据，分析和思考问题，提高学习效率。

（7）实验结束后，应将实验数据交指导老师，签名后方能拆卸实验装置，如不合格，须重作或补做。

（8）实验过程中应爱护实验仪器，节约实验材料和药品。实验完毕后，仔细清洗和整理实验仪器，打扫实验室卫生。

1.1.3　实验报告的编写

（1）实验报告应包括实验的目的、要求、简明原理、实验仪器及主要操作步骤、实验数据记录及处理、结果讨论和问题解答等内容。

（2）实验目的应简单明了，并说明实验方法及研究对象；简要阐明实验步骤。

（3）实验数据尽可能以表格形式记录。数据处理和结果讨论是实验报告的重要部分，要求叙述清楚数据处理的原理、方法、步骤及数据应用的单位，并对实验结果进行讨论。讨论内容包括实验时的心得体会、做好实验的关键、实验结果的可靠程度、实验现象的分析和解释、解答实验思考题、对实验提出进一步的改进意见等。

（4）实验报告的编写应独立进行，不得多人合写一份报告。

（5）书写实验报告要求开动脑筋、钻研问题、认真计算、仔细写作，反对粗枝大叶、字迹潦草。

（6）书写实验报告必须清楚、简要。

1.2　实验室的安全防护

实验室的安全防护是关系到培养良好的实验素质，保证实验顺利进行，确保实验者和国家财产安全的重大问题。实验室经常遇到高温、低温的实验条件，使用高气压（各种高压气瓶）、低气压（各种真空系统）、高电压、高频和带有辐射线（X 射线、激光、γ射线）的仪器，因此实验者应具备必要的安全防护知识，以及一旦事故发生时应采取的应急处理方法。

各类实验课程对化学药品使用的安全防护和实验室用电的安全防护反复作了介绍，此处不再赘述。本书结合无机非金属材料实验的特点，重点介绍使用受压容器和使用辐射源的安全防护，同时对实验者的人身安全防护作必要的补充。

1.2.1　使用受压容器的安全防护

实验室中受压容器主要指高压储气瓶、真空系统、供气稳压用的玻璃容器，以及盛放液氮的保温瓶等。

1.2.1.1 高压储气瓶的安全防护

高压储气瓶是无缝碳素钢或合金钢制成，按其存储的气体及工作压力分类，见表 1-1。

表 1-1 标准储气瓶的型号分类

气瓶型号	用 途	工作压力/MPa	试验压力/MPa	
			水压试验	气压试验
150	储存氢、氧、氟、氩、氮、甲烷、压缩空气	15.0	22.5	15.0
125	储存二氧化碳及纯净水煤气	12.5	19.0	12.5
30	装存氨氯光气等	3.0	6.0	3.0
6	储存二氧化碳	0.6	1.2	0.6

我国《气瓶安全监察规程》（质技监高锅发〔1999〕154 号）中，规定了各类气瓶的色标（见表 1-2)，每个气瓶必须在其肩部刻上制造厂和检验单位的钢印标记。

为了使用安全，各类储气瓶应定期送检验单位进行技术检查，一般气瓶至少每三年检验一次，充装腐蚀性气体的气瓶至少每两年检验一次。检验中若发现气瓶的质量损失率或容积增加率超过一定的标准，应降级使用或予以报废。

使用储气瓶必须按正确的操作规程进行，有关注意事项简述如下。

气瓶放置要求：气瓶应存放在阴凉、干燥、远离热源（如夏日避免日晒，冬天与暖气片隔开，平时不要靠近炉火等）的地方，并用固定环将气瓶固定在稳定的支架、实验桌或墙壁上，防止受外来撞击和意外跌倒。使用易燃、易爆和有毒气体时，气瓶应放置在具有通风和报警功能的气瓶柜内，防止安全事故的发生。存储易燃气体气瓶（如氢气瓶等）的房间，原则上不应有明火或电火花产生，确实难以做到时应该采取必要的防护措施。

安装减压器（阀）：气体使用时要通过减压器使气体压力降至实验所需范围（CO_2、NH_3 气瓶可不装减压阀）。气瓶安装减压器前应确定其连接尺寸规格是否与气瓶接头相一致，接头处需用专用垫圈。一般可燃性气体气瓶接头的螺纹是反向的左牙纹，不燃性或助燃性气体气瓶接头的螺纹是正向的右牙纹。有些气瓶需使用专门减压器（如氨气瓶），各种减压器一般不得混用，减压器都装有安全阀，它是保护减压器安全使用的装置，也是减压器出现故障的信号装置。减压器的安全阀应调节到接受气体的系统或者容器的最大工作压力。

常用储气瓶的色标见表 1-2。

表 1-2 常用储气瓶的色标

气瓶名称	外表面颜色	字 样	字样颜色	横条颜色
氧气瓶	天蓝	氧	黑	
氢气瓶	淡绿	氢	大红	红
氮气瓶	黑	氮	淡黄	棕
氩气瓶	银灰	氩	深绿	

气瓶名称	外表面颜色	字 样	字样颜色	横条颜色
氦气瓶	银棕	氦	深	
空气	黑	空气	白	
氨气瓶	淡黄	液氨	黑	
二氧化碳气瓶	铝白	液化二氧化碳	黑	
氯气瓶	深绿	液氯	白	白
乙炔瓶	白	乙炔 不可近火	大红	

气瓶操作要点：气瓶需要搬运或移动时，应拆除减压器，旋上瓶帽，并使用专门的搬移车。开启或关闭气瓶时，实验者应站在减压阀接管的侧面，不许将头或身体对准阀门出口。气瓶开启使用时，应首先检查接头连接处、管道是否漏气，直至确认无漏气现象方可继续使用。使用可燃性气瓶时，更要防止漏气或将用过的气体排放在室内，并保持实验室通风良好。使用氧气瓶时，严禁气瓶接触油脂，实验者的手上、衣服上或工具上也不得沾有油脂，因为高压氧气与油脂相遇会引起燃烧。氧气瓶使用时发现漏气不得用麻、棉等物去堵漏，以防发生燃烧事故。使用氢气瓶，导管处应加防止回火装置。气瓶内气体不应全部用尽，应留有不少于 0.1MPa 的压力气体，并在气瓶上标示用完的记号。

1.2.1.2 受压玻璃仪器的安全保护

实验中常用的受压玻璃仪器包括供高压或真空实验用的玻璃仪器、盛装水银的容器、压力计，以及各种保温容器等，使用这类仪器时必须注意：

（1）受压玻璃仪器的器壁应足够坚固，不能用薄壁材料或平底烧瓶之类的器皿。

（2）供气稳压用的玻璃稳压瓶其外壳应裹以布套或细网套。

（3）实验中常用液氮作为获得低温的手段，在将液氮注入真空容器时要注意真空容器可能发生破裂，不要把脸靠近容器的正上方。

（4）装载水银的 U 形压力计或容器要防止使用的玻璃容器破裂，造成水银散溅到桌上或地上，因此装载水银的玻璃容器下部应放置搪瓷盘或适当的容器。使用 U 形水银压力计时，应防止系统压力变动过于剧烈而使压力计中的水银散溅到系统内外。

（5）使用真空玻璃系统时，要注意任何一个活塞的开闭均会影响系统的其他部分，因此，操作时应特别小心，防止在系统内形成高温爆鸣气混合物或让混合物进入高温爆鸣气混合物高温区。在开启或关闭活塞时，应两手操作，一手握活塞套，一手缓缓旋转内塞，务使玻璃系统各部分不产生力矩，以免扭裂。

1.2.2 使用辐射源的安全防护

实验室的辐射源，主要指产生 X 射线、γ 射线、中子流、带电粒子束的电离辐射和产生频率为 10~100000MHz 的电磁波辐射。电离辐射和电磁波辐射作用于人体，都会造成人体组织的损伤，引起一系列复杂的组织机能的变化，因此，必须重视使用辐射源的安全防护。

1.2.2.1 电离辐射的安全防护

我国目前规定从事放射性工作的专业人员，电离辐射的最大容许量每日不得超过

0.05R（伦琴），非放射性工作人员每日不得超过 0.005R。

同位素源放射的 γ 射线较 X 射线波长短、能量大，但 γ 射线和 X 射线对机体的作用是相似的，所以防护措施也是一致的，需要采用屏蔽防护、缩短使用时间和远离辐射源等措施。前者是在辐射源与人体之间添加适当的物质作为屏蔽，以减弱射线的强度，屏蔽物质主要有铅、铅玻璃等；后者是根据受照射时间愈少，人体所接受的剂量愈少，以及射线的强度随机体与辐射源的距离平方衰减的原理，尽量缩短工作时间和加大机体与辐射源的距离，从而达到安全防护的目的。在实验时由于 X 射线和 γ 射线有一定的出射方向，因此实验者应注意不要正对出射方向站立，而应站在侧边进行操作；对于暂时不用或者多余的同位素放射源，应及时采取有效的屏蔽措施，存储在适当的地方。

防止放射性物质进入人体是电离辐射安全的重要前提，一旦放射性物质进入人体，则上述的屏蔽防护和缩短时间加大距离措施就失去意义。放射性物质要尽量在密闭容器内操作，操作时必须戴防护手套和口罩。严防放射性物质飞溅而污染空气，加强室内通风换气，操作结束后应全身淋浴，切实防止放射性物质从呼吸道或食道进入体内。

1.2.2.2　电磁波辐射的安全防护

高频电磁波辐射源作为特殊情况下的加热热源，目前已在光谱用光源和高真空技术中得到越来越多的应用。电磁波辐射能对金属、非金属介质以感应方式加热，因此会对人体组织、如皮肤、肌肉、眼睛的晶状体以及血液循环、内分泌、神经系统造成损害。

防护电磁波辐射的最根本的有效措施是减少辐射源的泄漏，使辐射局限在限定的范围。当设备本身不能有效防止高频辐射时，可利用能反射或者能吸收电磁波的材料，如金属、多孔性生胶和炭黑等做网罩、以屏蔽辐射源。操作电磁波辐射源的实验者应穿特制防护服和戴防护眼镜（镜片上涂有一层导电的二氧化锡、金属铬的透明或者半透明的膜）；同时也应加大工作处与辐射源之间的距离。

考虑到某些工作中不可避免地要经受一定强度的电磁波辐射，应按辐射时间长短不同，制定辐射强度的分级安全标准；每天辐射时间小于 15min 时，辐射强度小于 $1mW/cm^2$；小于 2h 的情况下，辐射强度小于 $0.1mW/cm^2$；在整个工作日内经常受辐射的情况下，辐射强度小于 $10\mu W/cm^2$。

除上述电离辐射和电磁波辐射外，还应注意紫外线、红外线和激光对人体，特别是眼睛的损害。紫外线的短波部分（300~200nm）能引起角膜炎和结膜炎。红外线的短波部分（160~760nm）可通过眼球到达视网膜，引起视网膜灼烧症。激光对皮肤的灼烧情况与一般高温辐射性皮肤烧伤相似，不过它局限在较小的范围内。激光对眼睛的损伤是严重的，会引起角膜、虹膜和视网膜的烧伤，影响视力，甚至因晶状体混浊发展为白内障。防护紫外、红外线以及激光的有效方法是戴防护眼镜，但应注意不同光源、不同强度时须选用不同的防护眼镜片，而且不应使眼睛直接对准光束进行观察。对于大功率的二氧化碳气体激光，应该避免照射中枢神经系统，引起伤害，实验者还需要戴上防护头盔。

1.2.3　实验者人身安全防护要点

（1）实验者在实验室进行实验前，应该熟悉设备和各项急救设备的使用方法，了解实验楼的楼梯和出口，实验室内的电器总开关、灭火器具和急救药品存放地方，以便一旦发生事故能及时采取相应的防护措施。

（2）大多数化学药品都有不同程度的毒性，原则上应防止任何化学药品以任何方式进入人体。必须注意，有许多化学药品的毒性是在相隔很长时间以后才会显现出来的；不要将使用小量、常量化学药品的经验，任意移用到大量化学药品的情况；更不能将常温常压下实验的经验，在高温、高压、低温、低压的实验条件时套用；当在有危险性或在严酷条件下进行实验时，应使用防护装置，戴防护面罩和眼镜。

（3）许多气体和空气的混合物有爆炸组分界限，当混合物的组分介于爆炸高限和爆炸低限之间时，只要有一个适当的灼热源（如一个火花、一根高热金属丝）诱发，全部气体混合物就会瞬间爆炸。某些气体与空气混合的爆炸高限和低限，以其体积分数（%）表示，见表 1-3。

表 1-3   与空气混合的某些气体的爆炸极限

气 体	爆炸高限	爆炸低限	气 体	爆炸高限	爆炸低限
氢	74.2	4.0	乙醇	19.0	3.2
一氧化碳	74.2	12.5	丙醇	12.8	2.6
煤气	74.2	12.5	乙醚	36.5	1.9
氨	27.0	15.5	乙烯	28.6	2.8
硫化氢	45.5	1.3	乙炔	80.0	2.5
甲醇	36.5	4.7	苯	6.8	1.4

因此实验时应尽量避免能与空气形成爆鸣混合气的气体散失到空气中，同时实验室工作时应保持室内通风良好，不使某些气体在室内积聚而形成爆鸣混合气。如果实验需要使用某些与空气混合有可能形成爆鸣气的气体，室内严禁明火和使用可能产生电火花的电器等，禁穿鞋底上有铁钉的鞋子。

（4）实验中，实验者要接触和使用各类电气设备，因此必须了解使用电器的安全使用知识：

1）实验室使用的电源是频率为 50Hz 的交流电。人体感受到触电效应时电流强度约为 1mA，此时会有发麻和针刺的感觉；当通过人体的电流强度达到 6~9mA 时，一触就会缩手；再高的电流，就会肌肉强烈收缩，手抓住了带电体后便不能释放；电流强度达到 50mA 时，人就有生命危险，因此使用电气设备安全防护的原则是不要使电流通过人体。

2）通过人体的电流强度大小，取决于人体电阻和所加的电压。通常人体的电阻包括人体内部组织的电阻和皮肤电阻。人体内部组织电阻约为 1000Ω，皮肤电阻约为 1kΩ（潮湿流汗的皮肤）到数万欧姆（干燥的皮肤），因此我国规定 36V、50Hz 的交流电为安全电压，超过 45V 都是危险电压。

3）电击伤人的程度与通过人体的电流大小、通电时间长短、通电的途径相关。电流若通过人体心脏或大脑，最易引起电击死亡。所以实验时不要用潮湿有汗的手去操作电器，不要用手紧握可能荷电的电器，不应以双手同时触及电器，电气设备外壳均应接地。万一不慎发生触电事故，应立即切断电源，对触电者采取急救措施。

2 功能材料的磁学性能表征

实验 2-1 基本磁化曲线和动态磁滞回线的测量

实验目的

（1）掌握用磁滞回线测试仪测绘磁滞回线的方法。

（2）了解铁磁物质的磁化规律，用示波器法观察磁滞回线，比较两种典型的铁磁物质的动态磁化特性。

（3）测定样品的基本磁化曲线（B-H 曲线），并作出 μ-H 曲线。

（4）测绘样品在给定条件下的磁滞回线，估算其磁滞损耗以及相关的 H_c、B_r、B_s 等参量。

实验原理

1. 铁磁材料的磁滞特性

铁磁物质是一种性能特异，在现代科技和国防上用途广泛的材料。铁、钴、镍及其众多合金以及含铁的氧化物（铁氧体）均属铁磁物质。其一个特性是在外磁场作用下能被强烈磁化，磁导率 μ 很高；另一个特性是磁滞，即磁场作用停止后，铁磁材料仍保留磁化状态。图 2-1-1 所示为铁磁物质的磁感应强度 B 与磁场强度 H 之间的关系曲线。

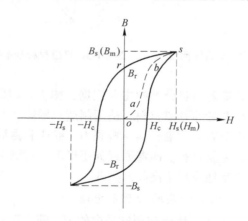

图 2-1-1 铁磁物质的起始磁化曲线和磁滞回线

图 2-1-1 中的原点 o 表示磁化之前铁磁物质处于磁中性状态，即 $B=0$，$H=0$。当外磁场 H 从零开始增加时，磁感应强度 B 随之缓慢上升，如线段落 oa 所示；继之 B 随 H 迅速

增长，如 ab 段所示；随后，B 的增长又趋缓慢；当 H 值增至 H_s 时，B 的值达到 B_s，在 s 点的 B_s 和 H_s 通常又称为本次磁滞回线的 B_m 和 H_m。曲线 $oabs$ 段称为起始磁化曲线。当磁场从 H_s 逐渐减少至零时，磁感应强度 B 并不沿起始磁化曲线恢复到 o 点，而是沿一条新的曲线 sr 下降，比较线段 os 和 sr，可以看到，H 减小，B 也相应减小，但 B 的变化滞后于 H 的变化，这个现象称为磁滞，磁滞的明显特征就是当 $H=0$ 时 B 不为 0，而是保留剩磁 B_r。

当磁场反向从 0 逐渐变为 $-H_c$ 时，磁感应强度 $B=0$，这就说明要想消除剩磁，必须施加反向磁场，H_c 称为矫顽力。它的大小反映铁磁材料保持剩磁状态的能力，线段 rc 称为退磁曲线。图 2-1-1 还表明，当外磁场按 $H_s \rightarrow 0 \rightarrow -H_c \rightarrow -H_s \rightarrow 0 \rightarrow H_c \rightarrow H_s$ 次序变化时，相应的磁感应强度 B 按闭合曲线 $srcs'r'c's$ 变化，这个闭合曲线称为磁滞回线。所以，当铁磁材料处于交变磁场中时（如变压器铁芯），将沿磁滞回线反复发生被磁化→去磁→反向磁化→反向去磁，由于磁畴的存在，此过程要消耗能量，以热的形式从铁磁材料中释出，这种损耗称为磁滞损耗。可以证明，磁滞损耗与磁滞回线所围面积成正比。

当初始态为 $H=0$，$B=0$ 的铁磁材料，在峰值磁场强度 H 由弱到强的交变磁场作用下磁化时，可以得到面积由小到大向外扩张的一组磁滞回线，如图 2-1-2 所示。这些磁滞回线顶点的连线称为该铁磁材料的基本磁化曲线。由此，可近似确定其磁导率 $\mu=B/H$，因 B 与 H 是非线性关系，所以铁磁材料的磁导率 μ 不是常数，而是随 H 变化，如图 2-1-3 所示。铁磁材料的磁导率可高达数千至数万，这一特点使它广泛地用于各个方面。

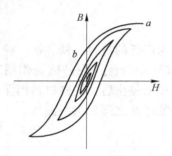
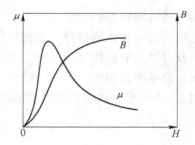

图 2-1-2　同一铁磁材料的一组磁滞回线　　　图 2-1-3　铁磁材料基本磁化曲线和 μ-H 关系曲线

磁化曲线和磁滞回线是铁磁材料分类的主要依据，图 2-1-4 所示为常见的几种典型的磁滞回线。其中，磁滞回线宽者为硬磁材料，适用制造永磁体，其矫顽力大、剩磁强，如钕铁硼合金；磁滞回线细而窄者为软磁材料，矫顽力、剩磁和磁滞损耗均较小，是制造变压器、电机和交流电磁铁的主要材料。磁滞回线如矩形者，矫顽力小、剩磁大，适于做记忆材料，如磁环、磁膜，广泛地应用于高技术行业。

2. 示波器显示样品磁滞回线的实验原理及电路

只要设法使示波器 X 轴输入正比于被测样品中的 H，使 Y 轴输出正比于样品的 B，保持 H 和 B 为样品中的原有关系就可在示波器荧光屏上如实地显示样品的磁滞回线。怎样才能使示波器的 X 轴输入正比于 H，Y 轴输入正比于 B 呢？图 2-1-5 所示为测试磁滞回线的原理图。图中 L 为被测样品的平均长度（虚线框），N_1、N_2 分别为原、副边匝数，R_1、R_2 为电阻，C 为电容。

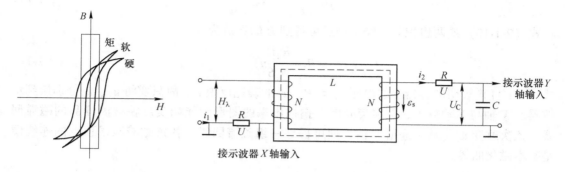

图 2-1-4   不同铁磁材料的磁滞回线   图 2-1-5   示波器测量磁滞回线的实验原理

当原边输入交流电压 U_λ 时就产生交变的磁化电流 i_1，由安培环路定律可算得磁场强度 H 为

$$H = \frac{N_1 i_1}{l} \qquad (2\text{-}1\text{-}1)$$

又因

$$i_1 = \frac{u_1}{R_1} \qquad (2\text{-}1\text{-}2)$$

所以

$$H = \left(\frac{N_1}{l}\right)\frac{u_1}{R_1} = \frac{N_1}{l R_1} u_1 \qquad (2\text{-}1\text{-}3)$$

由上式可知 $H \propto u_1$，加到示波器 X 轴的电压 u_1 确能反映 H。交变的 H 样品中产生交变的磁感应强度 B。假设被测样品的截面积为 S，穿过该截面的磁通 $\phi = B \cdot S$，则由法拉第电磁感应定律可知，在副线圈中将产生感应电动势，其计算式为

$$\varepsilon_s = -N_2 \frac{dp}{dt} = -N_2 S \frac{dB}{dt} \qquad (2\text{-}1\text{-}4)$$

由图 2-1-5 副边的回路方程式

$$\varepsilon_s = i_2 R_2 + u_c \qquad (2\text{-}1\text{-}5)$$

式中，i_2 为副边电流；u_c 为电容 C 两端的电压。设 i_2 向电容器 C 充电，在 Δt 时间内充电量为 Q，则此时电容两端的电压 u_c 表示如下：

$$u_c = \frac{Q}{C} \qquad (2\text{-}1\text{-}6)$$

当我们选取足够的 R_2、C 时，使 u_c 小到与 $i_c R_2$ 相比可以略去不计时，式 (2-1-5) 简化为

$$\varepsilon_s = i_2 R_2 \qquad (2\text{-}1\text{-}7)$$

又因

$$i_2 = \frac{dQ}{dt} = C \frac{du_c}{dt} \qquad (2\text{-}1\text{-}8)$$

所以式 (2-1-7) 变为

$$\varepsilon_s = R_2 C \frac{du_c}{dt} \qquad (2\text{-}1\text{-}9)$$

根据电磁感应定律

$$\varepsilon_s = -N_2 S \frac{dB}{dt}$$

$$R_2C\frac{\mathrm{d}u_c}{\mathrm{d}t} = -N_2S\frac{\mathrm{d}B}{\mathrm{d}t} \tag{2-1-10}$$

将式（2-1-10）式两边积分，经整理后可得到 B 的数值为

$$B = \frac{R_2C}{N_2S}u_c \tag{2-1-11}$$

式（2-1-11）表明电容器上的电压 $u_c \propto B$，u_c 的确能反映 B。故只要将 u_1、u_c 分别接到示波器的 X 轴与 Y 轴输入，则在荧光屏上扫描出来的图形就能如实反映被测样品的磁滞回线。依次改变 u_1（从零递增）值，便可得到一组磁滞回线，各条磁滞回线顶点的连线便是基本磁化曲线。

实验仪器设备

（1）FB310 型磁滞回线实验仪。仪器实物及面板图如图 2-1-6 所示。该实验仪由测试样品、功率信号源、可调标准电阻、标准电容和接口电路等组成。测试样品有两种：一种是磁滞损耗较小的软磁材料；另一种是滞损耗较大的硬磁材料。信号源的频率在 20～200Hz 间可调，磁化电流采样电阻 R_1 在 0.1～11Ω 范围内可调节，积分电阻 R_2 在 1～110kΩ 范围内可调节，积分电容 C 的可调范围为 0.1～11μF。样品的平均周长 $l = 0.06\text{m}$，环状样品的截面积为 $8\times10^{-5}\,\text{m}^2$，初级线圈匝数为 $N_1 = 50$ 匝，次级线圈匝数 $N_2 = 3N_1 = 150$ 匝。

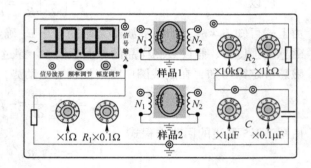

图 2-1-6　FB310 型磁滞回线实验仪及面板图

（2）示波器。

（3）计算机。

实验步骤

（1）电路连接：选样品 1 按实验仪上所给的电路图连接线路，并令 $R_1 = 4.0\text{Ω}$，"U 选择"开关 K_1 置于 0.5 V。U_H 和 U_B（即 U_1 和 U_2）分别接示波器的"X 输入"和"Y 输入"，插孔"⊥"为公共端。

（2）样品退磁：开启实验仪电源，对试样 1 进行退磁，即顺时针方向转动"电压选择"旋钮 K_1，令 U 从 0.5V 增至 5V，然后逆时针方向转动旋钮，将 U 从最大值降为

0.5V，其目的是消除剩磁，确保样品处于磁中性状态，即 $B=H=0$。

（3）观察磁滞回线：开启示波器电源，令光点位于坐标网格中心，令 $U=4.0V$，并分别调节示波器 X 和 Y 轴的灵敏度，使显示屏上出现图形大小合适的磁滞回线（若图形顶部出现编织状的小环，如图 2-1-7 所示，这时可降低励磁电压 U 予以消除）。

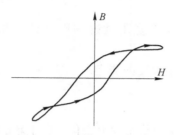

图 2-1-7　U_2 和 B 的相位差等因素引起的歧变

（4）观察基本磁化曲线：按步骤（2）对样品进行退磁，从 $U=0.5V$ 开始，逐档提高励磁电压，将在显示屏上得到面积由小到大一个套一个的一簇磁滞回线。这些磁滞回线顶点的连线就是样品的基本磁化曲线。

（5）观察、比较样品 1 和样品 2 的磁化性能。

（6）测绘 μ-H 曲线：仔细阅读测试仪的使用说明，接通实验仪之间的连线。开启电源，对样品进行退磁后，依次测定 $U=0.5，1.0，\cdots，5.0V$ 时的 10 组 H_m 和 B_m 值，作 μ-H 曲线。

（7）令 $U=4.5V$，$R_1=4.0\Omega$ 测定样品 1 的 B_m、B_r、H_m、H_c 等参数。

（8）取步骤（7）中的 H 和其相应的 B 值，用坐标纸绘制 B-H 曲线（如何取数、取多少组数自行考虑），并估算曲线所围面积。

实验数据记录与处理

（1）作 B-H 基本磁化曲线与 μ-H 曲线。

（2）描绘动态磁滞回线并计算样品的 B_s、B_r、H_c 参数。

思考题

（1）为什么要退磁？如果不退磁，对实验结果会有什么影响？

（2）为什么测绘磁滞回线时励磁电压不宜过高或过低？

参考文献

［1］田民波. 磁性材料［M］. 北京：清华大学出版社，2001.

［2］严密，彭晓领. 磁学基础与磁性材料［M］. 杭州：浙江大学出版社，2020.

实验 2-2　铁磁相变和居里温度的直接观察

实验目的

（1）了解铁磁物质在居里温度点由铁磁物质（铁磁相）转变为顺磁物质（顺铁磁相）的相变过程微观机理。

（2）掌握铁磁材料样品居里温度的测定。

实验原理

由于外加磁场的作用，物质中状态发生变化，产生新的磁场的现象称为磁性。物质的磁性可分为反铁磁性（抗磁性）、顺磁性和铁磁性三种，一切可被磁化的物质叫做磁介质，在铁磁质中相邻电子之间存在着一种很强的"交换耦合"作用，在无外磁场的情况下，它们的自旋磁矩能在一个个微小区域内"自发地"整齐排列起来形成自发磁化小区域，称为磁畴。

在未经磁化的铁磁质中，虽然每一磁畴内部都有确定的自发磁化方向，有很大的磁性，但大量磁畴的磁化方向各不相同，因而整个铁磁质不显磁性。图 2-2-1 所示为加磁场前后的多晶磁畴结构。

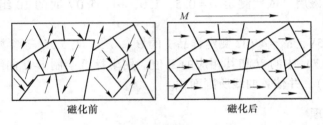

图 2-2-1　加磁场前后多晶磁畴结构

当铁磁物质处于外磁场中时，那些自发磁化方向和外磁场方向成小角度的磁畴其体积随着外加磁场的增大而扩大并使磁畴的磁化方向进一步转向外磁场方向；另一些自发磁化方向和外磁场方向成大角度的磁畴的体积则逐渐缩小，这时铁磁质对外呈现宏观磁性。当外磁场增大时，上述效应相应增大，直到所有磁畴都沿外磁场排列好，介质的磁化达到饱和。由于在每个磁畴中元磁矩已完全排列整齐，因此具有很强的磁性，这就是为什么铁磁质的磁性比顺磁质强得多的原因。介质里的掺杂和内应力在磁化场去掉后阻碍磁畴恢复到原来的退磁状态，从而造成磁滞现象。

铁磁性与磁畴结构分不开。当铁磁体受到强烈的震动，或在高温下由于剧烈运动的影响，磁畴便会瓦解，这时与磁畴联系的一系列铁磁性质（如高磁导率、磁滞等）就全部消失。对于任何铁磁物质都有这样一个临界温度，高过这个温度铁磁性就消失，变为顺磁性，这个临界温度叫做铁磁质的居里点 T_c。磁畴的出现或消失伴随着晶格结构的改变，所以是一个相变过程。居里点和熔点一样，因物质不同而不同，如铁、镍、钴的居里点分别为 1043K、631K、1393K。磁介质的磁化规律可用磁感应强度 B、磁化强度 M 和磁场强

度 H 来描述，它们满足以下关系：

$$B = \mu_0(H + M) = (X_m + 1)\mu_0 H = \mu_r\mu_0 H = \mu H \qquad (2\text{-}2\text{-}1)$$

式中　　μ_0——真空磁导率，$\mu_0 = 4\pi \times 10^{-7} H/m$；

　　　　X_m——磁化率；

　　　　μ_r——相对磁导率，是一个无量纲的系数；

　　　　μ——绝对磁导率。

对于顺磁性介质，磁化率 $X_m > 0$，μ_r 略大于 1；对于抗磁性介质，$X_m < 0$，一般 X_m 的绝对值在 $10^{-4} \sim 10^{-5}$ 之间，μ_r 略小于 1；对于铁磁性介质，$X_m \gg 1$，所以 $\mu_r \gg 1$。

图 2-2-2 所示为典型的磁化曲线（$B\text{-}H$ 曲线），它反映了铁磁质的共同磁化特点：随着 H 的增加，开始时 B 缓慢增加，此时 μ 较小；而后随 H 的增加 B 急剧增大，μ 也迅速增加；最后随 H 增加 B 趋向于饱和，而此时的 μ 值在到达最大值后又急剧减小。图 2-2-2 表明了磁导率 μ 是磁场 H 的函数。从图 2-2-3 可以看到，磁导率 μ 还是温度的函数，当温度升高到某个值时，铁磁质由铁磁状态转变成顺磁状态，在曲线突变点对应的温度就是居里温度 T_c。

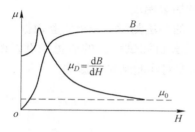　　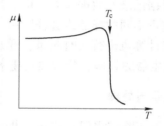

图 2-2-2　磁化曲线和 $\mu\text{-}H$ 曲线　　　　　图 2-2-3　$\mu\text{-}T$ 曲线

在居里温度 T_c 以下，对铁磁材料磁化可得到磁滞回线，对磁体加热，磁滞回线收缩；当温度达到 T_c 时，磁滞回线消失，铁磁相转变为顺磁相；在 T_c 附近，磁化强度 M 和温度 T 的关系可用下式描述：

$$M(T) = K(T_c - T)\beta \qquad (2\text{-}2\text{-}2)$$
$$\ln M = \ln K + \beta \ln(T_c - T) \qquad (2\text{-}2\text{-}3)$$

其中，β 的典型值在 $0.3 \sim 0.4$ 之间。

实验仪器设备与材料

（1）FD-FMCT-A 铁磁材料居里温度测试实验仪。

（2）信号发生器：频率调节 $500 \sim 1500Hz$。

　　　　　　　　幅度调节 $2 \sim 10V$。

（3）数字频率计：分辨率 1Hz。

　　　　　　　　量程 $0 \sim 9999Hz$。

（4）交流电压表：分辨率 $0.001V$。

　　　　　　　　量程 $0 \sim 1.999V$。

（5）数字温度计：分辨率 $0.1℃$。

量程 0~150℃。

（6）铁磁样品：居里温度分别为 60℃±2℃ 和 80℃±2℃。

实验步骤

（1）将两个实验主机和手提实验箱按照前面的仪器说明连接起来，并将实验箱上的交流电桥按照"接线示意图"连接，用串口连接线将实验主机与电脑连接。

（2）打开实验主机，调节交流电桥上的电位器使电桥平衡。

（3）移动电感线圈，露出样品槽，将实验测试铁氧体样品放入线圈中心的加热棒中，并均匀涂上导热脂，重新将电感线圈移动至固定位置，使铁氧体样品正好处于电感线圈中心，此时电桥不平衡，记录此时交流电压表的读数。

（4）打开加热器开关，调节加热速率电位器至合适位置，观察温度传感器数字显示窗口，加热过程中，温度每升高 5℃，记录电压表的读数，这个过程中要仔细观察电压表的读数，当电压表的读数在每 5℃ 变化较大时，再每隔 1℃ 左右记下电压表的读数，直到将加热器的温度升高到 100℃ 左右为止，关闭加热器开关。

（5）根据记录的数据作 U-T 图，计算样品的居里温度。

（6）测量不同的样品或者分别用加温和降温的办法测量，分析实验数据。

（7）用计算机进行实时测量，通过电脑自动分析测试样品的居里温度，改变加热速率和信号发生器的频率，分析加热速率和信号频率对实验结果的影响。

实验数据记录与处理

按照上面实验过程记录数据，见表 2-2-1。

测量条件：

（1）室温_____℃。

（2）信号频率 1500Hz。

（3）升温测量。

（4）测量样品：铁氧体样品，居里温度参考值_____℃。

表 2-2-1 _____样品交流电桥输出电压与加热温度关系

$T/℃$	30	35	40	45	50	55	60	65	70	75
U/V										
$T/℃$	76	77	78	79	80	81	82	83	84	85
U/V										
$T/℃$	86	87	88	89	90	91	92	93	94	95
U/V										

作出铁氧体样品的居里温度测量曲线，横坐标为温度 T，纵坐标为电压 U。从上面的测量曲线上判断该铁氧体样品的居里温度。采用同样的方法，可以测量不同的样品在不同的信号频率、不同的加热速率以及升温和降温区间下的曲线。

实验注意事项

（1）样品架加热时温度较高，实验时勿用手触碰，以免烫伤。

（2）放入样品时需要在铁氧体样品棒上涂上导热脂，以防止受热不均。

（3）实验时应该将输出信号频率调节在 500Hz 以上，否则电桥输出太小，不容易测量。

（4）加热器加热时注意观察温度变化，不允许超过 120℃，否则容易损坏其他器件。

（5）实验测试过程中，不允许调节信号发生器的幅度，不允许改变电感线圈的位置。

思考题

（1）铁磁物质的 3 个特性是什么？

（2）用磁畴理论解释样品的磁化强度在温度达到居里点时发生突变的微观机理是什么？

（3）测出的 U-T 曲线为什么与横坐标没有交点？

参考文献

［1］严密，彭晓领．磁学基础与磁性材料［M］．杭州：浙江大学出版社，2020．

［2］R.C. 奥汉德利．现代磁性材料原理和应用［M］．北京：化学工业出版社，2002．

实验 2-3　变温霍尔效应测试

实验目的

（1）了解半导体中霍尔效应的产生机制、霍尔系数表达式的推导及其副效应的产生和消除。

（2）掌握霍尔系数和电导率的测量方法，通过测量数据的处理结果判别样品的导电类型，计算室温下所测半导体材料的霍尔系数、电导率、载流子浓度和霍尔迁移率。

（3）掌握动态法测量霍尔系数及电导率随温度的变化，做出 R_H-$1/T$, δ-$1/T$ 曲线，了解霍尔系数和电导率与温度的关系。

（4）了解霍尔器件的应用，理解半导体的导电机制。

实验原理

1. 半导体内的载流子

根据半导体导电理论，半导体内载流子的产生有两种机制：本征激发和杂质电离。

（1）本征激发。

半导体材料内共价键上的电子受到热激发后有可能跃迁到导带上，在原来的共价键上留下一个电子缺位——空穴，这个空穴很容易被邻键上的电子跳过来填补，从而空穴转移到了邻键上。由此可以看出，半导体内电子和空穴两种载流子均参与了导电。这种不受外来杂质影响、由半导体本身靠热激发产生电子空穴的过程，称为本征激发。显然，导带上每产生一个电子，价带上必然留下一个空穴，因此，本征激发的电子浓度 n 和空穴浓度 p 应相等，并统称为本征浓度 n_i。根据经典的玻耳兹曼统计可得

$$n_i = n = p = (N_c N_v)^{1/2} \cdot \exp(-E_g/2kT) = (3/2) \cdot K' \cdot T \cdot \exp(-E_g/2kT)$$

$$(2\text{-}3\text{-}1)$$

式中　N_c, N_v——分别为导带、价带有效状态密度；

　　　K'——常数；

　　　T——温度；

　　　E_g——禁带宽度；

　　　k——玻耳兹曼常数。

（2）杂质电离。

在纯净的第Ⅳ族元素半导体材料中，掺入微量Ⅲ或Ⅴ族元素杂质，称为半导体掺杂。掺杂后的半导体在室温下的导电性能主要由浅杂质决定。如果在硅材料中掺入微量Ⅲ族元素（比如 B、Al 等），这些第Ⅲ族原子在晶体中取代部分硅原子组成共价键时，会从邻近 Si—Si 共价键上夺取一个电子成为负离子，而邻近的 Si—Si 共价键由于失去一个电子就会产生一个空穴。这样满带中的电子就激发到禁带中的杂质能级上，使硼原子电离成硼离子，而在满带中留下空穴参与导电，这个过程称为杂质电离。产生一个空穴所需的能量称为杂质电离能，这样的杂质叫作受主杂质。由受主杂质电离而提供空穴导电为主的半导体

材料称为 p 型半导体。当温度较高时，浅受主杂质几乎完全电离，这时价带中的空穴浓度接近受主杂质浓度。

同样，在第Ⅳ族元素半导体（如 Si、Ge 等）中掺入微量第 V 族元素，例如 P、As 等，那么杂质原子与硅原子形成共价键时，多余的一个价电子只受到磷离子 P 微弱的束缚，在室温下这个电子可以脱离束缚使磷原子成为正离子，并向半导体材料提供一个自由电子。通常把这种向半导体材料提供一个自由电子而本身成为正离子的杂质称为施主杂质。以施主杂质电离提供电子导电为主的半导体材料叫作 n 型半导体。

2. 霍尔效应和霍尔系数

设一块半导体在 x 方向上有均匀的电流 I_x 流过，在 z 方向上加有磁场 B_z，则在这块半导体的 y 方向上出现一横向电势差 U，这种现象被称为"霍尔效应"，U_H 称为"霍尔电压"，所对应的横向电场 E_H 称为"霍尔电场"，如图 2-3-1 所示。霍尔电场强度 E_H 的大小与流经样品的电流密度 J_x 和磁感应强度 B_z 的乘积成正比。

$$E_H = R_H J_x B_z \qquad (2\text{-}3\text{-}2)$$

式中，比例系数 R_H 称为"霍尔系数"。

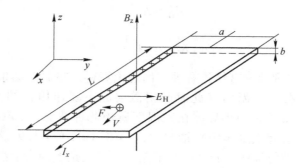

图 2-3-1 霍尔效应示意图

下面以 p 型半导体样品为例，讨论霍尔效应的产生原理并推导霍尔系数的表达式。设半导体样品的长、宽、厚分别为 L、a、b，半导体载流子（空穴）的浓度为 p，它们在电场 E 作用下，以平均漂移速度 V_x 沿 x 方向运动，形成电流 I_x，在垂直于电场方向上加一磁场 B_z，则运动着的载流子要受到洛仑兹力的作用

$$F = qvB \qquad (2\text{-}3\text{-}3)$$

式中　q——空穴电荷电量。该洛仑兹力指向 $-y$ 方向，因此载流子向 $-y$ 方向偏转，这样在样品的左侧面就积累了空穴，从而产生了一个指向 $+y$ 方向的电场—霍尔电场 E_y。当该电场对空穴的作用力 qE_y 与洛仑兹力相平衡时，空穴在 y 方向上所受的合力为零，达到稳态。稳态时电流仍沿 x 方向不变，但合成电场 $E = E_x + E_y$ 不再沿 x 方向，E 与 x 轴的夹角称为"霍尔角"，在稳态时，有

$$qE_y = qv_x B_z \qquad (2\text{-}3\text{-}4)$$

若 E_y 是均匀的，则在样品左右两侧面间的电位差为

$$U_H = E_y a = v_x B_z a \qquad (2\text{-}3\text{-}5)$$

而 x 方向的电流强度

$$I_x = abqpv_x \qquad (2\text{-}3\text{-}6)$$

将式（2-3-6）的 v_x 代入式（2-3-5）式得霍尔电压

$$U_H = \left(\frac{1}{qp}\right) \times \frac{I_x \cdot B_z}{b} \qquad (2\text{-}3\text{-}7)$$

由式（2-3-2）、式（2-3-4）、式（2-3-6）得霍尔系数

$$R_H = \frac{1}{qp} \qquad (2\text{-}3\text{-}8)$$

对于 n 型样品，载流子（电子）浓度为 n，霍尔系数为

$$R_H = -\frac{1}{qn} \qquad (2\text{-}3\text{-}9)$$

上述模型过于简单。根据半导体输运理论，考虑到载流子速度的统计分布以及载流子在运动中受到散射等因素，在霍尔系数的表达式中还应引入一个霍尔因子 A，则式（2-3-8）、式（2-3-9）应修改为

p 型：
$$R_H = A\frac{1}{qp} \qquad (2\text{-}3\text{-}10)$$

n 型：
$$R_H = -A\frac{1}{qn} \qquad (2\text{-}3\text{-}11)$$

A 的大小与散射机理及能带结构有关，由理论算得。在弱磁场条件下，对球形等能面的非简并半导体，在较高温度（此时晶格散射起主要作用）的情况下，$A = 3\pi/8 = 1.18$。一般地，Si、Ge 等常用半导体在室温下属于此种情况，A 取为 1.18。在较低温度（此时电离杂质散射起主要作用）情况下，$A = 315\pi/512 = 1.93$。对于高载流子浓度的简并半导体以及强磁场条件，$A = 1$；对于晶格和电离杂质混合散射情况，一般取实验值。上面讨论的是只有电子或只有空穴导电的情况对于电子、空穴混合导电的情况，在计算 R_H 时应同时考虑两种载流子在磁场下偏转的效果。对于球形等能面的半导体材料，可以证明：

$$R_H = \frac{A(p\mu_p^2 - n\mu_n^2)}{q(p\mu_p + n\mu_n)^2} = \frac{A(p - nb^2)}{q(p + nb)^2} \qquad (2\text{-}3\text{-}12)$$

式中，$b = \mu_n/\mu_p$，μ_n、μ_p 为电子和空穴的迁移率。

从霍尔系数的表达式可以看出，由 R_H 的符号（也即 U_H 的符号）可以判断载流子的类型，正为 p 型，负为 n 型（注意，所谓正、负是指在 x、y、z 坐标系中相对于 y 轴方向而言（见图 2-3-1）。I、B 的正方向分别为 x 轴、z 轴的正方向，则霍尔电场方向为 y 轴方向。当霍尔电场方向的指向与 y 正向相同时，则 U 为正）；R 的大小可确定载流子的浓度；还可以结合测得的电导率 σ 算出如下定义的霍尔迁移率：

$$\mu_H = |R_H| \cdot \sigma \qquad (2\text{-}3\text{-}13)$$

μ_H 的量纲与载流子的迁移率相同，通常为 $cm^2 V \cdot s$，它的大小与载流子的电导迁移率有密切的关系。

3. 霍尔系数与温度的关系

R_H 与载流子浓度之间有反比关系，因此当温度不变时 R_H 不会变化；而当温度改变

时，载流子浓度发生变化，R_H 也随之变化。图 2-3-2 所示为 R 随温度 T 变化的关系图，图中纵坐标为 R_H 的绝对值，曲线 A、B 分别表示 n 型和 p 型半导体的霍尔系数随温度的变化曲线。

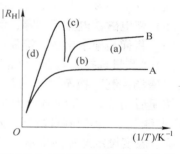

图 2-3-2　霍尔系数与温度的关系

4. 半导体的电导率

在半导体中若有两种载流子同时存在，则其电导率 σ 为

$$\sigma = qp\mu_p + qn\mu_n \qquad (2\text{-}3\text{-}14)$$

现以 p 型半导体为例进行分析。

（1）低温区。在低温区杂质部分电离，杂质电离产生的载流子浓度随温度升高而增加，而且 μ_p 在低温下主要取决于杂质散射，它也随温度升高而增加。因此，σ 随 T 的增加而增加，如图 2-3-3 的（a）段所示。

（2）室温附近。此时，杂质已全部电离，载流子浓度基本不变，这时晶格散射起主要作用，使 μ_p 随 T 的升高而下降，导致 σ 随 T 的升高而下降，如图 2-3-3 的（b）段所示。

（3）高温区。在这区域中，本征激发产生的载流子浓度随温度升高而指数地剧增，远远超过 μ_p 的下降作用，致使 σ 随 T 而迅速增加，如图 2-3-3 的（c）段所示。

实验中电导率 σ 可由下式计算出：

$$\sigma = \frac{1}{p} = \frac{I \cdot l}{U_\sigma \cdot ab} \qquad (2\text{-}3\text{-}15)$$

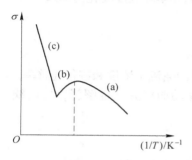

图 2-3-3　电导率与温度的关系

式中　p——电阻率；

　　　I——流过样品的电流；

　　　U_σ, l——分别为两测量点间的电压降和长度。

对于不规则形状的半导体样品，常用范德堡（Van der Pauw）法测量，它对电极对称性的要求较低，在半导体新材料的研究中用得较多。

实验仪器设备

（1）霍尔系数测试仪。

（2）电磁铁。

（3）特斯拉计。

（4）电炉。

实验步骤

（1）打开实验仪器及电脑程序，单击"数据采集"。

（2）将样品放入机座，对好槽口固定。

（3）将"测量方式"拨至"稳态"，样品"电流换向方式"拨至"手动"，磁场测量和控制仪换向转换开关拨至"手动"，调节电流至磁场为设定值（200mT）。

（4）"测量选择"拨至"R_H"，测得正向磁场+B、样品正向电流+I 时霍尔电压 U_1，

$+B$、$-I$ 时 U_2，$-B$、$-I$ 时 U_3，$-B$、$+I$ 时 U_4。

（5）将电磁铁电流调到零，测量选择拨至"δ"测得 $+I$ 时 U_5，$-I$ 时 U_6 值。

（6）将样品架拿出放入液氮中（装有液氮的保温杯或杜瓦瓶）降温。

（7）"测量选择"拨至"R_H"，"样品电流"换至"自动"，"测量方式"换至"动态"，"磁场控制"换至"自动"并调节电流至磁场设定值（200mT）（如无电流按"复位"按钮后调节），温度显示为 77K 时，将样品架放回电磁铁中，单击"数据采集"和"电压曲线"，可看到测量数据，随着样品自然升温，可测得 4 条曲线。当温度接近室温时，调节温度设定至加热指示灯亮，并继续调大，升温至 420K 时保存数据。

（8）将调节温度设定调至最小（逆时针），将样品再放入液氮中降温。

（9）测量选择拨至"δ"，单击"数据采集"和"电压曲线"，可看到测量数据，当温度降至 77K 时拿出，随着样品自然升温，可测得 2 条曲线。当温度接近室温时，调节温度设定至加热指示灯亮，并继续调大，升温至 420K 时，保存数据，将调节温度设定调至最小（逆时针）。

（10）打开保存的霍尔数据，单击霍尔曲线可得霍尔系数随温度变化的曲线。

（11）打开保存的电导率数据，单击电导曲线可得电导率随温度变化的曲线。

实验数据记录与处理

（1）判断样品的导电类型。

（2）计算室温下的霍尔系数及电导率，并计算样品的载流子浓度和霍尔迁移率。

（3）由变温测量的数据，做出以下几条随温度变化的曲线并定性解释，由曲线求出禁带宽度 E_g。

$$\rho \propto 1/T; \quad \sigma \propto 1/T; \quad \mu_H \propto 1/T$$

实验注意事项

（1）加热旋钮在最左边为当前温度，在最右边为加热极限温度，大约为 200℃。

（2）"磁场测量"在手动位置比较准确。

思考题

（1）分别以 p 型、n 型半导体样品为例说明如何确定霍尔电场的方向。

（2）霍尔系数的定义及其数学表达式是什么，从霍尔系数中可以求出哪些重要参数？

（3）曲线中出现极值的温度是什么温度？它说明了什么问题？请从微观机制给予相应解释。

参考文献

［1］黄昆，谢希德．半导体物理学［M］．北京：科学出版社，1958．

［2］刘恩科，朱秉升，罗晋生．半导体物理学［M］．北京：国防工业出版社，1994．

［3］许振嘉．半导体的检测与分析［M］．北京：科学出版社，2007．

实验 2-4 磁畴结构分析表征

实验目的

（1）通过对钇铁石榴石薄膜的磁泡静态、动态磁化过程的观测，掌握测试原理和方法，加深理解磁畴理论。

（2）探讨在磁场作用下磁畴的运动与变化规律。

实验原理

1. 磁泡静态理论

磁泡畴结构如图 2-4-1 所示，假设膜厚 h 均匀，磁泡半径为 r，磁化方向垂直膜面向下，外加 H_b 垂直膜面向上；再假设畴壁能面密度 σ_w 为常数，畴壁厚度为零，则系统总能量 E_T 可表示为：

$$E_T = E_W + E_H + E_M \tag{2-4-1}$$

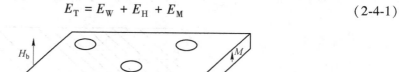

图 2-4-1　磁泡薄膜和磁泡示意图

由能量最小原理，令

$$\frac{\partial E_T}{\partial r} = \frac{\partial E_W}{\partial r} + \frac{\partial E_H}{\partial r} + \frac{\partial E_M}{\partial r} = 0 \tag{2-4-2}$$

其中，

$$\frac{\partial E_W}{\partial r} = 2\pi h \sigma_W \tag{2-4-3}$$

$$\frac{\partial E_H}{\partial r} = 4\pi r h M_S H \tag{2-4-4}$$

$$\frac{\partial E_M}{\partial r} = -\left(2\pi h^2\right)\left(4\pi M_S^2\right) F(2r/h) \tag{2-4-5}$$

式（2-4-5）中的 $F(2r/h)$ 称为力函数。

$$F(2r/h) = \frac{2}{\pi}\left(\frac{2r}{h}\right)^2 \left\{ \int_0^{2\pi} \left[\left(\frac{h}{2r}\right)^2 + \sin^2\varphi \right]^{1/2} \mathrm{d}\varphi - 1 \right\} \tag{2-4-6}$$

求解方程可得出磁泡缩灭场 H_0 和缩灭直径 d_0：

$$\begin{cases} H_0 = 4\pi M_S \left[1 + \dfrac{3l}{4h} - \left(\dfrac{3l}{h} \right)^{\frac{1}{2}} \right] \\ d_0 = \dfrac{2h}{\left(\dfrac{3h}{l} \right)^{\frac{1}{2}} - \dfrac{3}{2}} \end{cases} \qquad (2\text{-}4\text{-}7)$$

其中，l 为特征长度。

2. 条状畴静态理论

对于图 2-4-2 所示的无限大磁性薄板中垂直磁化的平行条状畴，磁性膜单位面积的能量为

$$E_T = 2\sigma_w h / P_0 + (2M^2 P_0 / \pi^3 \mu_0) \sum_{n(\text{奇})} (1/n^3) \times [1 - \exp(-2n\pi h / P_0)] \qquad (2\text{-}4\text{-}8)$$

式中，第一项为畴壁能；第二项为退磁能；P_0 为条畴周期（图 2-4-2）。令 $u = P_0/h$，并利用特征长度表示式 $l = \sigma_w / 4\pi M$，求 E_T 极小可得出

$$1/h = (u^2/\pi^3) \left\{ \sum_{n(\text{奇})} (1/n^3) [1 - (1 + 2n\pi/u) \times \exp(-2n\pi/u)] \right\} \qquad (2\text{-}4\text{-}9)$$

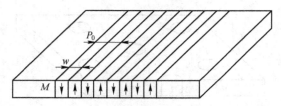

图 2-4-2　无限大磁性薄板中垂直磁化的平行条状畴

（P_0 为条畴周期，即 2 倍畴宽 w）

由于当对材料施加外部磁场时磁畴的磁矩趋向于在磁场方向或与其相反的方向上对齐，因此利用磁泡仪、电压反向开关、氙灯和光敏电阻器等器件来测量磁泡装置所提供的电流与光敏电阻中的电阻，并绘制滞后关系图像。

实验仪器设备

氙灯光源、脉冲发生器、偏光显微镜。

实验步骤

（1）开氙灯光源与脉冲发生器。

（2）装入样品。

（3）用透射偏光显微镜观察磁畴。

（4）改用物镜，运用适配器和摄像头，在电脑显示屏上显示出磁泡畴图像。

（5）进行磁泡实验：对磁泡薄膜样品施加外加静态磁场，外场从小到大直至所有畴结构消失，再逐渐减小外场至零，观察磁畴结构的变化。

（6）实验完毕后依次关闭氙灯光源、脉冲发生器、控制器和电脑，以显微镜目镜置换摄像头，放置好摄像头，放置好磁泡样品和样品架。

思考题

（1）简述磁畴形成的物理机理。

（2）试描述外磁场作用下磁畴的变化过程。

参考文献

［1］段丁絮. 磁畴观察实验与研究［J］. 科学技术创新，2018（17）：62~63.

［2］宋红章，曾华荣，李国荣，等. 磁畴的观察方法［J］. 材料导报：综述篇，2010，24（9）：106.

实验 2-5   铁氧体永磁材料的性能测试

实验目的

（1）了解影响永磁材料磁性能相关参数的主要因素。

（2）了解 AMT-4 磁化特性自动测量系统测试原理。

（3）掌握永磁材料磁性参数的测试方法与操作过程。

实验原理

1. 试样的充磁

磁化装置由磁轭、极头和磁化绕组组成。磁轭、极头和试样构成闭合回路。磁化装置简图如图 2-5-1 所示。在该装置中，极头的两极面应该平行并与磁场方向垂直。磁化绕组的位置应尽量靠近试样并相互对称，其轴线与极头轴线一致。磁化装置应能产生使试样磁化到饱和的磁化场，其值随永磁材料的种类而变化，并与晶粒的取向有关。饱和磁场强度 H_{max} 的选择通常与内禀矫顽力有关，即 $H_{max} = KH_{cj}$。系数 K 根据永磁材料的种类而变化，一般在 3~5 之间。部分永磁材料的饱和磁场强度见表 2-5-1。

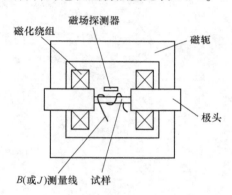

图 2-5-1   磁化装置

表 2-5-1   部分永磁材料最低饱和磁场强度

材 料	铁氧体	FeCrCo	SmCo$_5$	Sm$_2$Co$_{17}$	PrSmCo$_5$	Ce(CoCuFe)$_5$	NdFeB
$H_{max}/kA \cdot m^{-1}$	1100	240	3200	3200	2400	1600	3000

两极面之间的极化场在试样、测量线圈和磁场探测器所占有的整个空间内应该足够均匀，因此，极面的几何尺寸必须满足下式：

$$D \geqslant d + 1.2L \tag{2-5-1}$$

$$D \geqslant 2.0L \tag{2-5-2}$$

式中 D——圆形极面直径或矩形直径的最短边长，m；

L——极间距离，m；

d——垂直与磁场方向均匀性的最大尺寸，m。

工作时，极头中的磁通密度应比其饱和磁通密度低得多，以保证极面近似于磁等位面。对于电工纯铁极头的磁通密度应小于 1.1 T，对于含钴 35%～50% 的铁钴合金极头的磁通密度应小于 1.2 T。当满足上述条件后，在极面间的磁场均匀区内，磁场强度的变化不会超过 1%。

热退磁状态的铁磁性物质 M、J 和 B 随磁化场 H 的增加而增加的关系曲线称为起始磁化曲线，简称为磁化曲线，它们分别被称为 M-H、B-H、J-H 磁化曲线。M_s、J_s、B_s 分别为饱和磁化强度、饱和磁极化强度以及饱和磁感应强度。仪器所显示的曲线是 M-H 曲线或 B-H 曲线。

M-H 曲线中磁化一般分为 4 个阶段。第一阶段是可逆磁化阶段，磁化曲线是线形的，没有剩磁和磁滞，这一阶段是以磁畴壁的可逆位移为主。第二阶段为不可逆磁化阶段，在此阶段内，M 随磁化场的增加而急剧增加，M 与 H 的曲线不再是线形的，M 不再沿原曲线减少到零，出现剩磁，这种现象称为磁滞。1919 年，Barkhausen 指出这个阶段是由畴壁产生的不可逆位移引起的。第三个阶段是磁化矢量的转动过程，在此阶段内，随着磁化场的增加，磁矩逐渐转动到与外场方向夹角最小的易磁化方向，如果外场强度足够大，磁矩将转动到外场方向。此时得到的磁化强度为饱和磁化强度 M_s。第四个阶段是顺磁磁化过程。自饱和以后，M-H 曲线接近水平，自饱和点继续增加磁化场，M_s 还稍有增加，这是因为磁畴内元磁矩排列不整齐的程度得到改善。

试样在脉冲充磁机中充磁将发生上述过程，如果充磁机功率较小，磁化的第四个阶段一般不会发生。充磁后由于磁矩的有序排列程度很高，铁磁性试样显示出很强的磁性。

2. 磁性能的测量

测量装置如图 2-5-2 所示。绕有测量线圈的样品装夹在电磁铁中，当磁化电流在电磁铁中产生扫描磁化场的时候，通过样品的磁通随之发生变化，并在测量线圈中感应出电压 e_1。根据电磁感应定律有：

$$e_1 = \frac{\mathrm{d}\phi}{\mathrm{d}t} = NS\frac{\mathrm{d}B}{\mathrm{d}t} \tag{2-5-3}$$

式中　N——测量线圈匝数；

　　　ϕ——通过线圈的磁通；

　　　B——磁通密度；

　　　S——线圈面积。将 e_1 进行积分运算，有

$$e_2 = -\frac{1}{RC}\int e_1\mathrm{d}t = -\frac{1}{RC}\int\left(\frac{\mathrm{d}\phi}{\mathrm{d}t}\right)\mathrm{d}t = -\frac{NS}{RC}\Delta B \tag{2-5-4}$$

由式（2-5-4）知 e_2 正比于磁通密度的变化 ΔB。如果对 e_2 做比例变换可得 e_3，让 e_3 可直接代表 ΔB，并通过高精度电子积分器拾取测量线圈所感应的 B 信号。

根据霍尔效应，如果在电流的垂直方向施加均匀的磁场，则在电流和磁场都垂直的方向上将建立起一个电场。当霍尔元件垂直于磁通密度 B 时，霍尔元件的输出电压：

$$V_{\mathrm{H}} = K_{\mathrm{H}} \cdot B \cdot I_{\mathrm{H}} = K_{\mathrm{H}} \cdot \mu \cdot H \cdot I_{\mathrm{H}} \tag{2-5-5}$$

式中　K_{H}——霍尔系数；

　　　B——磁通密度；

　　　μ——空气磁导率。

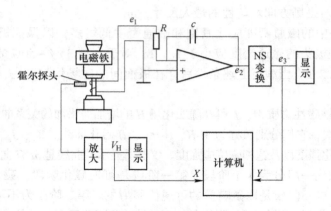

图 2-5-2　测量装置工作简图

由霍尔探头拾取磁场信号，经放大处理后可以得到 V_H 的值。由于 K_H 和 μ 为定值，故适当地设置 I_H，可使 V_H 直接代表 B 或 H。

把 e_3 和 V_H 的值输入电脑中，按不同的方式改变磁化电流值，就可以绘出样品的退磁曲线以及磁滞回线等，由这些曲线可进一步求出相应的参数来。

实验仪器设备与材料

（1）AMT-4 磁化特性自动测量系统如图 2-5-3 所示。

图 2-5-3　AMT-4 磁化特性自动测量系统

（2）待测样品：钡铁氧体。

实验步骤

（1）打开仪器电源开关，预热至少 20min。

（2）按"清零"键，从桌面进入测试软件，按下仪器面板上的"电脑"键。

（3）进入校准窗口，输入校准线圈值，点击确认。

（4）将霍尔探头移至无磁场空间，看右边显示框是否为"0"，如不为"0"，点击"自动调整探头零点"，使其为"0"。

（5）长按仪器面板上的清零开关，看左边显示框是否为"0"，如果不为"0"，调仪器后面板上的"B 调零"使其为零。

（6）将探头和校准线圈放入电磁铁中，将线圈压紧。

（7）点击"自动调整积分漂移"，将其调稳后点击"全面校准"或"日常校准"（初次安装或更换探头要进行全面校准），如果电流系数值为 0.95 则校准完毕。

（8）进入输入窗口，输入尺寸参数及相关参数，点击确认。

（9）选择测试种类，即退磁曲线还是磁滞回线，测磁滞回线时将带着线圈的样品放入电磁铁中，将探头靠近样品中部，然后点击"自动调漂"调节积分器漂移，稳定后点击"启动"键，开始测量；测退磁曲线时先将样品放入电磁铁中，调漂后将线圈套在样品中部，然后合上电磁铁，点击"复位"键、"启动"键，开始测量。

（10）测量完毕，弹起"电脑"键，在测试窗口中点击"退出"，退出测试软件，关闭仪器电源开关。

实验注意事项

测试铁氧体永磁材料，首先必须根据 GB 3217 的要求加工合格的测试样品，即端面平整和光洁，这一点非常重要，端面不平整的样品，测试存在间隙，将影响所有与 B 关联的磁特性参数，B_r、H_{cb} 和 $(BH)_{max}$ 都会变小。

思考题

（1）AMT-4 磁化特性自动测量装置适用于哪些材料的磁性能测试实验？

（2）对永磁材料基本性能的要求有哪些？

参考文献

周志刚. 铁氧体磁性材料 ［M］. 北京：科学出版社，1981.

实验 2-6　磁损耗响应特性分析

实验目的

（1）倍乘电压表法测量测量材料磁损耗的原理。

（2）会结合磁损耗产生机制对磁损耗进行分离。

（3）探讨电阻率对材料损耗的影响。

实验原理

软磁铁氧体磁芯的总损耗 P_{cv} 主要由磁滞损耗 P_h、涡流损耗 P_e 和剩余损耗 P_r 三部分组成，如式（2-6-1）所示。在铁氧体磁芯工作时，P_h、P_e 和 P_r 通常都是叠加在一起，难以分离。但是可采用约旦（Jordan）法对各损耗进行分离。

$$P_{cv} = P_h + P_e + P_r = af + bf^2 + P_r \tag{2-6-1}$$

在比较低的频率下，材料的涡流损耗与样品的厚度 d^2 和频率 f^2 成正比，而与电阻率 ρ 成反比，即：$P_e = K_e B^2 f^2 d^2 / \rho$，其中 K_e 为常数。由此可见，降低涡流损耗的关键是减小样品的厚度 d（或半径 R）和提高材料的电阻率 ρ。对于多晶 MnZn 铁氧体，电阻率包括晶粒部与晶粒边界两个部分。因此，提高电阻率也应从两个方面入手。

电阻率的测量可以采用四探针法。磁损耗的测量采用倍乘电压表法，其原理如图 2-6-1 所示。无抗取样电阻 R 与被测磁芯 L_x 串联，R 两端电压和 L_x 两端电压分别接到倍乘（乘积）电压表的两个通道，该电压表指示出 2 个电压瞬时值乘积的平均值，这个平均值正比于磁芯的总功耗 $P = \alpha K$。该式中，P 为组合线圈两端的电压和通过它的电流乘积的时间平均值；α 为电压表读数；K 为电表常数，由 2 个通道的灵敏度、测量电流的电阻器 R 的数值和表头刻度的满度偏转决定。

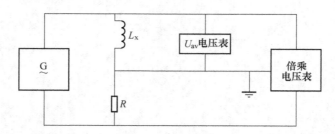

图 2-6-1　倍乘电压表法测功耗原理

图 2-6-1 中，G 为大功率信号源，要求能供给规定的电压和电流，波形要在规定的容限以内，若规定用正弦波，谐振总含量应小于 1%。平均值检波电压表 U_{av} 用于检测被测磁芯线圈两端的平均值电压，测量误差小于 1%。

实验仪器设备

（1）2335 功率表。

（2）四探针测试仪。

实验步骤

（1）材料电阻率的测量。

（2）材料磁损耗的测量：

1）测试电压选择。根据测试条件及被测磁芯，按照下式计算测试电压：

$$V = 4.44 \times f \times B \times A_e \times N \times 10^{-4} \qquad (2\text{-}6\text{-}2)$$

式中　f——测试频率，kHz；

　　　B——测试磁感应强度，mT；

　　　N——测试线圈匝数；

　　　A_e——磁芯有效截面积，cm^2。

2）连接线路。

3）测试：

①首先开启 2335 功率表电源。然后将信号源输出置于"断"状态，并将衰减器置于大于 60dB 的位置，细调电位器左旋至底，选择好输出电压端接线，开启信号源电源。

② 对待测磁芯进行尺寸测量后绕线，计算不同测试频率对应的测试电压，将待测磁芯接入测量端口。

③ 将 2335 功率表置于"auto"和"rms"、"P"或"P×10"状态，然后将信号源置于"通"状态，逐渐升高电压到所计算的值，在升压过程中，注意电流应无突升现象。

④由 2335 功率表读出磁芯的总功耗，计算比功耗。并根据约旦损耗分离对 $f=1000$kHz 下的总损耗进行损耗分离。

测量条件见表 2-6-1。

表 2-6-1　测 量 条 件

$B = 100$mT 时，测试频率 f/kHz	100	300	500	700	900	1000
$f = 200$kHz 时，测试磁感应强度 B/mT		50		100		200

⑤关机时，按照反顺序进行。

实验注意事项

（1）仪器要先预热。

（2）样品表面需进行清洁处理，并保持干燥。

（3）更换样品时，必须将功耗仪电压降低至 2V 以下。

（4）禁止输出短路。

思考题

（1）磁芯功耗的来源有哪些？

（2）如何降低磁芯功耗？

实验 2-7　吸波材料电磁参数的测量

实验目的

（1）了解材料复介电常数与复磁导率的物理意义。

（2）掌握吸波材料电磁参数的测量方法。

实验原理

电磁波在材料中的传播特性由材料的电磁参数决定。在设计和制造雷达吸波及电磁屏蔽材料时，要求充分了解所需材料的电磁性质。如果对可能用到的材料的电磁性质尚不了解，则必须进行测量。微波吸收材料的电磁参数是 2 个复数常数，即复数相对介电常数和复数相对磁导率。

$$\varepsilon_r = \frac{\varepsilon}{\varepsilon_0} = \varepsilon' - j\varepsilon \qquad (2\text{-}7\text{-}1)$$

$$\mu_r = \frac{\mu}{\mu_0} = \mu' - j\mu \qquad (2\text{-}7\text{-}2)$$

式中　ε_0——自由空间的介电常数，$\varepsilon_0 = 8.854 \times 10^{-12}$ F/m；

　　　μ_0——自由空间的磁导率，$\mu_0 = 4\pi \times 10^{-7}$ H/m。

目前常用的电磁参数测量方法主要有驻波法、传输/反射法、开口同轴探头法、自由空间法等。其中，驻波法和传输/反射法最为常用。对于损耗在 0.1 以上的中、大损耗材料，常用网络法，即把介质试样段看成是一个对称二端口网络，而介质的电磁参数可以根据等效网络参数计算。

1. 驻波法

驻波法将填充介质试样的波导段或同轴线作为传输系统的一部分来测量材料的电磁参数。常用的方法是终端短路"开路"法。在这里，介质试样段接在测量系统的末端，它的输出端接短路器或开路器，根据介质试样段引起的驻波节点偏移和驻波比的变化可确定介质的相对介电常数和相对磁导率。实验原理如图 2-7-1 所示。

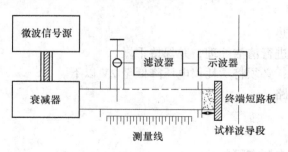

图 2-7-1　波导测量线测量介质电磁参数原理

终端短路"开路"法测介质的电磁参数是介质阻抗测量的具体应用，通过测得的介质试样段引起的驻波节点偏移和驻波比，可以分别得到终端短路和开路情况下的归一化输入阻抗，再求出介质材料的电磁参数。在终端短路和开路 2 种情况下，介质试样的归一化输入阻抗按下式计算：

$$Z_i = \frac{\rho\left(1 + \tan^2 \dfrac{2\pi l}{\lambda_g}\right) - j(\rho^2 - 1)\tan^2\left(\dfrac{2\pi l}{\lambda_g}\right)}{\rho^2 + \tan^2 \dfrac{2\pi l}{\lambda_g}} \tag{2-7-3}$$

式中　l——驻波最小点到介质试样输入端的距离；

　　　ρ——波导段中装有介质试样时的驻波比；

　　　λ_g——电磁波的波导波长，可由终端不放介质并短路时测得，其理论计算式为：

$$\lambda_g = \frac{\lambda_0}{\sqrt{1 - (\lambda_0/\lambda_c)}} \tag{2-7-4}$$

式中　λ_0——自由空间的波长；

　　　λ_c——波导的截止波长，在 TE_{10} 模式下，$\lambda_c = 2a$；

　　　a——波导宽边尺寸。

将终端短路时的 $l_{短路}$ 和驻波系数 $\rho_{短路}$ 代入式（2-7-1），可求得 $Z_{i短路}$，以终端开路时的 $l_{开路}$ 和驻波系数 $\rho_{开路}$ 代入式（2-7-1），可求得 $Z_{i开路}$。可以证明，介质试样段的归一化特性阻抗为：

$$Z_c = \sqrt{Z_{i短路} - Z_{i开路}} \tag{2-7-5}$$

而电磁波在介质中的传播常数为：

$$\gamma = \frac{1}{d}\arctan\sqrt{\frac{Z_{i短路}}{Z_{i开路}}} \tag{2-7-6}$$

式中　d——介质试样的长度。

式（2-7-6）可给出无限多的解，因而需要测量不同长度的试样，以便确定正确的结果。试验表明，一般采取 2 个不同长度的试样即可确定出正确的结果。由式（2-7-1）、式（2-7-2）可知，只要测得 $Z_{i短路}$ 和 $Z_{i开路}$ 就可以求出 Z_c 和 γ，而由 Z_c 和 γ 便可计算出介质的电磁参数：

$$\mu_r = -j\frac{\lambda_g}{2\pi}\gamma Z_c \tag{2-7-7}$$

$$\varepsilon_r = \left(\frac{\lambda_c}{2\pi}\right)^2 \frac{\left(\dfrac{2\pi}{\lambda_c}\right)^2 - \gamma^2}{\mu_r} \tag{2-7-8}$$

2. 传输/反射法

传输/反射法是将样品及传感器等效为单口或双口网络，通过测量该网络的散射参数或复反射系数，计算待测材料的电磁参数。图 2-7-2 所示为传输/反射法测量电磁参数示意图。

填充均匀各向同性介质的一段波导（或同轴线），构成一有耗二端网络，如图 2-7-3 所示。

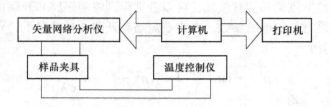

图 2-7-2　传输/反射法测量电磁参数示意图

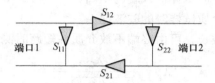

图 2-7-3　S 参数流程

图 2-7-3 是一个连接在传输线上的二端口装置，它受到来自 2 个方向的入射波激励。可以证明：

$$S_{11} = \frac{(1 - T^2)\Gamma_0}{1 - T^2\Gamma_0} \tag{2-7-9}$$

$$S_{21} = \frac{(1 - \Gamma_0^2)T}{1 - T\Gamma_0^2} \tag{2-7-10}$$

式中，Γ_0 为试样长度为无限长时介质表面的反射系数，即：

$$\Gamma_0 = \frac{\sqrt{\dfrac{\mu_r}{\varepsilon_r}} - 1}{\sqrt{\dfrac{\mu_r}{\varepsilon_r}} + 1} \tag{2-7-11}$$

式中，T 为电磁波在长度为 d 的试样段中的传输系数，$T = e^{-j\gamma d}$，其中 γ 为传播常数，$\gamma = \dfrac{2\pi}{\lambda}\sqrt{\mu_r \varepsilon_r}$。

由式（2-7-9）、式（2-7-10）得：

$$\Gamma_0 = K \pm \sqrt{K^2 - 1} \tag{2-7-12}$$

式中，$K = \dfrac{(S_{11}^2 - S_{21}^2) + 1}{2S_{11}}$，则：

$$T = \frac{S_{11} + S_{21} - \Gamma_0}{1 - (S_{11} + S_{21})\Gamma_0} \tag{2-7-13}$$

由式（2-7-11）、式（2-7-12）可得：

$$\frac{\mu_r}{\varepsilon_r} = \left(\frac{1 + \Gamma_0}{1 - \Gamma_0}\right)^2 \tag{2-7-14}$$

$$\mu_r \varepsilon_r = - \left[\frac{\lambda}{2\pi d} \ln \left(\frac{1}{T} \right) \right]^2 \tag{2-7-15}$$

理想情况下，空波导和填充材料部分只存在 TE_{10} 模。此时：

$$\mu_r = (1 - \Gamma_0) \Bigg/ \left[\Lambda (1 - \Gamma_0) \sqrt{\frac{1}{\lambda_0^2} - \frac{1}{\lambda_c^2}} \right] \tag{2-7-16}$$

$$\varepsilon_r = \frac{\left(\dfrac{1}{\Lambda^2} + \dfrac{1}{\lambda_c^2} \right) \lambda_0^2}{\mu_r} \tag{2-7-17}$$

式中，$\dfrac{1}{\Lambda^2} = -\dfrac{1}{2\pi d} \ln \dfrac{1}{T}$；$\lambda_0$ 为自由空间波长；$\lambda_c = 2a$，$2a$ 为波导宽边尺寸。

实验仪器设备

（1）矢量网络分析仪；

（2）7mm 同轴夹具；

（3）羰基铁粉、石蜡；

（4）成型模具。

实验步骤

1. 样品成型

（1）将一定量的石蜡加热至熔融，按照质量比加入羰基铁粉并搅拌均匀。

（2）将冷却后的混合物装入同轴模具中，使用手动压机加压。

（3）保压 1min 后取出样品，得到外径为 7mm，内径为 3mm 的同轴环形样品，厚度控制在 2~2.5mm。

2. 电磁参数测量

（1）打开电源，让仪器预热 30min，将标准同轴线接于仪器上，同时准备好用于校准的标准件。按下 Preset 键，进行网络分析仪初始化面板的预设。

（2）在首次操作仪器之前或每隔一个月或根据仪器的使用情况，必须对网络分析仪进行校准。为使测量结果更为精确，必须分别连接开路、短路、负载设备进行校准。用户可以对校准后的数据进行保存，开机时可直接调用，而不需要设置和校准。

（3）根据测量的设备，依次进行中频带宽的设定、测量轨迹的设定、扫频方式的设定、起始和终止频率的设定、Marker 读值的设定。测量完毕后对需要保存的数据和图形进行存储操作，以便下次直接调用。

（4）将样品按规定装入同轴夹具中，保证网络分析仪与同轴夹具连接正确，正确使用微波接头和转接头。

（5）完成校准过程后进行样品测试。

实验数据记录与处理

将保存的数据导出，绘制 μ_r-f 与 ε_r-f 曲线，并分析复介电常数谱与复磁导率谱。

参考文献

[1] 景莘慧，蒋全兴. 基于同轴线的传输/反射法测量射频材料的电磁参数 [J]. 宇航学报，2005（5）：630~634.

[2] 何山. 雷达吸波材料性能测试 [J]. 材料工程，2003（6）：25~28.

实验 2-8　磁致伸缩材料的磁致伸缩系数测量

实验目的

（1）研究磁致伸缩系数与磁场强度的关系。

（2）掌握非平衡电桥的原理。

（3）学习一种非电量的电测方法。

实验原理

1. 磁致伸缩和磁致伸缩系数

磁性材料被磁化时，其各个方向的长度将会发生微小的变化（伸长或缩短），这种现象称为磁致伸缩。不同的磁性物质磁致伸缩的长度形变是不同的，通常用磁致伸缩系数 $\lambda = \Delta l / l$（即它的相对伸长）表征形变的大小。$\lambda > 0$ 表示伸长，$\lambda < 0$ 即表示缩短，$\lambda = 0$ 表示不变。磁致伸缩系数的大小大致在 $10^{-6} \sim 10^{-3}$ 范围内，对于多数铁磁质来说，它们的磁致伸缩系数一般为 $10^{-6} \sim 10^{-5}$ 的数量级，近几年来发现了某些材料在低温下的 λ 值可以达到 10^{-1} 数量级。磁致伸缩系数与磁体的磁化过程有关，当磁体磁化至饱和时，λ 亦趋近一饱和值 λ_m。本实验是在室温下测量磁致伸缩系数与外磁场的关系，为了表征它们的数量关系，常用下式来描述：

$$\lambda = f(H) \tag{2-8-1}$$

式中　λ——磁致伸缩系数；

　　　H——外加磁场的磁场强度，A/m。

外磁场由通过螺线管的电流产生，它的大小为

$$H = k_0 I \tag{2-8-2}$$

式中　k_0——比例常量，与螺线管的结构、几何尺寸等因素有关，m^{-1}。

2. 电阻应变片与磁致伸缩系数的测量

本实验采用应变电阻作转换机构的非平衡电桥法来测量磁致伸缩系数 λ。实质上这是一种利用应变电阻将磁致伸缩的形变转换为电阻的变化，从而测定磁致伸缩系数的方法，它是一种非电量的电测方法，这种测量 λ 的方法是最简便易行的。

应变电阻是将一根对形变十分敏感，温度系数又很小的康铜丝盘折起来，粘在两层绝缘性能很好的薄纸片之间，并在其两端焊上较粗的导线作为引出线而制成，如图 2-8-1 所示，称为应变电阻片或简称应变片。

应变片的阻值 $R = \rho \dfrac{l}{S}$，当形变时，有

$$\frac{\Delta R}{R} = \frac{\Delta \rho}{\rho} + \frac{\Delta l}{l} - \frac{\Delta S}{S}$$

或

$$\frac{\Delta R}{R} = \frac{\Delta \rho}{\rho} + \frac{\Delta l}{l} - 2\frac{\Delta r}{r} \tag{2-8-3}$$

式中　ΔR——形变所产生的电阻变化值；

　　　Δl——电阻丝长度的变化；

　　　l——电阻丝的长度；

　　　r——应变电阻丝的半径；

　　　S——横截面积，若横截面是圆形，则 $\Delta S/S = 2\Delta r/r$。由 $V = \pi r^2 l$，其中 V 为电阻丝的体积。电阻丝半径的相对变化量与长度的相对变化量具有如下关系：

$$\frac{\Delta r}{r} = -\mu\frac{\Delta l}{l}$$

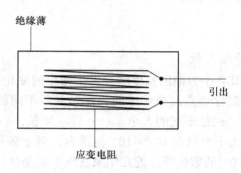

图 2-8-1　应变电阻片

代入式（2-8-3）得

$$\frac{\Delta R}{R} = \frac{\Delta\rho}{\rho} + (1 + 2\mu) - \frac{\Delta l}{l}$$

对于不同金属，常数 μ 的数值也不同。若形变时的电阻率产不发生变化，则上式为

$$\frac{\Delta R}{R} = S_l\frac{\Delta l}{l} = S_l\lambda \tag{2-8-4}$$

式中，$S_l = 1 + 2\mu$ 称为电阻应变片的灵敏系数，该值由生产应变电阻片的工厂给定，一般在 2.00 左右。式（2-8-4）说明了电阻应变片电阻的相对变化与长度的相对变化 $\Delta l/l$ 成正比。

测量时用特殊的"黏合剂"将应变电阻片紧密贴在样品上，这样，样品在磁化时产生的形变便通过纸片完全传到应变电阻丝上，从而引起其电阻的变化。对于灵敏系数 S_l 已知的应变电阻，只要测出电阻的变化率，由式（2-8-4）就可以求出磁致伸缩系数 λ 值。于是，测量铁磁体磁致伸缩系数 λ 就归结为测量应变电阻的相对变化量 $\Delta R/R$。

3. 非平衡电桥与 λ 的测量

测量电阻的最精确方法是电桥法，如果用平衡电桥测电阻，每次都要调节平衡（使检流计指"0"），但由于磁致伸缩系数很小，所对应的电阻变化量比调平衡旋钮的接触电阻小得多，因此在调平衡时会发现阻值涨落很大，出现不稳定现象。采用非平衡电桥法就可以消除接触电阻的影响。

等臂惠斯通电桥具有最高的灵敏度，但是电阻的相对变化 $\Delta R/R$ 约为 $10^{-6}\sim 10^{-5}$，对于 $R = 120.0\Omega$ 的电阻，其 ΔR 则要达到约 $10^{-4}\Omega$ 的变化，要分辨这么小的电阻相对变化不是一件容易的事，电阻应变片的温度系数和样品的热膨胀的大小都要影响磁致伸缩系数的测量，如何限制和减少这些系统误差成为本实验重点考虑的方面。

测量线路如图 2-8-2 所示，R_1 为贴在铁磁体上的电阻应变片，阻值为（120.0±0.5）Ω，R_2 为 R_1' 和 R_2' 的并联等效电阻，R_1' 也是电阻应变片，贴在非铁磁体的紫铜板上，阻值为（120.0±0.5）Ω，R_2' 是 0.1 级的电阻箱作为调节电桥平衡用的精细调节电阻。R_4 为 R_4' 和 R_4'' 的串联等效电阻，R_3、R_4' 均为等值的应变电阻，R_4'' 为 0.1 级电阻箱（接 0～0.9 的接线端钮），作为调节电桥平衡用的粗调电阻。G 是直流复射式检流计，其分度值小于 5×10^{-9} A/div。E 是直流电源，R 是滑线变阻器，作调节电桥灵敏度用。

（1）对测量电路的说明：

1）因为电阻是温度和磁场强度的函数，为了消除温度及磁阻效应的影响，4 个桥臂都用阻值相同的应变电阻，组成等臂电桥，其中 R_1' 粘在热膨胀系数与样品相近的非磁性材料上，如铜块等。应变电阻丝都沿着磁场的方向，R_1 与 R_1' 两者紧靠在一起置于磁场中，这样既能保证两者温度始终一致，又能消除磁阻效应的影响；此外将 R_3、R_4' 粘在同一块铜块上（注意应变片彼此绝缘）并置于磁场之外。

采用上述措施的目的是限制和消除温度和磁阻效应的影响，因为当室温变化或磁化装置发热，电流的热效应及磁场作用于电阻丝时，其电阻都要发生变化，当相邻桥臂的电阻变化相等时，电桥的起始平衡条件并不受破坏，因而不影响非平衡偏转。另外，温度变化还会引起热膨胀，这对粘在同一铜块上的 R_3、R_4' 来说，热膨胀所引起的电阻改变在这两相邻桥臂的反映都是相等的，故对非平衡偏转没有影响；但对于 R_1、R_2 两相邻臂来说因为两片应变电阻片粘在不同的材料上，其热膨胀系数相近，但不相同，因此在温度变化过程中，即使保持两者的温度始终一致，热膨胀的差异也不能完全消除，所以测量时要尽可能缩短测量时间。

2）为了调节电桥平衡和测量电桥灵敏度，在 R_4' 臂上串联一个小量程的可变电阻 R_4''（$R_4'' \ll R_4'$）（为了减少接触电阻与零电阻的影响，接至电阻箱 0 与 0.9 两个端钮），作为电桥平衡的粗调电阻。

电桥在粗调平衡时，分压值先取得小些；随之适当增加，使得以后做非平衡电桥的测量时，对应于最大的"λ"值，光斑可在偏格较大的位置，但不偏出格，以保证足够的测量精度，电压一般取 1.50～3.00V。在测量电桥灵敏度之前先将样品退磁，然后调节电桥平衡；加磁场后，测量时就不需要再进行平衡调节了，只要根据电桥非平衡时检流计偏转的角度（α），就可以计算出相应阻值的大小。

（2）电阻值变化与检流计偏转角度的关系及其计算方法。为了计算方便，将图 2-8-2 简化成图 2-8-3。当电桥平衡时，$R_1 = \dfrac{R_2}{R_3} R_4$，如果 $R_1 \rightarrow R_1 + \Delta R_1$，则电流计有电流 I_g 流过，电桥失去平衡，可以证明，通过检流计的电流 I_g 与桥臂电阻的变化（ΔR_1）成正比，即

$$I_g = k_1 \Delta R \tag{2-8-5}$$

因为电流计偏转角度（α）与通过的电流 I_g 成正比，即

$$\alpha = k_2 I_g \tag{2-8-6}$$

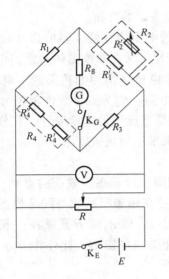

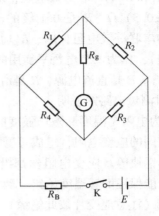

图 2-8-2　非平衡电桥　　　　　　　图 2-8-3　简化非平衡电桥

式中，k_2 为电流计常量，单位为分度每安培。

则
$$\alpha = k_1 k_2 \Delta R_1 \tag{2-8-7}$$

为了研究电阻值的相对变化，取

$$\alpha = k_3 \left(\frac{\Delta R_1}{R_1} \right) \tag{2-8-8}$$

k_3 可通过实验比较精确地加以确定。

（3）k_3 的测量：

1）按图 2-8-2 连接线路，R_2' 阻值可预置为 10kΩ 左右。

2）接通电源，调节电桥平衡，改变 R_4'' 值可使电桥粗略平衡，再改变 R_2' 值可使电桥进一步平衡，待电桥平衡后记下 R_2' 值，用 R_{20}' 表示。电桥平衡的标准是：光斑检流计的分度器放在 "×1" 档，伏特计指示值不低于 1.50V，光斑刻度偏离 "0" 不多于 1/4 小格。

3）再改变 R_2'，使电桥失去平衡，光斑发生偏转。记下表 2-8-1 所列几种偏转时的 $\Delta R_2' / R_{20}'$。表中 R_{20}' 为电桥平衡时的值，即 R_2' 的相对变化量。

$$\frac{\Delta R_2'}{R_{20}'} = \frac{R_2' - R_{20}'}{R_{20}'}$$

表 2-8-1　偏转时的 $\dfrac{\Delta R_2'}{R_{20}'}$

α/div	10.0	20.0	30.0	40.0	50.0	60.0
$\dfrac{\Delta R_2'}{R_{20}'}$						

因为

$$R_2 = \frac{R_1' R_2'}{R_1' + R_2'}$$

故

$$\frac{\Delta R_2}{R_2} = \frac{\Delta R'_1}{R'_1} + \frac{\Delta R'_2}{R'_2} - \frac{\Delta(R'_1 + R'_2)}{R'_1 + R'_2}$$

$$= \left(\frac{1}{R'_1} - \frac{1}{R'_1 + R'_2}\right)\Delta R'_1 + \left(\frac{1}{R'_2} - \frac{1}{R'_1 + R'_2}\right)\Delta R'_2$$

又因 $\Delta R'_1 = 0$，$R'_1 \ll R'_2$，所以

$$\frac{\Delta R_2}{R_2} = \frac{R'_1 \Delta R'_2}{R'_2(R'_1 + R'_2)} = \frac{R'_1}{R'_2}\frac{\Delta R'_2}{R'_2}$$

在平衡点附近有

$$\frac{\Delta R_2}{R_2} = \frac{R'_1}{R'_2}\frac{\Delta R'_2}{R'_2}\bigg|_{R'_2 = R'_{20}} = \frac{R'_1}{R'_{20}}\frac{\Delta R'_2}{R'_{20}} \tag{2-8-9}$$

即总阻值 R_2 的相对变化与并联电阻 R'_2 的相对变化成正比。电桥平衡时有

$$R_1 = \frac{R_2}{R_3} \cdot R_4$$

如果在测量过程中只改变可变电阻 R'_2 的值（即 $\Delta R_3 = \Delta R_4 = 0$），则

$$\frac{\Delta R_1}{R_1} = \frac{\Delta R_4}{R_4} - \frac{\Delta R_3}{R_3} + \frac{\Delta R_2}{R_2} \tag{2-8-10}$$

根据式（2-8-9）、$\left(\dfrac{\Delta R_1}{R_1}\right)$ 与表 2-8-1 中测量的数据（α）及式（2-8-8）可知

$$k_3 = \frac{\alpha R_1}{\Delta R_1} = \frac{\alpha R'_{20}{}^2}{R'_1 \cdot \Delta R'_2}$$

根据 6 个 α 值及与其对应的 $\dfrac{\Delta R_1}{R_1}$ 值可求得 6 个 k_3 值，取其平均值，则 $\overline{k}_3$ 就是非平衡

电桥的灵敏度；再将 $\dfrac{\alpha}{\overline{k}_3}$ 代替式（2-8-4）中的 $\dfrac{\Delta R_1}{R_1}$，得出 λ 的计算公式为

$$\lambda = \frac{1}{\overline{k}_3 S_l}\alpha$$

这说明非平衡电桥测得的相对伸长与电桥平衡时检流计的偏角大小成正比。

建立不同的外磁场 H，由检流计读出不同的 α，可计算出各种外磁场强度下的磁致伸缩系数 λ，然后以 H 作为横坐标，λ 作为纵坐标，画出一条磁致伸缩系数随外磁场强度变化的曲线，根据曲线可求得 $\lambda = f(H)$ 的经验公式。

实验仪器设备与材料

（1）电阻箱、光点检流计、直流电源、直流电流表、滑线电阻、螺线管、电阻应变片、交流电流表、调压变压器等。

（2）待测样品（如镍、铁铝合金等）。

实验步骤

（1）先将铁磁体样品放入螺线管内，进行交流退磁。

（2）接好电路，调节 R''_4 和 R'_2 至电桥平衡，记下平衡时的 R'_2 值（即 R'_{20}）。

（3）逐渐减小 R'_2 值，并读出相应的 α 值，根据 $\alpha - \dfrac{\Delta R'_2}{R'_{20}}$ 表格中的数据进行测量，并

换算成 $\alpha - \dfrac{\Delta R}{R}$ 值，求出 $\overline{k}_3$ 值。

（4）先将沿线电阻放在最大位置，然后接通磁场电源，并逐渐调节沿线电阻，使电流单调上升，磁化电流在 0.400A 以下测量点选得较密些，大于 0.400A 每隔 0.100A 测一

次 α 值，计算 $\lambda = \dfrac{\alpha}{k_3 S_l}$ 和 $H = k_0 I$（k_0 由实验室给出）。

（5）以 H 为横坐标，以 λ 为纵坐标作图。

（6）写出 $\lambda = f(H)$ 的经验公式。

首先根据实验曲线（λ-H 曲线）确定所属的基本函数类型，然后将非线性函数变换成线性函数，写出线性回归方程，求出直线方程的二参数 a、b，最后求出 $\lambda = f(H)$ 的经验公式。

实验注意事项

（1）实验时必须将 R_1 和 R'_1 两块电阻应变片同时放到螺线管的匀强磁场中，为了减少和限制由温度与磁场引入的系统误差，测量时尽可能缩短测量时间。

（2）为了防止铁磁物质的剩磁对测量的影响，测量前务必进行退磁。

（3）由于测量的是微小长度变化，故直流电源必须用波纹因数小、性能稳定的。

（4）交流电流的有效值从不小于最大的磁化电流开始，逐渐减少到零，就可认为退磁完毕。退磁时必须注意安全。

思考题

（1）本实验为什么采用非平衡电桥测电阻而不采用平衡电桥测电阻？

（2）什么叫作应变法测电阻？应变片的灵敏系数的物理意义是什么？

（3）电流计偏转方向与 λ 有什么关系？

（4）为什么要测电桥灵敏度？它与 λ 的测量有什么关系？

（5）非平衡电桥与平衡电桥有什么区别？它有什么优点？试举出它的一个应用实例

（6）怎样判断铁磁材料在加磁场后是伸长还是缩短？怎样验证？

（7）怎样由实验曲线来确定变量之间的关系？

（8）铁磁材料加磁场后伸长（或缩短）与所加磁场的正向与反向有关吗？

参考文献

［1］曾贻伟，龚德纯，王书颖，等 . 普通物理实验教程 ［M］. 北京：北京师范大学出版社，1989.

［2］贾玉润，王公治，凌佩玲 . 大学物理实验 ［M］. 上海：复旦大学出版社，1987.

［3］孟尔熹 . 普通物理实验 ［M］. 济南：山东大学出版社，1988.

3 功能材料的光学性能表征

实验 3-1 材料的吸收和透射光谱测试

实验目的

（1）了解紫外-可见分光光度计的原理、结构和使用方法。
（2）掌握物质的吸收光谱和透射光谱的表征方法。
（3）掌握测量半导体材料禁带宽度的原理及方法。

实验原理

当一定频率的紫外-可见光照射物质时，电子在不同能级之间发生跃迁，从而有选择地吸收激发光。分子的紫外-可见吸收光谱是基于物质分子吸收紫外辐射或可见光，其外层电子跃迁而成，因此又称为分子的电子跃迁光谱。紫外-可见分光光度计是基于物质分子的紫外-可见吸收光谱建立的一种定性、定量分析方法。

1. 有机化合物的紫外可见吸收光谱

有机化合物吸收光谱是由分子外层电子或价电子跃迁产生的。按分子轨道理论，有机化合物分子中有成键 σ 轨道、反键 σ* 轨道、成键 π 轨道、反键 π* 轨道（不饱和烃），另外还有非键轨道。各种轨道的能级不同，如图 3-1-1 所示。

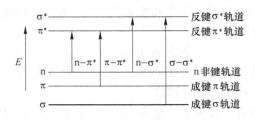

图 3-1-1 有机物的电子跃迁

相应的外层电子和价电子有三种：σ 电子、π 电子和 n 电子。通常情况下，电子处于低的能级（成键轨道和非键轨道）。当用合适能量的紫外光照射分子时，分子可能吸收光的能量，而由低能级跃迁到反键轨道。在紫外可见光区，主要有以下几种跃迁类型：

（1）N→V 跃迁：电子由成键轨道跃迁到反键轨道，包括 σ→σ*、π→π* 跃迁；

（2）N→Q 跃迁：分子中未成键的 n 电子跃迁到反键轨道，包括 n→σ*、n→π* 跃迁；

（3）N→R 跃迁：σ 电子逐级跃迁到各高能级，最后脱离分子，使分子成为分子离子的跃迁（光致电离）。

（4）电荷迁移跃迁：当分子形成配合物或分子内的两个大 π 体系相互接近时，外来辐射照射后电荷可以由一部分转移到另一部分，而产生电荷转移吸收光谱。

可见有机化合物一般主要有 4 种类型的跃迁：$n \to \pi^*$、$\pi \to \pi^*$、$n \to \sigma^*$ 和 $\sigma \to \sigma^*$。各种跃迁所对应的能量大小为 $n \to \pi^* < \pi \to \pi^* < n \to \sigma^* < \sigma \to \sigma^*$。

2. 无机化合物的紫外可见吸收光谱

产生无机化合物紫外、可见吸收的电子跃迁形式一般分为两大类：电荷跃迁和配位场跃迁。许多无机配合物有电荷迁移跃迁产生的电荷迁移吸收光谱。

电荷迁移跃迁：指络合物吸收了紫外-可见光后，电子从中心离子的某一轨道跃迁到配位体的某一轨道上，或从配位体的某一轨道跃迁到中心离子的某一轨道上。所产生的吸收光谱称为电荷迁移吸收光谱（相当于内氧化还原反应）。一般可表示为：

$$M^{n+} - L^{b-} \to M^{(n+1)+} - L^{(b+1)-}$$

金属配合物的电荷转移吸收光谱有三种类型：

（1）电子从配体到金属离子：相当于金属的还原。

（2）电子从金属离子到配体：产生这种跃迁的必要条件是金属离子容易被氧化（处于低氧化态），配位体具有空的反键轨道，可接受从金属离子转来的电子。

（3）电子从金属到金属：配合物中含有两种不同氧化态的金属时，电子可在其间转移。

电荷迁移吸收光谱出现的波长位置，取决于电子给予体和电子接受体相应电子轨道的能量差。中心离子的氧化能力越强，或配位体的还原能力越强，则发生跃迁时需要的能量越小，吸收光波长红移。

电荷迁移吸收光谱的吸收强度一般在 $10^3 \sim 10^4$ 之间，其波长通常处于紫外区。

配位场跃迁：配位场跃迁包括 d-d 跃迁和 f-f 跃迁。元素周期表中第四、五周期的过渡金属元素分别含有 3d 和 4d 轨道，镧系和锕系元素分别含有 4f 和 5f 轨道。在配体的存在下，过渡元素 5 个能量相等的 d 轨道和镧系元素 7 个能量相等的 f 轨道分别分裂成几组能量不等的 d 轨道和 f 轨道。

当它们的离子吸收光能后，低能态的 d 电子或 f 电子可以分别跃迁至高能态的 d 或 f 轨道，这两类跃迁分别称为 d-d 跃迁和 f-f 跃迁。由于这两类跃迁必须在配体的配位场作用下才可能发生，因此又称为配位场跃迁。

配位场跃迁吸收光谱的吸收强度一般在 $10^{-1} \sim 10^2$ 之间，其波长通常处于可见区。强度较小，所以在定量分析上用途不大，但可用于研究无机化合物的结构及键合理论。

这里还要强调，有一类化合物半导体，按照能带理论，其导带是部分被填充的，其最高被占用轨道和最低未填充轨道之间的能量差称为带隙。当光子的能量接近该材料的带隙宽度（禁带宽度）时，半导体吸收光子的能量使价带中的电子激发到导带，在价带中留下空穴，产生等量的电子与空穴，这种吸收过程为本征吸收。因此，产生本征吸收的条件为入射光子的能量（$h\nu$）至少要等于材料的禁带宽度 E_g，即 $h\nu \geqslant E_g$。

根据半导体带间光跃迁的基本理论，在半导体本征吸收带内，吸收系数 α 与光子能量 $h\nu$ 有如下关系：

$$\alpha \cdot h\nu = A \, (h\nu - E_g)^{1/2}$$

式中 h——普朗克常数，$h = 6.63×10^{-34}$ J·s；

$\quad$ ν——频率，按下式计算：

$$\nu = c/\lambda$$

$\quad$ λ——波长；

$\quad$ c——光速（$c = 3.0×10^8$ m/s）；

$\quad$ $h\nu$——光子能量；

$\quad$ E_g——带隙宽度；

$\quad$ A——常数。

另外，吸收系数 α、半导体薄膜样品厚度（d）和透过率（T）之间满足：

$$\alpha = \ln\left(\frac{1}{T}\right)\Big/ d$$

因此，首先通过利用紫外-可见分光光度计得到半导体薄膜材料的透射光谱，即获得不同波长下的透过率 T 值，然后换算得到吸收系数 α；接着利用 $(\alpha \cdot h\nu)^2$ 对光子能量 $h\nu$ 作图，得到一条曲线；最后在吸收边处选择线性最好的几点做线性拟合，如图 3-1-2 所示。将线性区外推到横轴上的截距就是半导体的禁带宽度 E_g，即纵坐标为 0 时对应的横坐标的值。

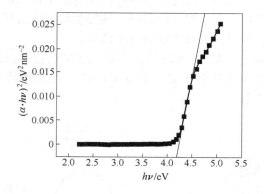

图 3-1-2 $(\alpha \cdot h\nu)^2 - h\nu$ 曲线

实验仪器设备与材料

1. 实验仪器

测量材料的吸收和透射光谱所使用的仪器是紫外-可见分光光度计。紫外-可见分光光度计的型号繁多，但它们的基本结构相似，都是由光源、单色器、吸收池、检测器和信号显示系统 5 个部分组成（图 3-1-3）。光源是提供符合要求的入射光的装置。紫外-可见分光光度计可见光区常用的光源为钨灯，紫外光区常用的光源为氢灯或氘灯；单色器是将光源发出的连续光谱分解成单色光，并能准确方便地"取出"所需的某一波长的光的光学装置。单色器主要由狭缝、色散元件和透镜系统组成；吸收池是用于盛装待测液的器皿，又称比色皿。吸收池一般为长方体，也有圆形或其他形状的；检测器是将光信号转变为电信号的装置。测量吸光度时，并非直接测量透过吸收池的光强度，而是将光强度转换成电流进行测量，这种光电转换器件即为检测器；信号显示器是将检测器输出的信号放大，并显示出来的装置。

图 3-1-3　紫外-可见分光光度计结构示意图

　　紫外可见分光光度计的工作原理是由光源发出连续辐射光，经单色器按波长大小色散为单色光，单色光照射到吸收池，一部分被样品溶液吸收，未被吸收的光经检测器的光电管将光强度变化转变为电信号变化，并经信号显示系统调制放大后，显示或打印出吸光度（或透过率），完成测定。

　　当测试样品为不透明的固体样品或粉末样品时，常规紫外-可见分光光度计上还需加上一个光学积分球附件，积分球的外形如图 3-1-4 所示。光学积分球，就是把一根铝棒（一般是 60~150mm 内径）切成两半，然后将其挖成空心球，在球的内壁上涂上高反射率的硫酸钡白色漫反射层。积分球的主要作用是通过漫反射对样品信号进行匀光，光通过样品后产生的各向异性光束在积分球腔体内进行全方位的漫反射，被平均后的样品光信号被光电倍增管进一步放大而被检测，因此积分球的使用克服了传统用光电倍增管直接作为检测器的缺点，即结果不受样品光束形状的影响，最终使得测试结果更为可靠精确。测量时把积分球置入样品室内，被测样品放进积分球中即可。

　　积分球附件的光学系统如图 3-1-5 所示，样品光以 0° 角进入积分球，而参比光以 8° 角进入积分球，利用光度计主机的 R/S 光通道交换功能，可在样品光侧测得漫反射，而在参比光侧测得全反射和透射。

图 3-1-4　积分球的外形

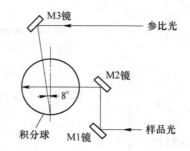

图 3-1-5　积分球附件的光学系统

2. 实验材料

（1）液体试样：将液体试样置入玻璃或石英比色皿中，置入样品室中即可。

（2）薄膜试样：将薄膜试样通过夹具固定在积分球中。

（3）粉末试样：粉末样品压片或与标准样品硫酸钡 $BaSO_4$ 混合后压片制样，固定于积分球内。

实验步骤

（1）打开紫外-可见分光光度计电源开关，让仪器预热至少 20min 左右。

（2）开启计算机，打开测试软件。

（3）将标准白板安装在积分球的样品光和参比光两侧的出口处，标准白板由硫酸钡粉体压制而成。

（4）暗电流校正。

（5）基线校正。

（6）将半导体薄膜样品放入积分球中（此外以薄膜样品的测试为例），在紫外-可见分光光度计上选择"透射 T"模式，参数设置完毕后，测定样品的透射光谱。

（7）将测试数据保存后，从积分球中取出样品，关闭软件、仪器主机电源和计算机。

实验数据记录与处理

根据公式 $\alpha = \ln\left(\dfrac{1}{T}\right)\Big/ d$，计算出吸光系数 α 的值，然后根据 $E = h\nu = hc/\lambda$ 计算出 $h\nu$ 和 $(\alpha h\nu)^2$，接着用 origin 软件对 $(\alpha h\nu)^2$-$h\nu$ 作图得到一条曲线，最后在吸收边处选择线性最好的几点做线性拟合，将线性区外推到横轴上的截距就是禁带宽度，即纵坐标为 0 时的横坐标值。

实验注意事项

（1）在实验开始前，应提前打开仪器预热。

（2）测试过程中不可打开样品室的窗门，否则会影响测试结果的准确性。

（3）在整个测量操作期间，不能触摸附件内的镜面。

思考题

（1）请简述紫外-可见分光光度计的结构。

（2）如何利用紫外-可见分光光度计测量半导体材料的禁带宽度？

参考文献

李小红．固体材料的紫外可见测定方法与应用 ［J］．陶瓷学报，2018，39（2）：213~221.

实验 3-2　材料的荧光光谱测试

实验目的

（1）熟悉荧光分光光度计的构造和各组成部分的作用。

（2）了解荧光光谱的基本原理。

（3）掌握激发光谱、发射光谱的测试过程和结果分析。

实验原理

　　某些物质被一定波长的光照射时，会在较短时间内发射出波长比入射光长的光，这种光就称为荧光。

　　荧光是如何产生的？用 S_0、S_1、S_2 分别表示分子中的电子基态，第一、第二电子激发态。当分子吸收光子，电子就可能从基态（S_0）跃迁到激发态（S_1、S_2），但激发态电子不稳定，还会从激发态（S_1、S_2）回到基态（S_0），并发出荧光。当然并不一定都会发出荧光，也可以产生热或者其他形式的能量。

　　荧光光谱包括激发谱和发射谱两种。激发谱是荧光物质在不同波长的激发光作用下测得的某一波长处的荧光强度的变化情况，也就是不同波长的激发光的相对效率。由于分子对光的选择性吸收，不同波长的入射光便具有不同的激发频率。固定荧光的发射波长（即测定波长），不断改变激发光（即入射光）的波长，并记录相应的荧光强度，则得到的荧光强度对激发波长的谱图称为荧光的激发光谱；发射谱则是某一固定波长的激发光作用下荧光强度在不同波长处的分布情况，也就是荧光中不同波长的光成分的相对强度。如果使激发光的波长和强度保持不变，而不断改变荧光的测定波长（即发射波长）并记录相应的荧光强度，则得到的荧光强度对发射波长的谱图称为荧光的发射光谱。无论是激发还是发射荧光光谱，其都是记录发射荧光强度随波长的变化。所以荧光光谱中纵坐标为强度，横坐标为波长，从中能获取峰位和半峰宽。峰位的直观体现是荧光的颜色；半峰宽则表示荧光的纯度。

　　激发光谱反映了在某一固定的发射波长下所测量的荧光强度对激发波长的依赖关系，而荧光的产生又与吸收有关，因此激发谱和吸收谱极为相似，呈正相关；发射光谱还反映了在某一固定的激发波长下所测量的荧光的波长分布。激发光谱和发射光谱可用以鉴别荧光物质，并可作为进行荧光测定时选择合适的激发波长和测定波长的依据。

　　另外，荧光光谱检测技术还可用于定量分析，其定量的依据是荧光强度与荧光物质浓度的线性关系。由荧光产生机理可知，荧光强度 I_f 由下式表示：

$$I_f = \phi_f I_a$$

式中　I_a——被荧光物质吸收了的光强；

　　　ϕ_f——荧光量子产率，它等于发射荧光的分子数/激发的分子总数。

根据光的吸收定量，被吸收的光强度 I_a 为：

$$I_a = I_0 - I_t = I_0\left(1 - \frac{I_t}{I_0}\right)$$

则
$$I_f = \phi_f I_0 \left(1 - \frac{I_t}{I_0}\right) = \phi_f I_0 (1 - e^{\varepsilon bc})$$

式中　I_0——激发光的光强；

$\quad\quad I_t$——透过光的光强；

$\quad\quad \varepsilon$——摩尔吸收系数；

$\quad\quad b$——样品槽长度；

$\quad\quad c$——样品浓度。

若 I_0 固定，则 I_f 取决于式子中的指数衰减项。将其指数项用级数展开得：

$$I_f = \phi_f I_0 \left[\varepsilon bc - \frac{(\varepsilon bc)^2}{2!} + \frac{(\varepsilon bc)^3}{3!} - \cdots \right]$$

$$= \phi_f I_0 \varepsilon bc \left[1 - \frac{\varepsilon bc}{2!} + \frac{(\varepsilon bc)^2}{3!} - \cdots \right]$$

由于荧光分析中检测物质浓度 c 很稀，故上式可写成：

$$I_f = \phi_f I_0 \varepsilon bc$$

当工作条件一定时，$I_0 \varepsilon b$ 都为常数，则：

$$I_f = k\phi_f c$$

对于某种被分析物质及溶剂，ϕ_f 也是常数，则：

$$I_f = Kc$$

该式为荧光定量分析的依据。荧光分析测定的是在很弱背景上的荧光强度，且其测定的灵敏度取决于检测器的灵敏度和激发光的强度。所以改进光电倍增管和放大系统，使极微弱的荧光也能被检测到，就可以测定很稀的溶液；同时增加入射光的强度，荧光的强度也会相应增大，因此荧光分析法的灵敏度很高。而在紫外-可见分光光度法中，定量的依据是吸光度 A 与浓度的线性关系，所测得的是透过光强和入射光强的比值，即 I/I_0，当浓度很低时，检测器难以检测两个大讯号（I 和 I_0）之间的微小差别，而且即使将光信号放大，由于透过光强和入射光强都被放大，比值仍然不变，对提高检测灵敏度不起作用，故紫外-可见分光光度法的灵敏度不如荧光分析法高。

实验仪器设备与材料

1. 实验仪器

测量材料的荧光光谱所使用的仪器是荧光分光光度计。荧光分光光度计的基本结构如图 3-2-1 所示，一般由光源、激发单色器、发射单色器、试样池、检测器、显示装置等组成。常用光源有氙弧灯或高压汞蒸气灯。由于氙灯在 $250 \sim 600\text{nm}$ 光谱区有较强的连续辐射，因此荧光分光光度计仪器中常用氙灯作为荧光激发源。激发用单色器的作用在于获得单色性较好的激发光以激发样品产生荧光；发射单色器的作用在于减少光谱干扰，得到一定波长的荧光。一般普通的荧光分光光度计均采用光电倍增管作为检测器。它是很好的电流源，在一定条件下其电流量与入射光强度成正比。试样池通常由石英池（液体样品用）或固体样品架（粉末或片状样品）组成。丈量液体时，光源与检测器成直角安排；丈量固体时，光源与检测器成锐角安排。

2. 实验材料

（1）块状试样：块状试样可以直接用双面胶黏结在样品台上，注意保证激发光能够照射到待测样品的表面。

（2）粉末试样：粉末试样置于样品台凹槽中，用玻璃片碾平，固定到样品座中即可。

（3）液体试样：液体试样置入专用的液体样品槽中，置入样品室中即可。

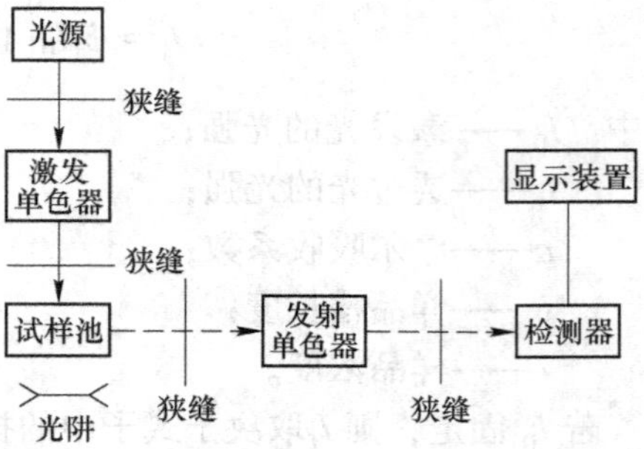

图 3-2-1　荧光分光光度计结构示意图

实验步骤

（1）通电，先开氙灯，接着开风扇。

（2）待氙灯启动高压稳定之后，开启电脑，进入程序控制软件，初始化；初始化结束后，须预热 15~20min。

（3）取出样品仓，放入待测样品，关样品室。

（4）选择扫描工作方式，测发射光谱时选择发射扫描，测激发光谱选择激发扫描。

（5）选择扫描波长范围：

扫描荧光激发光谱（excitation）：需设定激发光的起始/终止波长（EX Start/End WL）和荧光发射波长（EM WL）。

扫描荧光发射光谱（emission）：需设定发射光的起始/终止波长（EM Start/End WL）和荧光激发波长（EX WL）。

（6）选择激发狭缝、发射狭缝。

（7）测试并记录数据。

（8）测试完毕后按照计算机提示输入样品名称，保存。

（9）取出样品，放入下一个样品重复（4）~（8）的操作；若不再测试，取出样品，进入关机操作。

（10）关闭程序，关闭计算机。

（11）关闭荧光分光光度计电源。

实验数据记录与处理

根据获得的光谱数据在 origin 软件中分别作出荧光激发光谱和发射光谱，分析样品的激发峰峰位、发射峰峰位以及发射峰半峰宽。

实验注意事项

（1）荧光分光光度计工作中避免强烈震动或持续震动，远离磁场、电池。

（2）在实验开始前，应提前打开仪器预热。

（3）光度计上灯亮时，灯源周围温度高，禁止触摸，以防被烫伤。

（4）实验所用的样品池是四面透光的石英池，拿取的时候用手指掐住池体的上角部，不能接触到 4 个面，清洗样品池后应用擦镜纸对其 4 个面进行轻轻擦拭。

（5）在测试样品时，注意荧光强度范围的设定不要太高，以免测得的荧光强度超过仪器的测定上限。

思考题

（1）阐述荧光的产生原理。

（2）什么是激发光谱和发射光谱？

参考文献

周静，功能材料制备及物理性能分析［M］．武汉：武汉理工大学出版社，2012.

实验 3-3　荧光材料的量子产率的测定

实验目的

（1）了解测量荧光物质的量子产率的基本原理。

（2）掌握量子产率的测量方法和相关影响因素。

实验原理

荧光材料的荧光量子产率的高低直接影响它们的性能优劣。量子产率（通常用 ϕ 表示）即荧光物质吸收光后所发射的荧光的光子数与所吸收的激发光的光子数的比值。它的数值在通常情况下总是小于 1。量子产率的数值越大则物质的荧光越强，而无荧光的物质的量子产率等于或非常接近于零。

测量样品的量子产率有两种方法：相对量子产率测量和绝对量子产率测量。20 世纪 50 年代前后，大多使用绝对法来测定量子产率。绝对法是将待测样品与一个不损失激发光的全反射或全漫反射的标准样品进行比较。早期的绝对量子产率测定方法较烦琐，设备复杂，容易引入误差，所以无法形成商品化仪器。后来科研人员大多使用相对法进行量子产率的测定。相对法以已知量子产率的物质作为测定标准，再分别用荧光分光光度计和紫外可见分光光度计测定标准和试样的真实发射光谱和激发波长的光密度，推算出试样的量子产率。相对法测量量子产率对设备要求低，无需专用测试系统，但其也有明显的局限性，比如，当测定标准和试样的激发光谱差异较大时就会引起较大的测量误差。

下面针对这两种方法分别进行详细的介绍。

1. 相对量子产率

相对量子产率一般采用参比法测定，需要一种已知量子产率的标准样品作为参照。其基本原理为如下。

当溶液为稀溶液时，荧光强度与激发光强度以及荧光量子产率之间有如下关系：

$$F = KI_0 c l \varepsilon \phi$$

式中　F——荧光强度；

　　　K——仪器常数；

　　　I_0——激发光强度；

　　　c——样品浓度；

　　　l——吸收池光径；

　　　ε——样品的吸收系数；

　　　ϕ——量子产率。

这里的 $cl\varepsilon$ 可用吸光度 A 来表示，因此上式可写成：

$$F = KI_0 A \phi$$

比较两个溶液的荧光强度，有如下的关系：

$$\frac{F_1}{F_2} = \frac{K_1 I_{01} A_1 \phi_1}{K_2 I_{02} A_2 \phi_2}$$

若两者使用相同的装置及相同的测定条件，那么 $K_1 = K_2$，$I_{01} = I_{02}$。则：

$$\frac{F_1}{F_2} = \frac{A_1 \phi_1}{A_2 \phi_2}$$

即在相同激发条件下，分别测定待测荧光试样和已知量子产率的参比荧光标准物质两种稀溶液的积分荧光强度（即校正荧光光谱所包括的面积）以及对一相同激发波长的入射光（紫外-可见光）的吸光度，再将这些值分别代入特定公式进行计算，就可获得待测荧光试样的相对量子产率：

$$\phi_u = \phi_s \cdot \frac{F_u}{F_s} \cdot \frac{A_s}{A_u}$$

式中　ϕ_u，ϕ_s ——待测物质和参比标准物质的量子产率；

　　　F_u，F_s ——待测物质和参比标准物质的积分荧光强度；

　　　A_u，A_s ——待测物质和参比标准物质在该激发波长的入射光的吸光度。

运用此公式时，一般要求吸光度 A_s、A_u 低于 0.05。在选择参比标准样时，最好使标准与试样有相似的激发光谱，且激发和发射光谱不重叠。在所用的溶剂中有良好的溶解度和稳定性。如选择的标准与待测的样品有比较相近的性质，那就更好了。表 3-3-1 列出了一些的量子产率测定值以供参考：

表 3-3-1　一些物质的量子产率测定值

化合物	溶　剂	量子产率
吖啶黄	水	0.54
蒽	苯	0.29
	正己烷	0.33
叶绿素 a	苯、乙醛、二噁烷	0.32
	丙酮、环己烷	0.30
	苯	0.18
叶绿素 b	苯	0.11
	乙醚	0.12
	丙酮	0.09
	甲醇	0.10
吲哚	水（pH = 7）	0.65
萘	乙醇	0.12
	正己烷	0.10
1-氨基萘-3,6,7-磺酸盐	水	0.15
1-二甲氨基萘-4-磺酸盐	水	0.48
1-二甲氨基萘-7-磺酸盐	水	0.75

2. 绝对量子产率

相对量子产率只适用于液体样品。相比于相对量子产率，绝对量子产率测试应用得越来越广泛。绝对量子产率的测试不需要标准样品，其基本原理为：先进行空池测量，如图 3-3-1 （a） 所示，根据光谱面积，得到激发光总量 L_a；然后进行样品的直接测量，得到激发后的光量 L_c 和激发光产生的发射光量 E_c，利用公式 $\phi = \dfrac{E_c}{L_a - L_c}$ 即可计算得到样品的绝对量子产率。该方法广泛适用于液体、薄膜和粉末样品。

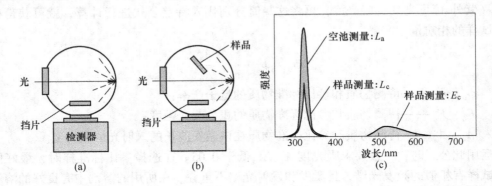

图 3-3-1　绝对量子产率的测试方法
（a）空池测量；（b）样品测量；（c）空白样品和测试样品的荧光光谱图

实验仪器设备与材料

1. 实验仪器

测量荧光材料的相对量子产率所使用的仪器是紫外可见分光光度计和荧光分光光度计。这两种仪器的结构和测试原理在前面已有介绍，这里不再重复。

测量荧光材料的绝对量子产率所使用的仪器是量子产率测试仪。该仪器在引入积分球技术的基础上，再结合激发光谱和发射光谱的双光谱法进行绝对量子产率测量。该装置如图 3-3-2 所示。积分球内表面涂层一般都是高反射性材料，比如硫酸钡、聚四氟乙烯等。样品（固体、液体、粉末及薄膜）被放置在积分球（相当于样品腔）内，氙灯发射出的连续光谱经过单色仪分光后再通过光纤引入到积分球内的样品上，样品表面各个方向的激发光或发射光经过积分球均匀化后从出射口出来，并进入到单色器中最后被探测器检测到。荧光量子效率=样品发射出的光子数/样品吸收的光子数。

2. 实验材料

测量相对量子产率需配制待测荧光样品的稀溶液和参比标准物质的稀溶液。

测量绝对量子产率的样品可以是液体、薄膜和粉末样品。

实验步骤

1. 相对量子产率测试步骤

（1）打开紫外可见分光光度计电源开关，让仪器预热至少 20min 左右。

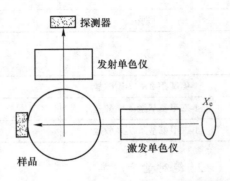

图 3-3-2　量子产率测试系统结构示意图

（2）开启计算机，打开测试软件。

（3）将待测荧光样品的稀溶液和参比标准物质的稀溶液置于紫外可见用石英比色皿中，放入光度计的吸收池中。

（4）在紫外可见分光光度计上选择"Abs"模式，参数设置完毕后，测定两者的吸收光谱曲线，得到它们在相似激发波长处的吸光度。若吸光度大于 0.05，将稀溶液用相应溶剂继续稀释，直至两者吸光度小于 0.05。

（5）将测试数据保存后，从样品池中取出比色皿，关闭软件、仪器主机电源和计算机。

（6）依次开启荧光分光光度计电源，待预热后开启计算机和相应软件。

（7）移取上述稀溶液于荧光比色皿中，在荧光分光光度计上分别扫描其荧光激发光谱及发射光谱；分别测定它们在相似激发波长下的荧光发射光谱。

（8）将测试数据保存后，从样品池中取出比色皿，关闭软件、仪器主机电源和计算机。

2. 绝对量子产率测试步骤

（1）打开荧光分光光度计电源开关（若光度计无积分球附件，需先安装），让仪器预热至少 20min 左右；

（2）开启计算机，打开测试软件；

（3）选择模式，输入波长范围等参观；

（4）空白测试；

（5）待测样品测试；

（6）将测试数据保存后，从积分球中取出样品，关闭软件、仪器主机电源和计算机。

实验数据记录与处理

1. 相对量子产率测试

（1）根据获得的光谱数据在 origin 软件中分别作出吸收光谱和荧光发射光谱。

（2）从吸收光谱数据中获得两种物质的稀溶液在相似激发波长处的吸光度数值。

（3）从荧光光谱数据中获得两种物质的稀溶液在相似激发波长下荧光发射光谱的相对积分面积。

（4）从相关资料查阅参比标准物质的量子产率。

（5）将所获得的各相关数据代入量子产率计算公式中，计算待测荧光物质的相对量子产率数值。

2. 绝对量子产率测试

（1）根据获得的光谱数据在 origin 软件中作出空白样品和测试样品的荧光光谱。

（2）计算出各光谱面积，获得 L_a、L_c 和 E_c 值。

（3）将所获得的各相关数据代入量子产率计算公式中，计算待测荧光物质的绝对量子产率数值。

实验注意事项

（1）比色皿中样品溶液不能有气泡与漂浮物，否则会影响测试参数的精确度。

（2）比色皿的透光部分表面不能有指印、溶液痕迹，否则会影响测试参数的精确度。

（3）固体粉末尽量细小均匀，放置粉末样品要注意避免飘出污染积分球。

（4）在测量液体样品的绝对量子产率时，液体样品浓度不能过高，过高会导致自吸收现象。

思考题

（1）测量某荧光物质的相对量子产率时，如何选择荧光参比标准物质，它的作用是什么？

（2）吸光度的测定与测定荧光光谱的面积时的激发波长为什么要一致？

（3）为什么要求待测物质与荧光参比溶液均为稀溶液，稀至何种程度？

（4）测量样品的绝对量子产率的原理是什么？

参考文献

[1] 李隆弟，张满．溶液荧光量子产率的相对测量 [J]．分析化学，1988（8）：66~68.

[2] 李兵，蔡贵民．国产绝对荧光量子产率测量系统的研制 [J]．光学仪器，2020（3）：9~14.

[3] 冯国进，王煜，郭亭亭．固体材料绝对荧光量子产率测量的研究进展 [C]．中国计量测试学会光辐射计量学术研讨会．中国计量测试学会，2009.

实验 3-4　荧光材料的荧光寿命的测定

实验目的

（1）了解 TCSPC 法测量荧光衰减曲线的原理。

（2）了解测量荧光材料的荧光寿命的意义。

（3）掌握荧光衰减曲线和荧光寿命的测量方法。

实验原理

　　荧光技术分为稳态荧光技术和时间分辨荧光技术。稳态荧光技术固然重要，但是稳态技术给出的只是平均化结果，平均化过程丢掉了有关分子运动的动态信息。例如在蛋白质或合成高分子研究中，不管实际荧光各向异性衰减多么复杂，稳态荧光各向异性测定总是假定体系荧光各向异性衰减是单指数的，而实际上大多数大分子体系荧光各向异性衰减都是多指数衰减，这样就掩盖了实际体系的复杂性，丢掉了实际体系中荧光物种所处环境的差异性等信息。通过研究大分子体系荧光各向异性的实际衰减曲线可以得到有关大分子构象和链段柔性大小的信息。同样荧光强度衰减曲线也包含着十分有用的信息。例如生物大分子和合成高分子在溶液中往往具有多种不同的构象，因此相应的荧光衰减应该表现为多指数衰减形式。用时间分辨荧光各向异性研究供体和受体间的能量转移时，不仅可以得到能量转移效率，而且可以揭示受体在供体周围的分布形式。利用时间分辨荧光技术可以揭示荧光猝灭是自由扩散控制还是特异性结合控制。实际上许多分子间或分子内的弱相互作用信息，特别是动态信息，只有通过时间分辨荧光技术才能得到。

　　下面介绍利用时间分辨荧光技术测量荧光材料的荧光衰减曲线，进一步获得荧光寿命的原理。

　　分子中处于单线态的基态电子能级 S_0 上的电子，根据 Frank-Condon 规则，吸收某一波长的光子后，被激发到单线态的激发态电子能级 S_1 中的某一个振动能级上，经过短暂的振动弛豫过程后，S_1 态的最低振动能级上会积累大量的电子，这一状态的电子有多种释放能量回到基态的途径。如果能量释放的过程中伴随有光子的产生，如荧光和磷光发射，这种方式称为辐射跃迁；如果通过振动弛豫、内转换等途径释放能量，没有光子的产生，这种方式称为无辐射跃迁。

　　荧光是分子吸收能量后其基态电子被激发到单线激发态后，由第一单线激发态回到基态时所发生的，荧光寿命是指分子在单线激发态下平均停留的时间。荧光寿命测定的方法主要有三种：时间相关单光子计数法（time-correlated single-photon counting，TCSPC）、相调制法（phase modulation methods）和频闪技术（strobe techniques）。其中，TCSPC 是目前主要应用的荧光寿命测定技术，其工作原理如图 3-4-1 所示，光源发出的脉冲光引起起始光电倍增管产生电信号，该信号通过恒分信号甄别器 1 启动时幅转换器工作，时幅转换器产生一个随时间线性增长的电压信号；另外，光源发出的脉冲光通过激发单色器到达样品池，样品产生的荧光信号再经过发射单色器到达终止光电倍增管，由此产生的电信号经由恒分信号甄别器 2 到达时幅转换器并使其停止工作，这时时幅转换器根据累积电压输出一个数字信号并在多通道分析仪的相应时间通道计入一个信号，表明检测到寿命为该时间的一个光子。几十万次重复之后，不同的时间通道累计下来的光子数目不同。以光子数对时间作图即可得到如图 3-4-2 所示的直方图，此图经过平滑处理得到荧光衰减曲线。简言之，TCSPC 的基本原理是，在某一时间检测到发射光子的概率，与该时间点的荧光强度成正比。令每一个激发脉冲最多只得到一个荧光发射光子，记录该光子出现的时间，并在坐标上记录频次，经过大量的累计，即可构建出荧光发射光子在时间轴上的分布概率曲线，即荧光衰减曲线。

荧光寿命是荧光强度衰减为初始时的 1/e 所需要的时间，常用 τ 表示。如荧光强度的衰减符合指数衰减的规律：

$$I_t = I_0 \exp(-kt)$$

式中　I_0——激发时最大荧光强度；

　　　I_t——时间 t 时的荧光强度；

　　　k——衰减常数，为荧光寿命的倒数。

假定在时间 τ 时测得的 I_t 为 I_0 的 1/e，则如图 3-4-3 所示，τ 为荧光寿命。

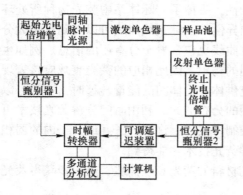

图 3-4-1　TCSPC 的工作原理

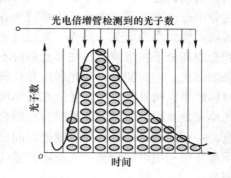

图 3-4-2　光子数-时间直方图

对于复杂的荧光体系，由于各种荧光物质的性质或所处微观环境的不同，整个体系的荧光衰减曲线是多个指数衰减函数的加和，称为多指数衰减：

$$I_t = \sum_i I_{0i} \exp(-k_i t)$$

衰减方程的复杂性反映了体系中荧光物种的多样性或存在状态的复杂性。

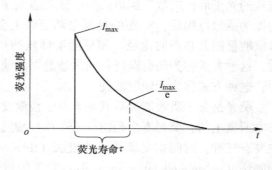

图 3-4-3　荧光衰减曲线

实验仪器设备与材料

1. 实验仪器

测量荧光寿命的仪器是荧光寿命测试仪，该设备主要由光源、光电倍增管、时幅转化器、多通道分析仪等部件组成。下面主要介绍光源和时幅转换器。

光源：可以选用各种气体闪光灯，如纳秒和微秒闪光灯。一般情况下荧光强度在 $25\mu s$ 内衰减到零用纳秒灯，一般是氢灯；荧光寿命大于 $25\mu s$ 衰减到零用微秒灯。光源也可选用脉冲激光器。闪光灯的成本相对较低，给出的脉冲基本在纳秒级，脉冲频率不高（$10^4 \sim 10^5 Hz$），因此数据采集时间较长，在测定过程中还可能出现光强度漂移的情况，影响测量的效率与准确性。脉冲激光器可以给出皮秒级的脉冲，且脉冲频率可以非常高，但其价格也比较昂贵。

时幅转换器：利用单光子计数技术实现高灵敏度、高速度。其中一个重要的部件为时幅转换器，它可以将两个电信号间的时间间隔长度记录下来，激发光源发射一束短的脉冲光，同时被转换成一个电信号，启动时幅转换器记录，样品被脉冲光激发后，放出的光子同样被转换为一个电信号，终止时幅转换器的记录。这样被时幅转换器记录下来的时间间隔信号会以电脉冲的形式传达给多通道分析器，并在多通道分析器对应的时间通道内记录一个点。通过大量的累计，就会形成荧光衰减曲线。计数越多，得到曲线的精确度就越高。

2. 实验材料

（1）粉末试样：将粉末试样置于固体样品架上。

（2）液体试样：液体试样装入比色皿后，置于样品室内的样品架上。

实验步骤

（1）在测试样品的荧光寿命前，先需对样品的稳态荧光光谱进行测试（具体步骤见实验 3-2）；

（2）打开荧光寿命测试仪电源开关，根据需要选用光源，如开启纳秒灯或微秒闪光灯。

（3）打开计算机和测试软件，设置好仪器参数。

（4）打开样品室，放入样品，盖好盖子，输入样品的激发和发射波长，选择好光源，设置好时间范围及通道数，点击开始测试按键。

（5）由于仪器的时间响应（从纳秒灯至探测器）约为 2ns，所以在较短荧光寿命（<50ns）时需要为寿命曲线做仪器响应曲线（IRF）的校准。

做 IRF 时，对于液体样品，将同样的比色皿内放置硅胶水溶液作为散射体，对于固体样品可以依靠固体表面的散射作为信号。

（6）测量完成后，保存数据。从样品室中取出样品，关闭软件、仪器电源和计算机。

实验数据记录与处理

实验数据分析的目的在于，通过拟合实验所得荧光衰减曲线，建立一种最能揭示荧光衰减本质、描述衰减过程的理论模型，从而对所研究体系作出深刻的理解。随着时间分辨荧光技术日益发展，人们相继提出了多种荧光衰减数据分析方法。例如非线性最小二乘法、矩法、Laplace 变换法、最大熵法以及正弦变换法等。其中普遍使用的是非线性最小二乘法。

首先根据获得的数据在 origin 软件中绘制出荧光衰减曲线，接着利用 origin 软件对该曲线进行函数拟合，即以一个适当的数学表达式为模型描述所要分析的数据，通过变换模型中的有关参量使拟合出来的函数与实验测定的衰减曲线尽可能吻合，拟合好坏与拟合优度参数 χ^2 大小密切相关。χ^2 越接近 1，说明拟合结果越理想。

实验注意事项

（1）当光源为氢灯时，由于氢灯较弱，需要将激发发射的狭缝开大。

（2）对于液体样品，比色皿的透光部分表面不能有指印、溶液痕迹，否则会影响测试参数的精确度。

（3）对于固体样品，固体粉末尽量细小均匀。

（4）用光电倍增管检测时，须等稳压电源的温度示数在 −17℃ 以下才可以开始采集数据。

思考题

简述时间相关单光子计数法测定物质的荧光寿命的原理。

参考文献

[1] 房喻，王辉．荧光寿命测定的现代方法与应用［J］．化学通报，2001，64（10）：631~636.

[2] 李东旭，许潇，李娜，等．时间分辨荧光技术与荧光寿命测量［J］．大学化学，2008，23（4）：1~11.

实验 3-5　白光 LED 器件的光电综合测试实验

实验目的

（1）掌握白光 LED 光源的性能指标及测量方法。

（2）了解 CIE 色度学基本知识。

（3）了解白光 LED 的相关知识。

实验原理

　　白光 LED 相对于传统的白炽灯、荧光灯，具有节能（低电压、低电量启动）、环保（无汞，废弃物可回收）和长寿命等优点。目前白光 LED 的实现方式主要有两种：芯片组合型和光转换型。芯片组合型是指通过红、绿、蓝三色 LED 芯片混色实现白光。光转换型是指通过蓝光 LED 激发荧光材料发射黄光，剩余的蓝光透射出来与黄光互补混合产生白光，或者利用涂覆在紫外或近紫外 LED 芯片上的荧光材料完全吸收 LED 的发射产生红、绿、蓝光，进而混合形成白光，如图 3-5-1 所示。

　　下面详细介绍白光 LED 器件的性能指标及测试方法。

　　光是一种电磁波，可见光是波长为 380～780nm 波段的电磁波。380nm 以下是紫外线，780nm 以上是红外线，人眼只对 380～780nm 波段产生"明亮"和"颜色"的反应，因此对这一波段的测量有着特殊重要意义。

　　人眼对这一波段产生的"明亮"和"颜色"的响应程度是一种心理物理学范畴内的主观量。为了客观统一地评价光源的颜色，国际照明委员会 CIE 在大量的心理学和物理学实验基础上，做了统一的评价和量值传递方法。

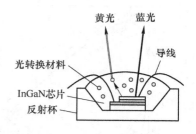

图 3-5-1　光转换型白光 LED
的结构示意图

　　发光效率、光谱功率分布及色度参数是各类光源的重要性能指标，有效地掌握这些性能指标的测量方法对于各类光源的研制及生产有着十分重要的意义。

　　1. 色度参数

　　（1）色度坐标。颜色事实上是主观量。为了客观、统一地评价光源或物体的颜色，国际照明委员会 CIE 在大量的心理学和物理学实验的基础上推荐"CIE 1931 *XYZ* 标准色度系统"，其三刺激值函数如图 3-5-2 所示。

　　对于某一光源，假设其相对光谱功率分布为 $P(\lambda)$（$\lambda = 380 \sim 780\text{nm}$），将 $P(\lambda)$ 分别乘以图 3-5-2 中 CIE 1931 标准色度观察者三刺激值 $\overline{x}(\lambda)$、$\overline{y}(\lambda)$、$\overline{z}(\lambda)$，并求和，得：

$$X = k \int_{380}^{780} P(\lambda) \cdot \overline{x}(\lambda) \, \mathrm{d}\lambda$$

$$Y = k \int_{380}^{780} P(\lambda) \cdot \overline{y}(\lambda) \, \mathrm{d}\lambda$$

$$Z = k \int_{380}^{780} P(\lambda) \cdot \overline{z}(\lambda) \, d\lambda$$

式中，X、Y、Z 是 CIE 1931 标准色度学系统的三刺激值，波长间隔 $d\lambda$ 用 1nm。

通过下面的方程式计算待测光源的色度坐标 (x, y)：

$$x = \frac{X}{X + Y + Z} \qquad y = \frac{Y}{X + Y + Z}$$

自然界中的全部颜色均能在 CIE 1931 XYZ 色度系统的马蹄形色品图中找到，并可由色品坐标 (x, y) 表示，如图 3-5-3 所示。由于 CIE 1931 XYZ 标准色度系统在实际应用中存在如色差容限不均匀等问题，CIE 又推荐 CIE 1964 标准色度系统，如图 3-5-4 所示。当观测或匹配颜色样品的视场角度在 4°~10° 时可采用这组标准数据；如果观测或匹配颜色样品的视场角在 1°~4°，则采用 CIE 1931 标准色度观察者的数据。

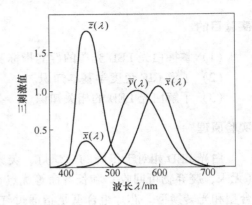

图 3-5-2　CIE 1931 XYZ 系统三刺激值

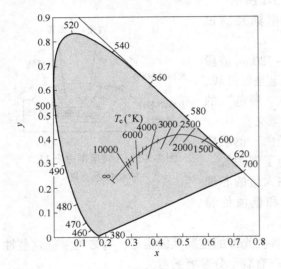

图 3-5-3　CIE 1931 色度系统

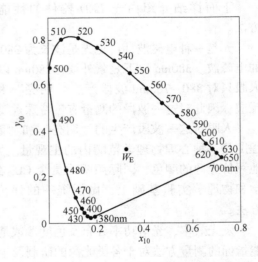

图 3-5-4　CIE 1964 色度系统

（2）相关色温。在图 3-5-3 中，中间的一条曲线表示黑体在不同温度下辐射光的颜色坐标点的轨迹，如果某一发光体颜色与该温度下的黑体辐射光有相同的颜色，即在色度图上坐标相同，则称该黑体的温度为发光体的色温。现实世界中，大部分的发光体，如三基色的荧光灯、荧光粉，它们的色坐标点都不处于黑体轨迹上，此时用相关色温表示。当发光体颜色与某一温度下的黑体辐射最接近时，称该黑体的温度为发光体的相关色温。在色品坐标图上，通过发光体的色品坐标点向黑体轨迹做垂直线，垂足点所对应的黑体温度即为该发光体的相关色温，只要测得了发光体的色度坐标即可计算出相应的相关色温 T_c：

$$T_c = 669A^4 - 779A^3 + 3660A^2 - 7047A + 5652 \qquad (2000K \leqslant T_c \leqslant 10000K)$$

其中 $A = \dfrac{x - 0.3290}{y - 0.1870}$　　　（x，y）为光源的色度坐标

$$T_c = 669A^4 - 779A^3 + 3660A^2 - 7047A + 5210 \qquad (10000K \leqslant T_c \leqslant 15000K)$$

其中 $A = \dfrac{x - 0.3316}{y - 0.1893}$　　　（x，y）为光源的色度坐标

（3）显色指数。相同色品坐标的荧光粉或荧光灯照明物体时，产生的客观效果并不一定相同，有的荧光粉或荧光灯的色显现能力较强，即显色指数高；反之，则显色指数低。为了考核发光体的显色指数，CIE 规定了 14 种标准试验色，见表 3-5-1 和图 3-5-5，并规定用普朗克辐射体作为参照光源，将其显色指数定为 100。通过计算被测光和相同色温的黑体辐射参照光源下分别照明试验色色板时两者的颜色色差 ΔE，即可求得特殊显色指数 Ri：

$$Ri = (100 - 4.6\Delta E_i) \quad (i = 1 \sim 14)$$

试验色 1~8 号求得的 8 个特殊显色指数的平均值称为一般显色指数 Ra：

$$Ra = \frac{1}{8}\sum_{i=1}^{8} Ri$$

表 3-5-1　CIE 考核光源显色性的 14 个标准试验色

号数	孟塞尔标号	日光下的颜色
1	7，5R6/4	淡灰红色
2	5Y6/4	暗灰黄色
3	5GY6/8	饱和黄绿色
4	2，5G6/6	中等黄绿色
5	10BG6/4	淡蓝绿色
6	5PB6/8	淡蓝色
7	2，5P6/8	淡紫蓝色
8	10P6/8	淡红紫色
9	4，5R4/13	饱和红色
10	5Y8/10	饱和黄色
11	4，5G5/8	饱和绿色
12	3PB3/11	饱和蓝色
13	5YR8/4	淡黄粉色（人的肤色）
14	5GY4/4	中等绿色（树叶）

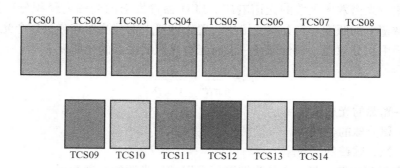

图 3-5-5　14 块标准色样

综上所述，只要测得被测光源的相对光谱功率分布就可以计算出其色度坐标、相关色温和显色指数。另外，所有的光源都有色度坐标，但不是所有的光源都具有"有意义"的色温和显色指数，如果光源的色度坐标离开黑体轨迹太远，落在了"白区"以外的区域，那么，对该光源来说，计算它的色温和显色指数就很可能没有什么意义了。换言之，如果计算得到的显色指数是负值的话，在色度学上只能说明该光源不适合作为显色照明用的光源，但并不是说这种光源一无是处，它们同样可以用作指示或其他用途。

2. 光参数

(1) 发光效率。发光效率是一个光源的参数，它是光通量与功率的比值，单位是 lm/W。根据情况不同，此功率可以指光源输出的辐射通量，或者是提供光源的能（可以是电能、化学能等）。因人眼的结构，并非所有波长的光能见度都一样。红外光和紫外光的光谱对于发光效率不造成影响。光源的发光效率与光源把能量转化为电磁辐射的能力以及人眼感知所发出的辐射的能力有关。其计算公式为：

$$\eta = \frac{\Phi}{I_F V_F}$$

式中　Φ——光通量；

　　I_F，V_F——分别是发光二极管 LED 的正向电流和正向电压。

从上式可以看出，只要测试出光源光通量及光源电压和光源电流，即可计算出光源的发光效率。其中光源光通量可以通过积分球测量得到（在下段中详细介绍），光源电压和光源电流可以通过精密电源测量得到。

(2) 光通量。光通量指人眼所能感觉到的辐射功率，它等于单位时间内某一波段的辐射能量和该波段的相对视见率的乘积。由于人眼对不同波长光的相对视见率不同，所以不同波长光的辐射功率相等时其光通量并不相等。光通量是指按照国际规定的标准人眼视觉特性评价的辐射通量的导出量，以符号 Φ 表示。光通量的单位是 lm（流明）。1lm 等于由一个具有 1cd（坎德拉）均匀的发光强度的点光源在 1sr（球面度）单位立体角内发射的光通量，即 1lm = 1cd·sr。一只 40W 的普通白炽灯的标称光通量为 360lm，40W 日光色荧光灯的标称光通量为 2100lm，而 400W 标准型高压钠灯的光通量可达 48000lm。

LED 光源发射的辐射波长为 λ 的单色光，在人眼观察方向上的辐射强度和人眼瞳孔对它所得的立体角的乘积称为光通量，具体是指 LED 向整个空间在单位时间发射的能引起人眼视觉的辐射通量。光通量的测量以明视觉条件作为测量条件，测量光通量必须要把 LED 发射的光辐射能量收集起来，可以用积分球来收集光能。测量的探测器应具有 CIE 标准光度观测者光谱效率函数的光谱响应。LED 器件发射的光辐射经积分球壁的多次反射，使整个球壁上的照度均匀分布，可用一置于球壁上的探测器来测量这个光通量成比例的光的照度。由积分原理，积分球任一没有光直接照明的点的光照度 E 为：

$$E = \frac{\Phi}{4\pi R^2} \cdot \frac{\rho}{1-\rho}$$

式中　Φ——光源的光通量；

　　R——积分球的半径；

　　ρ——积分球壁的反射率。

所以测量得到球壁上任一点的光照度就可以求得光源的光通量了。

实验仪器设备与材料

1. 实验仪器

测量 LED 光电性能的仪器为 LED 光色电测试系统。根据以上基本理论所述,只要测得被测光源的相对光谱功率分布,即可通过光度、色度学的方法计算出光度、色度学参数。所以测出光源的相对光谱功率分布 $P(\lambda)$,是 LED 光色电测试系统的根本任务,图 3-5-6 所示为该仪器的测试原理框图。

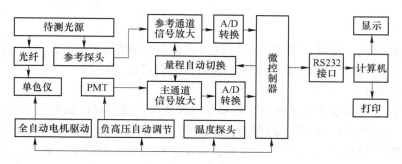

图 3-5-6　LED 光色电测试系统的测试原理

如图 3-5-6 所示,待测光源置于积分球内发出的光线或通过激发装置激发出的荧光,通过光纤后,被聚集在单色仪的入射狭缝里,经单色仪分光后的单色光由单色仪出射狭缝射出,并由光电倍增管(PMT)转换成电信号,再经电路放大处理及 AD 转换后送给微控制器,由微控制器将数字信号送给计算机。单色仪分光的光栅驱动,在计算机的控制下由微控制器驱动控制,实现 380~780nm 的光谱测量。

设光源的相对光谱功率分布为 $P(\lambda)$,积分球的光谱反射比为 $\rho(\lambda)$,光纤、光学系统及滤色器的光谱透射比为 $\tau(\lambda)$,单色仪的透射效率为 $T(\lambda)$,PMT 的光谱灵敏度为 $S(\lambda)$,则光电流信号 $I_{\mathrm{ph}}(\lambda)$ 为:

$$I_{\mathrm{ph}}(\lambda) = P(\lambda)\rho(\lambda)\tau(\lambda)T(\lambda)S(\lambda)$$
$$= P(\lambda)K(\lambda)$$

定义 $K(\lambda)$ 为测试系统的光谱响应常数,$I_{\mathrm{ph}}(\lambda)$ 由信号放大、处理电路和计算机组成的系统测试获得,$K(\lambda)$ 通常由已知光谱功率分布的标准辐射体(如 2856K 标准 A 光源)对测量系统定标得到。设用标准光源 sl 定标,定标时得到的光电流为 $I_{\mathrm{phs}}(\lambda)$:

$$I_{\mathrm{ph}}(\lambda) = P_{\mathrm{sl}}(\lambda)\rho(\lambda)\tau(\lambda)T(\lambda)S(\lambda)$$
$$= P_{\mathrm{sl}}(\lambda)K(\lambda)$$

则测量系统的光谱响应常数为:

$$K(\lambda) = I_{\mathrm{phs}}(\lambda)/P_{\mathrm{sl}}(\lambda)$$

得到被测光源的光谱功率分布 $P(\lambda)$:

$$P(\lambda) = \frac{I_{\mathrm{ph}}(\lambda)}{K(\lambda)} = \frac{I_{\mathrm{ph}}(\lambda)}{I_{\mathrm{phs}}(\lambda)}P_{\mathrm{sl}}(\lambda)$$

2. 实验材料

白光 LED 器件的组装:如图 3-5-7 所示,首先将硅胶 A 胶与硅胶 B 胶按质量比 1∶4

混合；接着将荧光粉加入硅胶中，搅拌均匀制成荧光粉硅胶混合物，其中荧光粉的浓度为7%（质量分数），配好的硅胶混合物抽真空至看不见气泡的状态；然后将绑定好的LED晶片固定于支架上，通过点涂的方式将荧光胶涂覆于LED芯片上；最后将点了荧光粉硅胶的LED晶片支架放置于烘烤炉内烘干固化，烘烤温度为50~60 ℃，烘烤时间5~10min，固化后的LED晶片支架在常温散热后即制得白光LED器件。

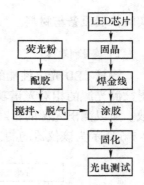

图 3-5-7　白光 LED 的组装

实验步骤

（1）系统启动：按要求检查各连接线（电源线、光纤传导线、通信线）是否已可靠连接，并打开电脑、机柜各仪器电源控制开关启动系统。

（2）定标：将标准光源正确安装在积分球球体内（安装时应佩戴白手套），安装好后锁闭球体门，选择定标-光谱定标按键，设置好参数，点击设定开启标准光源并等待约10min让标准光源稳定后，点击开始定标，自动定标完成后保存定标数据。最后单击测量按键，测得标准光源数据，将所测数据与标准光源标定数据进行比较，若在范围内，则仪器合格；若数据差别较大，应再次验证结果。在光谱定标结束后，再进行光通量定标，光通量定标结束后，关闭标准光源，待标准光源冷却后再取出光源放回盒子妥善保管。

（3）待测光源安装：将待测光源放置于积分球球体内，发光源应与挡板中心处于同一水平高度，并可靠连接供电电源，安装好后锁闭球体门。

（4）软件启动：在电脑上找到控制系统软件图标并双击打开，进入测试主界面。

（5）测量：分别确认通信端口、通信模式，根据待测光源的电压、电流进行参数设置，确认无误后，点击设定选项点亮光源。等待待测光源稳定后，点击测量按键。

（6）测量完毕后，保存数据并进行分析，分析结束后取出待测光源。

实验数据记录与处理

在光谱分析测试软件中，根据测得的光谱数据绘制相对光谱曲线，获得光通量、发光效率、色坐标、色温以及显色指数等性能参数值，完成白光LED的光色电性能评价。

实验注意事项

（1）取拿标准光源时，应佩戴手套，定标完成后应等待标准光源足够冷却，防止烫伤和标准光源跌落而破损。

（2）测量时应先打开测试系统，再打开控制软件，否则可能造成无法连接或测量数据不准确。

（3）请勿用手触摸探测器的受光面，若探测器的受光面有污染，请用洗耳球专用的擦纸进行清洁。

（4）为防止损坏仪器，严禁技术人员以外的人员私自更改仪器的接线方式、仪器参数设置及挪动该仪器。

思考题

（1）白光 LED 的性能指标有哪些。
（2）简述 LED 光色电测试系统的工作原理。

参考文献

［1］徐海松．颜色技术原理及在印染中的应用（三）　第三篇　CIE 标准色度系统［J］.
印染，2005（20）：32～36.
［2］郑凯．白光半导体 LED 发光效率的计算［D］.长春：长春理工大学，2009.

实验 3-6 太阳能光伏电池特性测试实验

实验目的

（1）在没有光照时，太阳能电池主要结构为一个二极管，测量该二极管在正向偏压时的伏安特性曲线，并求得电压和电流关系的经验公式。

（2）测量太阳能电池在光照时的输出伏安特性，作出伏安特性曲线图，从图中求得它的短路电流（I_{SC}）、开路电压（U_{OC}）、最大输出功率 P_m 及填充因子 FF（$FF = P_m/(I_{SC}U_{OC})$）。填充因子是代表太阳能电池性能优劣的一个重要参数。

（3）测量太阳能电池的光照特性：测量短路电流 I_{SC} 和相对光强度 J/J_0 之间关系，画出 I_{SC} 与相对光强 J/J_0 之间的关系图；测量开路电压 U_{OC} 和相对光强度 J/J_0 之间的关系，画出 U_{OC} 与相对光强 J/J_0 之间的关系图。

实验原理

太阳能电池在没有光照时其特性可视为一个二极管，在没有光照时其正向偏压 U 与通过电流 I 的关系式为：

$$I = I_0(e^{\beta U} - 1) \tag{3-6-1}$$

式中，I_0 和 β 是常数。

由半导体理论，二极管主要是由能隙为 $E_C - E_V$ 的半导体构成，如图 3-6-1 所示。图 3-6-1 中 E_C 为半导体导电带，E_V 为半导体价电带。当入射光子能量大于能隙时，光子会被半导体吸收，产生电子和空穴对。电子和空穴对会分别受到二极管之内电场的影响而产生光电流。

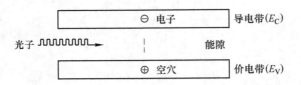

图 3-6-1 电子和空穴在电场的作用下产生光电流

假设太阳能电池的理论模型是由一理想电流源（光照产生光电流的电流源）、一个理想二极管、一个并联电阻 R_{sh} 与一个电阻 R_s 所组成，如图 3-6-2 所示，I_{ph} 为太阳能电池在光照时的等效电源输出电流，I_d 为光照时通过太阳能电池内部二极管的电流，则由基尔霍夫定律得：

$$IR_s + U - (I_{ph} - I_d - I)R_{sh} = 0 \tag{3-6-2}$$

式中　I——太阳能电池的输出电流；

　　　U——输出电压。

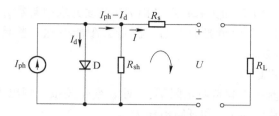

图 3-6-2 太阳能电池的理论模型电路图

由式（3-6-1）可得：

$$I\left(1 + \frac{R_s}{R_{sh}}\right) = I_{ph} - \frac{U}{R_{sh}} - I_d \tag{3-6-3}$$

假定 $R_{sh} = \infty$，$R_s = 0$，则太阳能电池可简化为图 3-6-3 所示电路。

这里，$I = I_{ph} - I_d = I_{ph} - I_0(e^{\beta U} - 1)$。

在短路时，$U = 0$，$I_{ph} = I_{SC}$；

而在开路时，$I = 0$，$I_{SC} - I_0(e^{\beta U_{OC}} - 1) = 0$；

因此 $U_{OC} = \dfrac{1}{\beta}\ln\left[\dfrac{I_{SC}}{I_0} + 1\right] \tag{3-6-4}$

式（3-6-4）即为在 $R_{sh} = \infty$ 和 $R_s = 0$ 的情况下，太阳能电池的开路电压 U_{OC} 和短路电流 I_{SC} 的关系式。其中 U_{OC} 为开路电压，I_{SC} 为短路电流，I_0、β 是常数。

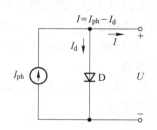

图 3-6-3 太阳能电池的简化电路图

实验仪器设备

光具座及滑块座、具有引出接线的盒装太阳能电池、数字万用表 1 只、电阻箱 1 只、白炽灯光源 1 只（射灯结构，功率 40W）、光功率计（带 3V 直流稳压电源）、导线若干、遮光罩 1 个、单刀双掷开关 1 个，实验仪实物图如图 3-6-4 所示。

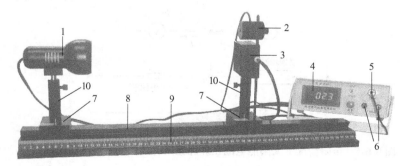

图 3-6-4 FB736 型太阳能电池特性实验仪

1—白炽灯光源；2—光功率计探头；3—暗盒（内装太阳能电池）；4—光功率计数显窗口；5—光功率计信号输入接口；6—直流稳压电源（3V）输出插座；7—滑块；8—光具座（导轨）；9—毫米刻度尺；10—光学支架

实验步骤

（1）在没有光源（全黑）的条件下，测量太阳能电池施加正向偏压时的 I-U 特性，用实验测得的正向偏压时 $I\text{-}U$ 的关系数据画出 $I\text{-}U$ 曲线并求得常数 β 和 I_0 的值。

（2）在不加偏压时，用白色光源照射，测量太阳能电池一些特性。注意此时光源到太阳能电池距离保持为 20cm。

1）画出测量实验线路图。

2）测量太阳能电池在不同负载电阻下，I 对 U 变化关系，画出 $I\text{-}U$ 曲线图。

3）用外推法求短路电流 I_{SC} 和开路电压 U_{OC}。

4）求太阳能电池的最大输出功率及最大输出功率时负载电阻。

5）计算填充因子（$FF = P_m/(I_{SC} \cdot U_{OC})$）。

（3）测量太阳能电池的光照特性：

在暗箱中（用遮光罩挡光），取离白炽灯光源 20cm 水平距离光强作为标准光照强度，用光功率计测量该处的光照强度 J_0；改变太阳能电池到光源的距离 x，用光功率计测量 x 处的光照强度 J，求光强 J 与位置 x 的关系。测量太阳能电池接收到相对光强度 J/J_0 不同值时，相应的 I_{SC} 和 U_{OC} 的值。

1）描绘 I_{SC} 和相对光强度 J/J_0 之间的关系曲线，求 I_{SC} 和与相对光强 J/J_0 之间近似关系函数。

2）描绘出 U_{OC} 和相对光强度 J/J_0 之间的关系曲线，求 U_{OC} 与相对光强度 J/J_0 之间近似函数关系。

实验数据记录与分析

1. 全暗情况下太阳能电池在外加偏压时伏安特性的测量

在全暗的情况下（关闭白炽灯光源），按图 3-6-5 所示电路图连接好电池测量线路，测量太阳能电池正向偏压下流过太阳能电池的电流 I 和太阳能电池的输出电压 U。改变电阻箱的阻值，用万用表量出各种阻值下太阳能电池和电阻箱两端的电压，算出电流测量结果，见表 3-6-1。

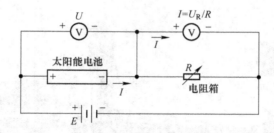

图 3-6-5　全暗情况下太阳能电池在外加偏压时的伏安特性测量电路之一

表 3-6-1　全暗情况下太阳能电池在外加偏压时伏安特性数据记录

$R/k\Omega$	U_1/V	U_2/mV	$I/\mu A$	$\ln I$

若备有 0~3.0V 直流可调电源，则可采用图 3-6-6 所示实验线路：正向偏压在 0~3.0V 变化条件下，用 $R=1000\Omega$ 固定电阻取代电阻箱（但电阻值必须准确，否则计算电

流值时将有较大的误差）。测量结果记录到表 3-6-2 中。

由 $\dfrac{I}{I_0} = e^{\beta U} - 1$，当 U 较大时，$e^{\beta U} \gg 1$，即 $\ln I = \beta U + \ln I_0$，由最小二乘法，将表中最后几点数据处理后求出 β、I_0 和相关系数 r 值。

2. 恒定光照下太阳能电池在不加偏压时伏安特性的测量

不加偏压，在使用遮光罩条件下，保持白光源到太阳能电池距离 20cm，测量太阳能电池的输出 I 对太阳能电池的输出电压 U 的关系，测量电路请自拟。把测量结果记录到表 3-6-3 中。

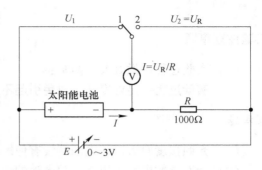

图 3-6-6 全暗情况下太阳能电池在外加偏压时的伏安特性测量电路之二

表 3-6-2 全暗情况下太阳能电池在外加偏压时伏安特性数据记录

U_1/V								
U_2/mV								
$I/\mu\text{A}$								

表 3-6-3 恒定光照下太阳能电池在不加偏压时伏安特性数据记录

R/Ω	U_1/V	I/mA	P/mW	R/Ω	U_1/V	I/mA	P/mW
200				4400			
300				4600			
400				4800			
600				5000			
800				5500			
1000				6000			
1200				6500			
1400				7000			
1600				7500			
1800				8000			
2000				8500			
2200				9000			
2400				10000			
2600				20000			
2800				30000			
3000				40000			
3200				50000			
3400				60000			
3600				70000			
3800				80000			
4000				90000			
4200							

实验注意事项

（1）实验过程中做好安全防护；

（2）实验过程要足够专注，以免引起不必要的安全隐患。

思考题

（1）光照强度对太阳能电池特性有何影响？

（2）特性参数中哪个更能反映电池的性能？

4 功能材料的电学性能表征

实验 4-1　四探针法测材料表面电阻率

实验目的

（1）了解半导体材料方块电阻的概念。

（2）理解四探针法测量半导体电阻率和方块电阻的原理。

（3）学会使用四探针测试仪测量硅圆薄片的电阻率。

实验原理

在半导体器件的研制和生产过程中常常要对半导体单晶材料的原始电阻率和经过扩散、外延等工艺处理后的薄层电阻进行测量。测量电阻率的方法很多，有两探针法、四探针法、单探针扩展电阻法、范德堡法等，本节介绍的是四探针法。因为这种方法简便可行、适于批量生产，所以目前得到了广泛应用。

四探针法就是用针间距约 1mm 的 4 根金属探针同时压在被测样品的平整表面上（图 4-1-1），利用恒流源给 1、4 两个探针通以小电流，然后在 2、3 两个探针上用高输入阻抗的静电计、电位差计、电子毫伏计或数字电压表测量电压，最后根据理论公式计算出样品的电阻率

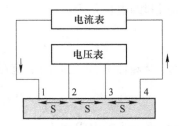

图 4-1-1　测量方阻的四探针法原理

$$\rho = C \frac{V_{23}}{I}$$

式中　C——四探针的修正系数，cm，C 的大小取决于四探针的排列方法和针距，探针的位置和间距确定以后，探针系数 C 就是一个常数；

V_{23}——2、3 两探针之间的电压，V；

I——通过样品的电流，A。

半导体材料的体电阻率和薄层电阻率的测量结果往往与式样的形状和尺寸密切相关，通常分两种情况来进行讨论。

1. 半无限大样品情形

图 4-1-2 所示为半无穷大样品上探针电流的分布及等势面图形；图 4-1-3 所示为正方形排列的四探针图形。因为四探针对半导体表面的接触均为点接触，所以，对图 4-1-2 所示的半无穷大样品，电流 I 是以探针尖为圆心呈径向放射状流入体内的。因而电流在体内所形成的等位面为图中虚线所示的半球面。于是，样品电阻率为 ρ，半径为 r，间距为 dr

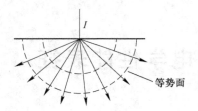

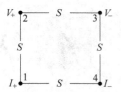

图 4-1-2　半无穷大样品上探针电流的分布及等势面图形　　图 4-1-3　正方形排列的四探针图形

的两个半球等位面间的电阻为

$$dR = \frac{\rho}{2\pi r^2}dr$$

它们之间的电位差为 $dV = IdR = \frac{\rho I}{2\pi r^2}dr$。考虑样品为半无限大，在 $r \to \infty$ 处的电位为 0，所以图 4-1-1 中流经探针 1 的电流 I 在 r 点形成的电位为

$$(V_r)_1 = \int_r^\infty \frac{\rho I}{2\pi r^2}dr = \frac{\rho I}{2\pi r}$$

流经探针 1 的电流在 2、3 两探针间形成的电位差为

$$(V_{23})_1 = \frac{\rho I}{2\pi}\left(\frac{1}{r_{12}} - \frac{1}{r_{13}}\right)$$

流经探针 4 的电流与流经探针 1 的电流方向相反，所以流经探针 4 的电流 I 在探针 2、3 之间引起的电位差为

$$(V_{23})_4 = -\frac{\rho I}{2\pi}\left(\frac{1}{r_{42}} - \frac{1}{r_{43}}\right)$$

于是流经探针 1、4 之间的电流在探针 2、3 之间形成的电位差为

$$V_{23} = \frac{\rho I}{2\pi}\left(\frac{1}{r_{12}} - \frac{1}{r_{13}} - \frac{1}{r_{42}} + \frac{1}{r_{43}}\right)$$

由此可得样品的电阻率为

$$\rho = \frac{2\pi V_{23}}{I}\left(\frac{1}{r_{11}} - \frac{1}{r_{13}} - \frac{1}{r_{42}} + \frac{1}{r_{43}}\right)^{-1} \tag{4-1-1}$$

式（4-1-1）就是四探针法测半无限大样品电阻率的普遍公式。

在采用四探针测量电阻率时通常使用图 4-1-3 的正方形结构（简称方形结构），假设方形四探针间距均为 S，则对于直线四探针有

$$r_{12} = r_{43} = S, \qquad r_{13} = r_{42} = 2S$$

$$\rho = 2\pi S \cdot \frac{V_{23}}{I} \tag{4-1-2}$$

对于方形四探针有

$$r_{12} = r_{43} = S, \qquad r_{13} = r_{42} = \sqrt{2}S$$

$$\rho = \frac{2\pi S}{2 - \sqrt{2}} \cdot \frac{V_{23}}{I} \tag{4-1-3}$$

2. 无限薄层样品情形

当样品的横向尺寸无限大，而其厚度 t 又比探针间距 S 小得多的时候，称这种样品为无限薄层样品。图 4-1-4 所示为用四探针测量无限薄层样品电阻率的示意图。图中被测样品为在 p 型半导体衬底上扩散有 n 型薄层的无限大硅单晶薄片，1、2、3、4 为 4 个探针在硅片表面的接触点，探针间距为 S，n 型扩散薄层的厚度为 t，并且 $t \ll S$，I_+ 表示电流从探针 1 流入硅片，I_- 表示电流从探针 4 流出硅片。与半无限大样品不同的是，这里探针电流在 n 型薄层内近

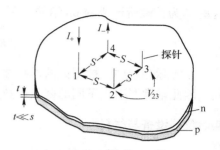

图 4-1-4　无限薄层样品电阻率的测量

似为平面放射状，其等位面可近似为圆柱面。类似前面的分析，对于任意排列的四探针，探针 1 的电流 I 在样品中 r 处形成的电位为

$$(V_r)_1 = \int_r^\infty \frac{\rho I}{2\pi rt} \mathrm{d}r = -\frac{\rho I}{2\pi t}\ln r$$

式中　ρ——n 型薄层的平均电阻率。

于是探针 1 的电流 I 在 2、3 探针间所引起的电位差为

$$(V_{23})_1 = -\frac{\rho I}{2\pi t}\ln \frac{r_{12}}{r_{13}} = \frac{\rho I}{2\pi t}\ln \frac{r_{13}}{r_{12}}$$

同理，探针 4 的电流 I 在 2、3 探针间所引起的电位差为

$$(V_{23})_4 = \frac{\rho I}{2\pi t}\ln \frac{r_{42}}{r_{43}}$$

所以探针 1 和探针 4 的电流 I 在 2、3 探针之间所引起的电位差是

$$V_{23} = \frac{\rho I}{2\pi t}\ln \frac{r_{42} \cdot r_{13}}{r_{43} \cdot r_{12}}$$

于是得到四探针法测无限薄层样品电阻率的普遍公式为

$$\rho = \frac{2\pi t V_{23}}{I} \bigg/ \ln \frac{r_{42} \cdot r_{13}}{r_{43} \cdot r_{12}} \tag{4-1-4}$$

对于直线四探针，利用 $r_{12} = r_{43} = S$，$r_{13} = r_{42} = 2S$ 可得

$$\rho = \frac{2\pi t V_{23}}{I} \bigg/ 2\ln 2 = \frac{\pi t}{\ln 2} \cdot \frac{V_{23}}{I} \tag{4-1-5}$$

对于方形四探针，利用 $r_{12} = r_{43} = S$，$r_{13} = r_{42} = \sqrt{2}S$ 可得

$$\rho = \frac{2\pi t}{\ln 2} \cdot \frac{V_{23}}{I} \tag{4-1-6}$$

在对半导体扩散薄层的实际测量中常常采用与扩散层杂质总量有关的方块电阻 R_S，它与扩散薄层电阻率有如下关系：

$$R_S = \frac{\rho}{X_j} = \frac{1}{q\mu \displaystyle\int_0^{X_j} N\mathrm{d}X} = \frac{1}{q\mu N X_j}$$

这里 X_j 为扩散所形成的 pn 结的结深。这样对于无限薄层样品，方块电阻可以表示如下：

$$R_S = \frac{\rho}{X_j} = \frac{2\pi t}{\ln 2} \frac{V_{23}}{I} \tag{4-1-7}$$

在实际测量中，被测试的样品往往不满足上述的无限大条件，样品的形状也不一定相同，因此常常要引入不同的修正系数。

实验仪器设备与材料

（1）ST2253 型四探针测试仪。

（2）KD 型四探针测试架（探针间距 $S = 1\text{mm}$）。

（3）不同扩散工艺硅片。

实验步骤

（1）打开四探针测试仪背后电源，预热 30min。

（2）用游标卡尺测量硅片的直径 D，一共测量 3 次，求平均值，注意：每次测量完，绕硅片中心旋转 30°，再进行下一次测量。

（3）用千分尺分别测量硅片中心、半径中点、距离样品边缘 6mm 处的厚度 W，分别求平均值（记录数据）。注意：每次测量完，绕硅片中心旋转 90°，再进行下一次测量。

（4）将样片放在测试架台上，尽量避免沾污样品表面。

（5）缓慢下放测试架使探针轻按在样片上，注意下放速度，避免压碎样片。

（6）估计所测样品方块电阻和电阻率范围，选择合适的电流量程，对样品进行测量。

（7）测试完后将探针上移，并用保护套保护探针。

（8）用完后关电源。

实验数据记录与处理

记录测量硅片中心、半径中心、距离样品边缘 6mm 处的电阻率和方阻，正反方向分别测量，每处分别测量 3 次，求平均值。

实验注意事项

（1）仪器接通电源，至少预热 15min 才能进行测量。

（2）仪器如经过剧烈的环境变化或长期不使用，在首次使用时应通电预热 2~3h，方可进行测量。

（3）在测量过程中应注意电源电压不要超过仪器的过载允许值。

（4）切记保护探针。

思考题

（1）样品尺寸对硅片的方阻有无影响，为什么？

（2）方块电阻和掺杂浓度有何关系？

（3）光照如何影响材料的电阻率，为什么？

实验 4-2　绝缘材料电阻的测量

实验目的

（1）了解绝缘材料表面电阻率和体电阻率的测试方法。

（2）掌握表面电阻率和体电阻率的计算方法。

（3）掌握绝缘材料电阻率的测试原理。

实验原理

绝缘材料的固有电绝缘性质通常被用来约束和保护电流，使它沿着选定的途径在导体中流动，或用来支持很高的电场，以免发生电击穿。绝缘材料的电阻率范围超过 20 个数量级，耐压高达 100 万伏以上。可以说，今天的电子电工技术离不开绝缘材料。随着科学技术的发展，特别是在尖端科学领域里对绝缘材料的电学性能指标提出了越来越高的要求。材料的导电性是用电阻率 ρ（单位：$\Omega \cdot m$）或电导率 σ（单位：$\Omega^{-1} \cdot m^{-1}$）来表示的。两者互为倒数，并且都与试样的尺寸无关，而只取决于材料的性质。工程上习惯将材料根据导电性质粗略地分为超导体、导体、半导体和绝缘体四类。材料导电性质及电阻率范围见表 4-2-1。

表 4-2-1　材料导电性质及电阻率范围

材　料	电阻率 $\rho/\Omega \cdot m$	电导率 $\sigma/\Omega^{-1} \cdot m^{-1}$
超导体	10^{-8}	10^{8}
导体	$10^{-8} \sim 10^{-5}$	$10^{5} \sim 10^{8}$
半导体	$10^{-5} \sim 10^{7}$	$10^{-7} \sim 10^{5}$
绝缘体	$10^{7} \sim 10^{18}$	$10^{-18} \sim 10^{-7}$

电阻率的测量方法是测量电阻，然后再考虑几何因素将其变换成表面电阻率或体积电阻率。测量绝缘材料电阻的理想方法是向样品施加一个已知的电压，再使用静电计或皮安计测量产生的电流。为了考虑样品的几何因素，应当使用尺寸方便的电极，例如吉时利 8009 型电阻率测试盒。其电极满足 ASTM 标准 D257 "绝缘材料的直流电阻或电导" 的要求。

在绝缘材料中，载流子的浓度很低，对其他性质的影响可以忽略，但对高绝缘材料电导率的影响是不可忽视的。在绝缘材料的导电性表征中，需要分别表示表面与体内的不同导电性，常常采用表面电阻率 ρ_s 与体积电阻 ρ_V 率来表示。在提到电阻率而又没有特别指明时通常就是指体积电阻率。将平板试样放在两电极之间，施于两电极上的直流电压和流过电极间试样表面上的电流之比为表面电阻；施于两电极上的直流电压和流过电极间试样的体积内的电流之比为体积电阻。

1. 体电阻率的测量

体电阻率是材料直接通过电流的能力的度量。体电阻率定义为边长 1cm 的立方体绝缘材料的电阻。测量体电阻率时，将样品放在 2 个电极之间，并在 2 个电极之间施加一个电位差。产生的电流将分布在测试样品的体内，并由皮安计或静电计来测量。电阻率则由电极的几何尺寸和样品的厚度计算：

$$\rho_V = \frac{\text{Area}}{t} R_V$$

式中　ρ_V——体电阻率，$\Omega \cdot cm$；

　　Area——有效区域面积，cm^2；

　　t——样本厚度，cm；

　　R_V——测量的体积电阻，Ω。

ASTM D257 标准的测量体电阻率的配置情况。在此电路中，安培计的 H_I 端连在底部的电极上，电压源的 H_I 端连在顶部的电极上。安培计的 L_O 端和电压源的 L_O 端连在一起。底部的外电极连到保护端（安培计的 L_O 端）以避免电流。

2. 表面电阻率的测量

表面电阻率定义为材料表面的电阻，并表示为欧姆（通常称为方块电阻）。其测量方法是将 2 个电极放在测试样品的表面，在电极之间施加一个电位差，并测量产生的电流。表面电阻率计算如下：

$$\rho_s = \frac{\text{Perimeter}}{\text{Gap}} R_s$$

式中　ρ_s——表面电阻率，Ω；

Perimeter——有效周长；

　　Gap——主电极和副电极之间的距离，cm；

　　R_s——测得的表面电阻。

3. 测试参数

体电阻率和表面电阻率的测量取决于几个因素。首先，它们是所加电压的函数。有的时候，我们有意地改变电压，以确定绝缘体电阻率对电压的依赖关系。其次，电阻率还随着充电时间的长度而变化。由于材料按指数形式不断充电，所以施加电压的时间越长，测量出的电流就变得越低。最后，湿度对表面电阻率测量有重大的影响，对体电阻率的测量也有影响，只是其程度要小一些。湿度将使表面电阻率的测量结果比正常情况低一些。为了对特定的测试工作进行准确的比较，在一次测试和另一次测试之间，施加的电压、充电时间和环境条件都应当保持恒定。

实验仪器设备与材料

（1）CHT3530 型数字绝缘电阻测试仪（高阻计）。

（2）10cm×10cm 试样：PMMA、PTFE、PVC。

实验步骤

（1）开机预热。为了能达到仪器所标称的精度和稳定性，开始测量前仪器需开机预热 15min。

（2）系统校零。前端放大器由于存在失调电压和失调电流引起的失调误差，如果不进行"调零"修正，所产生的偏置量就会叠加到输入信号上产生误差。偏置通常都按与时间或温度的函数来表示。在一定时间和一定温度范围内的零点偏置应在规定的指标之内。由温度跳变引起的偏置在其达到稳定之前可能超过规定的指标。典型的室温变化速率（1℃/15min）通常不会引起这种过冲。一般在仪器第一次开机或长时间测试后，由于环境发生较大变化时才需要进行系统校零操作。

（3）清除背景电流（面板清零）。背景电流是测试过程中由于保护器件、测试线等的漏电变化或测试环境的变化或电场变化等因数引起的偏流变化导致的底数漂移。输入偏置电流叠加到被测电流上，所以仪表测量的是 2 个电流之和：$I_M = I_S + I_{OFFSET}$。在进行背景电流清除时，应尽量使所有带电物体（包括人员）和导体远离测试电路的敏感区域，在测试区域附近避免运动和振动。

（4）连接被测物。让被测物置于有静电频蔽的环境中（防止静电场干扰），让被测物和频蔽体处于高绝缘状态，绝缘支架 RL 起的作用是防止被测电流被旁路，将测试夹夹好被测件。

（5）电压输出。在测量界面上，按"电压设定"按钮，输入要施加的测试电压，此时应确保测试端的开路，按"充/放电"按钮，输出电压，此时高压输出端输出电压。

（6）测试开始。在测试时，通常需要一段时间才能稳定，这是很正常的，这个时间和被测电阻杂散电容和被测物的材料特性有关，这个时间通常叫作建立时间。在测试过程中，应尽量使所有带电物体（包括人员）和导体远离测试电路的敏感区域，在测试区域附近避免运动和振动。建立时间到才能进行读数。

（7）测量结束。按"充/放电"按钮，关闭电压输出，移除被测物。

（8）反复测试。为了能保证数据的可靠性。

实验数据记录与处理

计算各试样的 ρ_V、ρ_s，并比较讨论之。

原始数据记录见表 4-2-2、表 4-2-3。

表 4-2-2

室温：			湿度：		
次数	电阻 R_V/Ω			平均电阻 R_V/Ω	电阻率 ρ_V /$\Omega \cdot cm$
	1	2	3		
数据					

表 4-2-3

室温：			湿度：		
次数	电阻 R_s/Ω			平均电阻 R_s/Ω	电阻率 ρ_s /$\Omega \cdot cm$
	1	2	3		
数据					

实验注意事项

（1）在测试电阻率较大的材料时，由于材料易极化，应采用较高测试电压。在进行体积电阻和表面电阻测量时，应先测体积电阻；反之，由于材料被极化会影响体积电阻。当材料连续多次测量后容易产生极化，会使测量无法进行下去，这时需停止对这种材料的测试，置于净处 8~10h 后再测量或者放在无水酒精内消洗，烘干，等冷却后再进行测量。

（2）在对同一块试样而采用不同的测试电压时，一般情况下所选择的测试电压越高所测得的电阻值偏低。

（3）测试时，人体不能接触仪器的高压输出端及其连接物，防止高压触电危险，同时也不能碰地，否则引起高压短路。

（4）换检测样品时需先放电、断开高压输出电源。

思考题

（1）相同材料的体电阻率与表面电阻率大小是否相同？

（2）环境湿度是如何影响测量结果的？

实验 4-3　固体电介质材料介电性能的测量

实验目的

（1）探讨介质极化与介电常数、介质损耗的关系。

（2）掌握用 LCR 仪测试功能陶瓷材料介电性能的方法。

（3）结合实验结果分析介电陶瓷材料的介电性能与频率计温度的关系。

实验原理

在电介质材料中，起主要作用的是被束缚的电荷，在电场作用下，正、负电荷可以逆向移动，但它们并不能挣脱彼此的束缚而形成电流，只能产生微观尺度的相对位移，这种现象称为极化，并在宏观上表现为电容及介电常数。对不同的材料、温度和频率，各种极化过程的影响不同。

电极化的微观单元称为电偶极子，不同的电偶极子对应不同的极化机制，如转向极化、空间电荷极化、松弛极化、自发极化、离子极化、电子极化等。极化的过程对应电偶极子的重新排布，这需要一定时间来完成。因此，极化对外加电场在时间上有一定的滞后，即介电损耗。介电损耗也可理解为电场作用在材料上时由于偶极子的重新排布受到阻碍使得一部分电能以热量的形式损失掉。同时，由于极化过程需要一定时间来完成，故介电常数和介电损耗对外加电场的频率有着明显的依赖性。又由于温度的改变影响着电偶极子的活跃程度，因此介电性能对温度也有着依赖性。

1. 介电常数（ε）

某一电介质（如硅酸盐、高分子材料）组成的电容器在一定电压作用下所得到的电容量 C_x 与同样大小的介质为真空的电容器的电容量 C_o 的比值，被称为该电介质材料的相对介电常数。

$$\varepsilon = \frac{C_x}{C_o}$$

式中　C_x——电容器两极板充满介质时的电容；

C_o——电容器两极板为真空时的电容；

ε——电容量增加的倍数，即相对介电常数。

介电常数的大小表示该介质中空间电荷互相作用减弱的程度。作为高频绝缘材料，ε 要小，特别是用于高压绝缘时。在制造高电容器时要求 ε 要大，特别是小型电容器。

2. 介电损耗（$\tan\delta$）

介电损耗指电介质材料在外电场作用下发热而损耗的那部分能量。在直流电场作用下，介质没有周期性损耗，基本上是稳态电流造成的损耗；在交流电场作用下，介质损耗除了稳态电流损耗外，还有各种交流损耗。由于电场的频繁转向，电介质中的损耗要比直流电场作用时大许多（有时达到几千倍），因此介质损耗通常是指交流损耗。

在工程中，常将介电损耗用介质损耗角正切 $\tan\delta$ 来表示。$\tan\delta$ 是绝缘体的无效消耗的能量对有效输入的比值，它表示材料在一周期内热功率损耗与储存之比，是衡量材料损耗程度的物理量。

$$\tan\delta = \frac{1}{\omega RC}$$

式中　ω——电源角频率；

　　R——并联等效交流电阻；

　　C——并联等效交流电容器。

凡是体积电阻率小的，其介电损耗就大。介质损耗对于用在高压装置、高频设备，特别是用在高压、高频等地方的材料和器件具有特别重要的意义，介质损耗过大，不仅降低整机的性能，甚至会造成绝缘材料的热击穿。

3. Q 值

$\tan\delta$ 的倒数称为品质因素，或称 Q 值。Q 值大，介电损失小，说明品质好。所以在选用电介质前，必须首先测定它们的 ε 和 $\tan\delta$。而这两者的测定是分不开的。

通常测量材料介电常数和介质损耗角正切的方法有两种：交流电桥法和 Q 表测量法，其中 Q 表测量法在测量时由于操作与计算比较简便而广泛采用。本实验主要采用的是 Q 表测量法。

Q 表的测量回路是一个简单的 R-L-C 回路，如图 4-3-1 所示。当回路两端加上电压 V 后，电容器 C 的两端电压为 V_c，调节电容器 C 使回路谐振后，回路的品质因数 Q 就可以用下式表示：

$$Q = \frac{V_c}{V} = \frac{\omega L}{R}$$

式中　L——回路电感；

　　R——回路电阻；

　　V_c——电容器 C 两端电压；

　　V——回路两端电压；

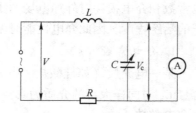

图 4-3-1　Q 表测量原理图

由上式可知，当输入电压 V 不变时，Q 与 V_c 成正比。因此在一定输入下，V_c 值可直接标示为 Q 值。Q 值表即根据这一原理来制造。

4. STD-A 陶瓷介质损耗角正切及介电常数测试仪

它由稳压电源、高频信号发生器、定位电压表 CB_1、Q 值电压表 CB_2、宽频低阻分压器以及标准可调电容器等组成（图 4-3-2）。工作原理如下：高频信导发生器的输出信号，通过低阻抗耦合线圈将信号馈送至宽频低阻抗分压器。输出信号幅度的调节通过控制振荡器的帘栅极电压来实现。当调节定位电压表 CB_1 指在定位线上时，R_i 两端得到约 10mV 的电压 (V_i)。当 V_i 调节在一定数值（10mV）后，可以使测量 V_c 的电压表 CB_2 直接以 Q 值刻度，即可直接的读出 Q 值，而不必计算。

（1）介电常数：

$$\varepsilon = \frac{(C_1 - C_2)d}{\phi_2} \tag{4-3-1}$$

式中　C_1——标准状态下的电容量；

　　　C_2——样品测试的电容量；

　　　d——试样的厚度，cm；

　　　ϕ——试样的直径，cm。

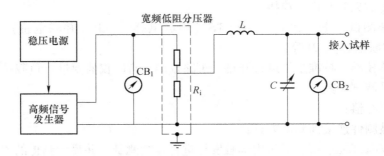

图 4-3-2　Q 表测量电路

（2）介质损耗角正切：

$$\tan\delta = \frac{C_1}{C_1 - C_2} \times \frac{Q_1 - Q_2}{Q_1 \times Q_2} \tag{4-3-2}$$

式中　Q_1——标准状态下的 Q 值；

　　　Q_2——样品测试的 Q 值。

（3）Q 值：

$$Q = \frac{1}{\tan\delta} = \frac{Q_1 \times Q_2}{Q_1 - Q_2} \times \frac{C_1 - C_2}{C_1} \tag{4-3-3}$$

实验仪器设备与材料

（1）E4980A 精密 LCR 表；仪器主界面如图 4-3-3 所示。

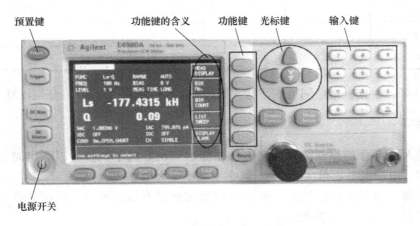

图 4-3-3　E4980A 精密 LCR 表主界面

（2）待测材料：PZT 陶瓷片。

实验步骤

（1）接通 E4980A；

（2）通过向 MEAS DISPLAY 页面区域填入字段，设置测量条件；

（3）将测试夹具与设备连接；

（4）选择测试参数，比如 Z、Q、LS（串联电感）、LP（并联电感）、CS（串联电容）、CP（并联电容）、D 等；

（5）仪器校准，校准主要进行开路、短路校准，有时仪器要进行负载校准；

（6）选择测试夹具；

（7）夹具补偿；

（8）将被测件连接到测试夹具；

（9）按 Meas Setup 键，通过内部触发器进行连续测量，并显示测得的 C 和 Q 值。

实验数据记录与处理

（1）ε 和 $\tan\delta$ 测定记录。实验数据按表 4-3-1 要求填写。

表 4-3-1

序　号		1	2	3	4	5
试样厚度						
试样直径						
测试数据	C_1					
	C_2					
	Q_1					
	Q_2					
计算结果	ε					
	$\tan\delta$					
	平均值	$\varepsilon =$			$\tan\delta =$	

（2）计算。根据表格中测得的数据，按式（4-3-1）、式（4-3-2）分别计算各个数值。

实验注意事项

（1）电压或频率的剧烈波动常使电桥不能达到良好的平衡，所以测定时，电压和频率要求稳定，电压变动不得大于 1%，频率变动不得大于 0.5%。

（2）电极与试样的接触情况，对 $\tan\delta$ 的测试结果有很大影响，因此涂银导电层电极要求接触良好、均匀，而厚度合适。

（3）试样吸湿后，测得的 $\tan\delta$ 值增大，影响测量精度，应当严格避免试样吸潮。

（4）在测量过程中，注意随时电桥本体屏蔽的情况，当电桥真正达到平衡，"本体-屏蔽"开关置于任何一边时，检查计光带均应最小，而无大变化。

思考题

(1) 测试环境对材料的介电常数和介质损耗角正切值有何影响，为什么？

(2) 试样厚度对介电常数的测量有何影响，为什么？

(3) 电场频率对极化、介电常数和介质损耗有何影响，为什么？

参考文献

［1］ 张良莹，姚熹. 电介质物理［M］. 西安：西安交通大学出版社，2008.

［2］ 樊慧庆. 功能介质理论基础［M］. 北京：科学出版社，2012.

实验 4-4　铁电体电滞回线的测量

实验目的

（1）了解铁电测试仪的工作原理和使用方法。

（2）掌握电滞回线的测量及分析方法。

（3）理解铁电材料物理特性及其产生机理。

实验原理

1. 电滞回线

全部晶体按其结构的对称性可以分成 32 类（点群）。32 类中有 10 类在结构上存在着唯一的"极轴"，即此类晶体的离子或分子在晶格结构的某个方向上正电荷的中心与负电荷的中心重合。所以，不需要外电场的作用，这些晶体中就已存在固有的偶极矩，或称为存在着"自发极化"。如果对具有自发极化的电介质施加一个足够大的外电场，该晶体的自发极化方向可随外电场而反向，则称这类电介质为"铁电体"。众所周知，铁磁体的磁化强度与磁场的变化有滞后现象，表现为磁滞回线。正如铁磁体一样铁电体的极化强度随外电场的变化亦有滞后现象，表现为"电滞回线"，且与铁电体的磁滞回线十分相似。铁电体其他方面的物理性质与铁磁体也有某种对应的关系。比如电畴对应于磁畴。激发极化方向一致的区域（一般 $10^{-8} \sim 10\mu m$）称为铁电畴，铁电畴之间的界面称为磁壁。两电畴反向平行排列的边界面称为 180° 磁壁，两电畴互相垂直的畴壁称为 90° 畴壁。在外电场的作用下，电畴取向态改变 180° 的称为反转，改变 90° 的称为 90° 旋转。晶体中每个电畴方向都相同的则称为单畴，若每个电畴的方向各不相同，则称为多畴。

电滞回线是铁电体的主要特征之一，电滞回线的测量是检验铁电体的一种主要手段。通过电滞回线的测量可以获得铁电体的自发极化强度 P_s、剩场极化强度 P_r、矫顽场 E_c 及铁电耗损等重要参数，如图 4-4-1所示。该图是典型的电滞回线。当外电场施加于晶体时，极化强度方向与电场方向平行的电畴变大，而与之反方向平行的电畴则变小。随着外电场的增加，极化强度 P 开始沿图 4-4-1 中 OA 段变化，电场继续增大，P 逐渐饱和，如图中的 BC 段所示，此时晶体已成为单畴。将 BC 段外推至电场 $E=0$ 时的 P 轴（图中虚线所示），此时在 P 轴上所得截距称为饱和极化强度

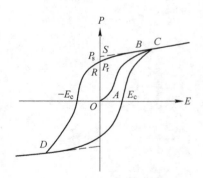

图 4-4-1　电滞回线

P_s，P_s 是每个电畴原来已经存在的自发极化强度。当电场由图 4-4-1 中 C 处开始降低时，晶体的极化强度 P 随之减小，但不是按原来的 $CBAO$ 曲线降至零，而是沿着 $CBRD$ 曲线变化。当电场降至零时，其极化强度 P_r 称为剩余极化强度。剩余极化强度是对整个晶体而言的（电场强度为零后，晶体部分回复多畴状态，极化强度又被抵消了一部分）。当反向

电场增加至$-E_c$时，剩余极化强度全部消失，E_c称为矫顽电场强度。当反向电场继续增加时，沿反向电场取向的电畴逐渐增多，直至整个晶体成为一个单一极化方向的电畴为止（即图 4-4-1 中 D 点）。如此循环便成为一电滞回线。

剩余极化强度 P_r 一般小于自发极化强度 P_s。但如果晶体成为单畴，则 P_r 等于 P_s。所以，某一材料的 P_r 与 P_s 相差愈多，则该材料愈不易成为单畴。图 4-4-2 所示为钛酸钡单晶和多晶（陶瓷）电滞回线的对比。由图可见，陶瓷体虽经过电场极化，仍不容易成为单畴，单晶体的 P_s 等于 P_r。

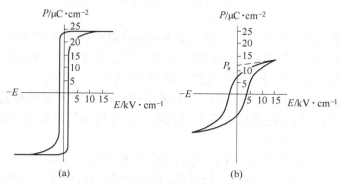

图 4-4-2 BaTiO$_3$的电滞回线

（a）单晶；（b）多晶

2. 电滞回线的测定

铁电体的自发极化强度并非整个晶体为同一方向，而是包括各个不同方向的自发极化区域，其中具有相同自发极化方向的小区域叫作铁电畴。电滞回线的产生是由于铁电晶体中存在铁电畴。铁电体未加电场时，由于自发极化取向的任意性和热运动的影响，因而宏观上不呈现极化现象。当外加电场大于铁电体的矫顽场时，沿电场方向的电畴由于新畴核的形成和畴壁的运动，体积迅速扩大，而逆电场方向的电畴体积则减小或消失，即逆电场方向的电畴转化为顺电场方向，因此表面电荷 Q（极化强度 P）和外电压 V（电场强度 E）之间构成电滞回线的关系。另外由于铁电体本身是一种电介质材料，两面涂上电极构成电容器之后还存在着电容效应和电阻效应，因此铁电测试的等效电路如图 4-4-3 所示。其中 C_F 对应于电畴反转的等效电容，C_D 对应于线性感应极化的等效电容，R_C 对应于试样的漏电流和感应极化损耗相对应的等效电阻。如果在试样两端加上交变电压，则试样两端的电荷 Q 将由三部分组成：

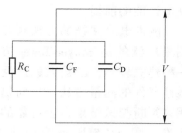

图 4-4-3 铁电测试等效电路图

（1）铁电效应：铁电体（ferroelectric）的电畴反转过程所提供的电荷 Q_F，当 $E < E_c$ 时，铁电畴不发生反转，电荷 Q_F 不发生改变；当 $E > E_c$ 时，铁电畴迅速反转，电荷 Q_F 突变。当铁电畴全部反转之后，继续增大电场强度，电荷 Q_F 保持不变，所以理想铁电材料的电滞回线为一矩形，如图 4-4-4（a）所示。

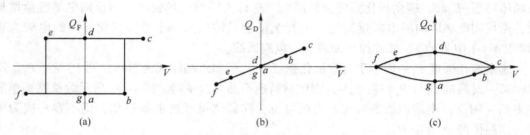

图 4-4-4   电荷 Q_F、Q_D、Q_C 与电压 V 的关系

（2）电容效应：铁电体属于电介质（dielectric）材料，上下表面涂上电极之后，相当于一电容器，在外电场作用下会发生感应极化，产生电荷 Q_D。感应极化所提供的电荷 Q_D 和电压 V 成正比，是一条过原点的直线，如图 4-4-4（b）所示。

（3）电阻效应：即电导（conductive）和感应极化损耗所提供的电荷 Q_C，Q_C 是材料中电流与时间的积分，其中电流与电压 V 成正比。积分得到的电荷 Q_C 与电压 V 的关系为一椭圆，如图 4-4-4（c）所示。

因此试样两端的全电荷 Q 是由 Q_F、Q_D、Q_C 三部分叠加而成的，即 Q 和电压 V 的关系是图 4-4-4(a)～(c)三部分的叠加，所以实际测量得到电滞回线如图 4-4-1 所示。

由上述可见，只有电荷 Q_F 与电压 V 的关系才真正反映了铁电体中的电畴翻转过程。实际测量得到的全电滞回线（图 4-4-1）包含了与铁电畴极化翻转过程无关的 Q_D 和 Q_C 的影响。由图 4-4-4 可知，电容效应 Q_D 使得 Q_F 的饱和支、上升支和下降支发生倾斜，但是从理论上来说对于 Q_F 和 V_c 的数值没有影响。而电阻效应提供的电荷 Q_C 则不同，Q_C 使 Q_F 的饱和支畸变成一个环状端。对 Q_F 和 V_c 的数值都有影响，使测得的数值偏高，造成误差。当电容效应和电阻效应很大时，Q 和 V 的关系将与 Q_F 和 V 的关系相差很大，以致掩盖了电畴翻转过程的特征，形成一个损耗椭圆，以致一些研究者把一部分并无电畴过程的电介质也认为是铁电体。所以正确地获得电滞回线和铁电参数是准确表征铁电性能的前提。

测量电滞回线的方法很多，其中应用最广泛的是 Sawyer-Tower 方法，它是一种建立较早，已被大家广泛接受的非线性器件的测量方法，目前仍然是大家用来判断测试结果是否可靠的一个对比标准。图 4-4-5 所示为改进的 Sawyer-Tower 方法测试原理示意图，它将待测器件与一个标准感应电容 C_0 串联，测量待测样品上的电压降（$V_2 - V_1$）。其中标准

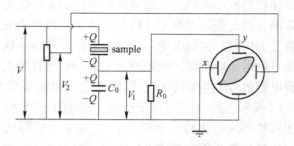

图 4-4-5   Sawyer-Tower 电路

电容 C_0 的电容量远大于试样 C_x，因此加到示波器 x 偏向屏上的电压和加在试样 C_x 上的电压非常接近；而加到示波管 y 偏向屏上的电压则与试样 C_x 两端的电荷成正比。因而可以得到铁电样品表面电荷随电压的变化关系，分别除以电极面积和样品厚度即可得到极化强度 P 与电场强度 E 之间的关系曲线。

本实验中的铁电性能测试采用美国 Radiant Technology 公司生产的 RT Premier Ⅱ型标准铁电测试仪。该仪器采用 Radiant Technology 公司开发的虚地模式，如图 4-4-6 所示。待测的样品一个电极接仪器的驱动电压端（Drive），另一个电极接仪器的数据采集端（Return）。Return 端与集成运算放大器的一个输入端相连，集成运算放大器的另一个输入端接地。集成运算放大器的特点是输入端的电流几乎为 0，并且两个输入端的电位差几乎为 0，因此，相当于 Return 端接地，称为虚地。样品极化的改变造成电极上电荷的变化，形成电流。流过待测样品的电流不能进入集成运算放大器，而是全部流过横跨集成运算放大器输入输出两端的放大电阻。电流经过放大、积分就还原成样品表面的电荷，而单位面积上的电荷即是极化。这一虚地模式可以消除 Sawyer-Tower 方法中感应电容产生的逆电压和测试电路中的寄生电容对测试信号的影响。

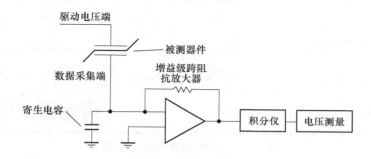

图 4-4-6　RT Premier Ⅱ型铁电测试仪虚地模式电路示意图

实验仪器设备与材料

（1）RT Premier Ⅱ型标准铁电测试仪。
（2）$BaTiO_3$ 陶瓷片样品。

实验步骤

主要通过操作铁电测试仪控制软件 Vision，测量铁电材料的电滞回线并从回线上得出剩余极化强度 P_r、自发极化强度 P_s，以及矫顽场 E_c。调整测试电压强度和频率，得到不同电压强度、不同频率下的电滞回线，研究剩余极化强度 P_r 和矫顽场 E_c 随电压强度和频率的变化关系。具体步骤如下：

（1）启动铁电测试仪，运行铁电测试软件 Vision。

（2）将信号输入端（Drive）和接收端（Return）通过导线连接到待测铁电材料的上下电极。

（3）运行电滞回线测量程序，设定测试电压强度和频率等参数进行测试，如图 4-4-7 所示。

（4）执行程序得到电滞回线，如图 4-4-8 所示，可以得到该测试条件下的自发极化强度 P、剩余极化强度 P_r 和矫顽场 E_c，导出数据。

（5）分别改变测试的电场强度和频率测量一系列电滞回线。

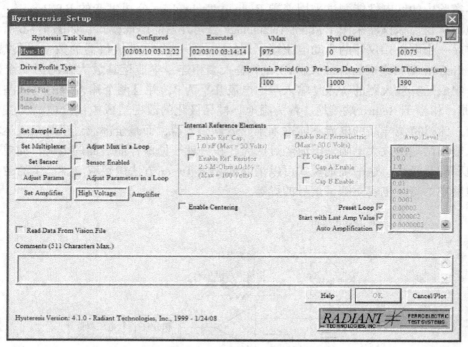

图 4-4-7   电滞回线测量设置界面图

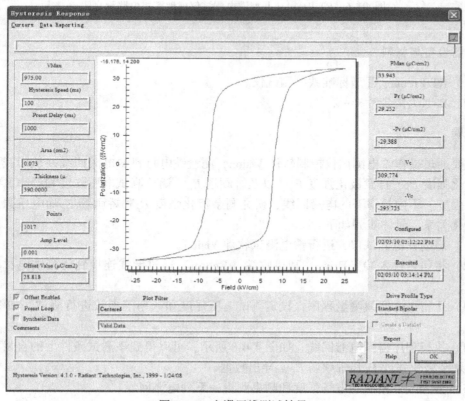

图 4-4-8   电滞回线测试结果

实验数据记录与处理

将测试数据导出为 text 格式文件，用 Origin 或其他作图软件打开，并画出电滞回线图。测量不同条件下的剩余极化强度 P_r 和矫顽场 E_c，填入表 4-4-1、表 4-4-2。分别以电场强度 E 和电场频率 f 为横坐标，以 P_r 和 E_c 为纵坐标画图，观察 P_r 和 E_c 随 E 和 f 的变化规律。

表 4-4-1　不同电场强度下的 P_r 和 E_c 值

电场强度（E）						
剩余极化强度（P_r）						
矫顽场强度（E_c）						

表 4-4-2　不同电场频率下的 P_r 和 E_c 值

电场频率（f）						
剩余极化强度（P_r）						
矫顽场强度（E_c）						

实验注意事项

（1）根据所测材料的不同选择不同的电压，薄膜一般比较薄（约几百纳米），所需电压较低（约几十伏），一般选内置低压电源（internal voltage source），测量范围为 0~100V。陶瓷一般选用经过放大器输出的外部高电压（external high voltage），测量范围为 0~9999V。

（2）高压测试时务必小心，用耐高压硅油掩盖待测样品，高压输出灯亮时，切勿碰触样品、探针和机箱，以免触电。高压测试时请将低压测试线从主机面板插孔拔出。测试时先从低压测起，逐步提高电压，以防样品被击穿。

思考题

（1）如何从电滞回线得出剩余极化强度、饱和极化强度和矫顽场的大小？
（2）电滞回线的形状与哪些因数相关，如何判断其铁电性能的好坏？
（3）电滞回线的面积具有什么物理意义？
（4）如何建立铁电材料性能和应用之间的联系？

参考文献

[1] 钟维烈. 铁电体物理学 [M]. 北京：科学出版社，2019.
[2] 李远，秦自楷，周志刚. 压电与铁电材料的测量 [M]. 北京：科学出版社，1984.

实验 4-5　压电陶瓷的极化与压电系数测量

实验目的

（1）掌握压电陶瓷圆片的极化作用与原理。

（2）熟悉压电材料压电效应的基本原理。

（3）掌握准静态 d_{33} 测试仪的使用方法以及测量压电常数 d_{33}。

实验原理

1. 压电效应

某些物质，当沿着一定方向施加压力或拉力时会发生形变，其内部就产生极化现象，同时，其外表面上产生极性相反的电荷；当外力拆掉后，又恢复到不带电的状态；当作用力方向反向时，电荷极性也相反；电荷量与外力大小成正比。这种现象叫正压电效应，如图 4-5-1 所示。

反之，当对某些物质在极化方向上施加一定电场时，材料将产生机械形变，当外电场撤销时形变也消失，这叫逆压电效应，也叫电致伸缩。压电效应的可逆性如图 4-5-2 所示。利用这一特性可实现机-电能量的相互转换。压电式传感器大都采用压电材料的正压电效应制成。大多数晶体都具有压电效应，而多数晶体的压电效应都十分微弱。

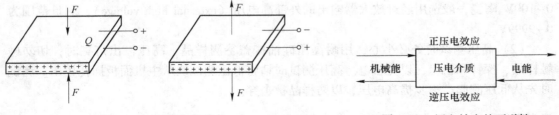

图 4-5-1　正压电效应　　　　　　　　　图 4-5-2　压电效应的可逆性

2. 压电陶瓷的压电效应

压电陶瓷是一种经过极化处理后的人工多晶铁电体。多晶是指它由无数细微的单晶组成，所谓铁电体是指它具有类似铁磁材料磁畴的电畴结构，每个单晶形成一单个电畴，这种自发极化的电畴在极化处理之前单个晶粒内的电畴按任意方向排列，自发极化的作用相互抵消，陶瓷的极化强度为零，因此，原始的压电陶瓷呈现各向同性而不具有压电性。为使其具有压电性，就必须在一定温度下做极化处理。

所谓极化处理，是指在一定温度下，以强直流电场迫使电畴自发极化的方向转到与外加电场方向一致，作规则排列，此时压电陶瓷具有一定的极化强度，再使温度冷却，撤去电场，电畴方向基本保持不变，余下很强的剩余极化电场，从而呈现压电性，即陶瓷片的两端出现束缚电荷，一端为正，另一端为负，如图 4-5-3 所示。由于束缚电荷的作用，在陶瓷片的极化两端很快吸附一层来自外界的自由电荷，这时束缚电荷与自由电荷数值相等，极性相反，故此陶瓷片对外不呈现极性，如图 4-5-4 所示。

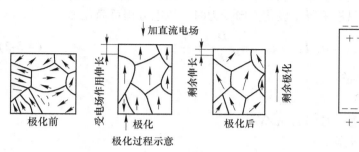

图 4-5-3 陶瓷极化过程示意图

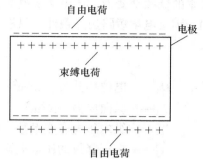

图 4-5-4 束缚电荷与自由电荷排列示意图

如果在压电陶瓷片上加一个与极化方向平行的外力，陶瓷片产生压缩变形，片内的束缚电荷之间距离变小，电畴发生偏转，极化强度变小，因此吸附在其表面的自由电荷有一部分被释放而呈现放电现象；当撤销压力时，陶瓷片恢复原状，极化强度增大，因此又吸附一部分自由电荷而出现充电现象。这种因受力而产生的机械效应转变为电效应，将机械能转变为电能，就是压电陶瓷的正压电效应。放电电荷的多少与外力成正比例关系，即：

$$q = d_{33}F \tag{4-5-1}$$

式中　d_{33}——压电陶瓷的压电系数；

　　　F——作用力。

压电陶瓷在极化方向上的压电效应最明显。我们把极化方向叫 Z 轴，垂直于 Z 轴平面上的任何直线都可作为 X 轴（或 Y 轴）。压电陶瓷的压电系数比石英晶体的大得多，所以采用压电陶瓷制作的压电式传感器的灵敏度较高，但剩余极化强度和特性受温度影响较大。最早使用的压电陶瓷材料是钛酸钡（$BaTiO_3$）。它是由碳酸钡和二氧化钛按一定比例混合后烧结而成。它的压电系数约为石英的 50 倍，但使用温度较低，最高只有 70℃，温度稳定性和机械强度都不如石英。目前使用较多的压电陶瓷是锆钛酸铅（PZT 系列），它是钛酸铅（$PbTiO_3$）和锆酸铅（$PbZrO_3$）组成的 $Pb(ZrTi)O_3$，具有较高的压电系数和较高的工作温度。

3. 压电系数的测量方法

压电系数（piezoelectric constant）是压电体把机械能转变为电能或把电能转变为机械能的转换系数。它反映压电材料弹性（机械）性能与介电性能之间的耦合关系。选择不同的自变量（或者说测量时选用不同的边界条件），可以得到 4 组压电常数 d、g、e、h，较常用的是压电系数 d。其中压电常数 d_{33} 是表征压电材料性能的最常用的重要参数之一，下标中的第一个数字指的是电场方向，第二个数字指的是应力或应变的方向，"33"表示极化方向与测量时的施力方向相同。一般陶瓷的压电常数越高，压电性能越好。

压电陶瓷材料的压电参数的测量方法甚多，有电测法、声测法、力测法和光测法等，这些方法中以电测法的应用最为普遍。在利用电测法进行测试时，由于压力体对力学状态极为敏感，因此，按照被测样品所处的力学状态，又可划分为动态法和准静态法等，本实验以准静态法作为主要测量方法。

准静态法的测试原理是依据正压电效应，在压电振子上施加一个频率远低于振子谐振频率的低频交变力，产生交变电荷，其测量装置如图 4-5-5 所示。当振子在没有外电场作用，满足电学短路边界条件，只沿平行于极化方向受力时，压电方程可简化为：

$$D_3 = d_{33}T_3 \quad 或 \quad d_{33}\frac{D_3}{T_3} = \frac{Q}{F} \tag{4-5-2}$$

式中　D_3——电位移分量，C/m^2；

　　　　T_3——纵向应力，N/m^2；

　　　　d_{33}——纵向压电应变系数，C/N 或 m/V；

　　　　Q——振子释放的压电电荷，C；

　　　　F——纵向低频交变力，N。

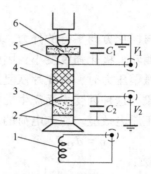

图 4-5-5　准静态法测试原理图

1—电磁驱动线圈；2—比较试样的上下电极；3—比较试样；4—绝缘柱；5—被测试样；6—上下探头；
C_1—被测试样并联电容；C_2—比较试样并联电容；V_1—被测试样输出电压；V_2—比较试样输出电压

如果将一被测振子与一已知的比较振子在力学上串联，通过一施力装置内的电磁驱动器产生低频交变力并施加到上述振子，则被测振子所释放的压电电荷 Q_1 在其并联电容器 C_1 上建立起电压 V_1；而比较振子所释放的压电电荷 Q_2 在 C_2 上建立起电压 V_2。

由式（4-5-2）可得到：

$$\begin{cases} d_{33}^{(1)} = \dfrac{C_1 V_1}{F} \\[3mm] d_{33}^{(2)} = \dfrac{C_2 V_2}{F} \end{cases} \tag{4-5-3}$$

式中，$C_1 = C_2 > 100CT$（振子自由电容）。

式（4-5-3）可进一步化为：

$$d_{33}^{(1)} = \frac{V_3}{V_2} d_{33}^{(2)} \tag{4-5-4}$$

式（4-5-4）中比较振子的 $d_{33}^{(2)}$ 值是给定的，V_1 和 V_2 可测定，即可求得被测振子的 $d_{33}^{(1)}$ 值。如果将 V_1 和 V_2 经过电子线路处理，则可直接得到被测振子的纵向压电应变系数 d_{33} 的准静态值和极性。

实验仪器设备

（1）ZJ-3AN 型准静态 d_{33} 测量仪。ZJ-3AN 型准静态 d_{33} 测量仪是专门为测量各种压电材料，诸如压电陶瓷、压电单晶和压电高分子材料的 d_{33} 压电常数而设计的，它的测量范围宽、分辨率细、可靠性高、操作简便，对各种形状及材料的试样（如图片、圆管、半球壳、矩形等）均可进行测量。d_{33} 测量仪由测量头及电子仪器两部分组成，如图 4-5-6 所示。两者用两根多芯电缆连接。测量头内包括一电磁力驱动器，其产生的低频交变力加到内部比较试样及被测试样上。两试样在力学上串联，以使二者所受交变力相等。仪器本体一方面提供测量头上的力驱动器的电驱动信号，同时对测量头的输出信号进行放大处理，最后把得到的 d_{33} 值及极性显示在仪器数字显示板上。

图 4-5-6　ZJ-3AN 型准静态 d_{33} 测量仪

主要技术参数如下：

1）d_{33} 测量范围：×1 档下，10～2000pC/N；
　　　　　　　　　　×0.1 档下，1～200pC/N。

2）精度：×1 档下，±2%±1 个数字（对 d_{33} 在 100～2000pC/N 范围内时）；
　　　　　±5%±1 个数字（对 d_{33} 在 10～200pC/N 范围内时）；
　　　　　×0.1 档下，±2%±1 个数字（对 d_{33} 在 10～200pC/N 范围内时）；
　　　　　±5%±1 个数字（对 d_{33} 在 1～20pC/N 范围内时）。

3）分辨率：×1 档下，1pC/N；
　　　　　　×0.1 档下，0.1pC/N。

4）力频率：110Hz。

5）力幅度：0.25N。

（2）耐压测试仪。

（3）PZT 陶瓷片。

实验步骤

1. PZT 陶瓷圆片的极化

（1）将上好银电极的陶瓷片夹持在极化装置上，然后放入硅油浴中。

（2）将硅油加热升温至 60～120℃，并保持恒温。

（3）打开耐压测试仪电源，缓慢增加电压至所需极化电压，然后在此电压下极化 15min。

（4）将温度降至 60℃左右，电压降低为零并断开电源。

（5）取下陶瓷片，以软纸擦干净后包于铝箔中老化一段时间。

2. 压电系数 d_{33} 的测量

（1）首先开机预热 10min，显示部分调整为 d_{33} 以及×1。

（2）测量样品的压电常数前，必须先对仪器进行校正。取出校正规，将夹具夹住校正规。需要注意的是：旋转钮的旋转程度，以旋转到无声震动为准。

（3）旋转校正钮，直至显示屏为 499 为止。

（4）完成校正后，取出校正规，换待测样品，测量压电材料的压电常数 d_{33}；同样，旋转钮的旋转程度以无声震动为准。

（5）记录不同样品的压电常数数值。

实验数据记录与处理

（1）记录极化电场为 8kV/mm 时不同极化温度下 PZT 陶瓷片的 d_{33} 值（表 4-5-1）。

表 4-5-1 电场强度为 8kV/mm 时不同极化温度下 PZT 陶瓷片的 d_{33} 值（极化时间 15min）

温度/℃	60	80	100	120
$d_{33}/\mathrm{pC \cdot N^{-1}}$				

（2）记录极化温度为 100℃时不同极化电场下 PZT 陶瓷片的 d_{33} 值（表 4-5-2）。

表 4-5-2 极化温度为 100℃时不同极化电场下 PZT 陶瓷片的 d_{33} 值（极化时间 15min）

电场强度/$\mathrm{kV \cdot mm^{-1}}$	4	6	8	10
$d_{33}/\mathrm{pC \cdot N^{-1}}$				

思考题

（1）为什么压电陶瓷在测试压电性能前，必须要进行极化处理？
（2）压电陶瓷极化工艺主要有哪三个要素？

参考文献

[1] 王春雷，李吉超，赵明磊. 压电铁电物理 [M]. 北京：科学出版社，2009.
[2] 李远，秦自楷，周志刚. 压电与铁电材料的测量 [M]. 北京：科学出版社，1984.

实验 4-6　压敏电阻制备与性能测试

实验目的

（1）了解 ZnO 压敏电阻的制备原理及方法。

（2）掌握 ZnO 压敏电阻的测试方法。

（3）研究 ZnO 压敏电阻伏-安特性的非线性效应。

实验原理

　　ZnO 压敏电阻可由 ZnO 添加少量的 Bi_2O_3、Sb_2O_3、Co_2O_3 和 Cr_2O_3 等添加剂烧结制备而成，可广泛应用于各种电子领域。该压敏电阻的伏安特性表现为优异的非线性，具有强耐浪涌能力以及压敏电压在宽范围内可调等优异特性。ZnO 压敏电阻在正常电压条件下，相当于一只小电容器，而当电路出现过电压时，它的内阻急剧下降并迅速导通，其工作电流增加几个数量级，从而可有效地保护电路中的其他元器件不致过压而损坏，它的伏安特性是对称的，这种元件是利用陶瓷工艺制成的。微观结构中包括氧化锌晶粒以及晶粒周围的晶界层。氧化锌晶粒的电阻率很低，而晶界层的电阻率却很高，相接触的 2 个晶粒之间形成了一个相当于齐纳二极管的势垒，这就是压敏电阻单元，每个单元击穿电压大约为 3.5V，如果将许多的这种单元加以串联和并联就构成了压敏电阻的基体。

　　氧化锌压敏电阻的典型 *V-I* 特性曲线如图 4-6-1 所示。

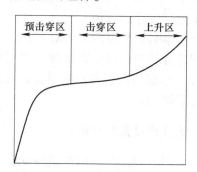

图 4-6-1　氧化锌压敏电阻的
V-I 特性曲线

　　预击穿区：在此区域内，施加于压敏电阻器两端的电压小于其压敏电压，其导电属于热激发电子电导机理。因此，压敏电阻器相当于一个 $10M\Omega$ 以上的绝缘电阻（R_b 远大于 R_g），这时通过压敏电阻器的阻性电流仅为微安级，可看作为开路。该区域是电路正常运行时压敏电阻器所处的状态。

　　击穿区：压敏电阻器两端施加一大于压敏电压的过电压时，其导电属于隧道击穿电子电导机理（R_b 与 R_g 相当），其伏安特性呈优异的非线性电导特性，即：

$$I = CV\alpha \tag{4-6-1}$$

式中　I——通过压敏电阻器的电流；

　　　　C——与配方和工艺有关的常数；

　　　　V——压敏电阻器两端的电压；

　　　　α——非线性系数，一般大于 30。

　　由式（4-6-1）可见，在击穿区，压敏电阻器端电压的微小变化就可引起电流的急剧变化，压敏电阻器正是用这一特性来抑制过电压幅值和吸收或对地释放过电压引起的浪涌能量。

　　上升区：当过电压很大，使得通过压敏电阻器的电流大于约 $100A/cm^2$ 时，压敏电阻器的伏安特性主要由晶粒电阻的伏安特性决定。此时压敏电阻器的伏安特性呈线性电导特性，即：

$$I = V/R_g \qquad (4\text{-}6\text{-}2)$$

上升区电流与电压几乎呈线性关系，压敏电阻器在该区域已经劣化，失去了其抑制过电压、吸收或释放浪涌的能量等特性。

根据压敏电阻器的导电机理，其对过电压的响应速度很快，如带引线式和专用电极产品，一般响应时间小于 25ns。因此只要选择和使用得当，压敏电阻器对线路中出现的瞬态过电压有优良的抑制作用，从而达到保护电路中其他元件免遭过电压破坏的目的。

非线性系数 α 是氧化锌压敏电阻最重要的参数，即 $I\text{-}V$ 曲线在非线性区域斜率的倒数，定义为：

$$\alpha = \frac{\mathrm{d}\ln I}{\mathrm{d}\ln V} \qquad (4\text{-}6\text{-}3)$$

α 的值越高越好，然而，当电流增强，α 渐渐改变，α 值在预击穿区升高了，在击穿区取得了最大值，在翻转区减小；α 的值取决于 2 个因素，即电流值和电压值。

$$\alpha = \frac{\log\left(\dfrac{I_2}{I_1}\right)}{\log\left(\dfrac{V_2}{V_1}\right)} \qquad (4\text{-}6\text{-}4)$$

式中，V_1 和 V_2 是电流为 I_1 和 I_2 时对应的电压值，氧化锌压敏电阻优于其他压敏电阻就在于它有更好的 α 值。

本实验采用商业 ZnO 粉体，采用低温烧结的方法。低温烧结的方法主要引入添加使用易烧结的粉料。添加剂的作用机理：（1）添加剂的引入使晶格空位增加，易于扩散。（2）添加剂的引入使液相在较低的温度下生成，出现液相后晶体能做黏性流动，因而促进了烧结。

实验仪器设备与材料

（1）FC-2G 压敏电阻测试仪。

（2）马弗炉。

实验步骤

1. ZnO 压敏陶瓷的制备

（1）确定氧化锌压电陶瓷摩尔比配方见表 4-6-1。

表 4-6-1   压敏陶瓷摩尔比配方

组分	ZnO	Bi_2O_3	Cr_2O_3	Co_2O_3	Sb_2O_3	MnO_2	B_2O_3	KNO_3	总计
含量/mol%	96.4	0.5	0.5	0.5	0.5	0.5	1	0.1	100

（2）依据各组分的摩尔比配方，确定各原料质量百分比配方及配料用量，见表 4-6-2。

表 4-6-2 各原料质量百分比及用量

组分	ZnO	Bi_2O_3	Cr_2O_3	Co_2O_3	Sb_2O_3	MnO_2	H_3BO_3	KNO_3	总计
含量（质量分数）/%	91.62	2.715	0.886	0.966	1.698	0.507	1.443	0.165	100
配料/g	27.486	0.815	0.266	0.290	0.509	0.152	0.433	0.0495	30

（3）进行配料混合。采用手工研磨，将称量好的原料放入研钵中进行混合研磨，滴入 4~6 滴 5% PVA，研磨 30min。

（4）研制成型。干压制直径 10mm，厚度为 1~2mm 左右的薄片若干个。

（5）烧结。将坯体在 1040℃的最高烧结温度下烧结并保温 1h。

（6）被银。将烧好的制品两面涂银，放入电炉中，在 550℃下保温 3~5min。

（7）测定样品的 I-V 曲线。采用压敏电阻测定仪进行样品的电流与电压值的测定，通过调整电压值，从而在仪器上读出相应电流值，进行记录。

2. 压敏电阻测试

（1）打开测试仪电源开关，电压与电流显示均为"000"。

（2）点击"启/停"键开启高压，电压显示屏显示测试电压的预置值，调节"电压调节"旋钮，可选择所需的电压值。

（3）测量压敏电阻时将选择开关置于压敏电阻位，将被测压敏电阻接入测试线，可将升压选择键置自动位，点击高压启停键自动升压，此时电压显示屏显示动作电压 $U(1mA)$测试值，电流显示屏显示 1000μA 电流值。也可手动升压，可将升压选择键置手动位，点击高压启停键，调接电压预置旋钮，当电流显示屏显示 1000μA 电流时，此时电压显示屏显示电压值为动作电压 $U(1mA)$ 测试值。此时点击"漏流"键，电压显示屏即可显示 0.75U 电压，电流显示屏显示漏流值 $I0.75U1mA$，显示约保持 8s。

（4）测量放电管时将选择开关置于放电管位，将放电管接入测试线，开启高压键，将升压选择至自动位，仪器自动升压，同时手动升压灯亮起，自动升压灯由绿色变为红色，此时仪器显示的电压为放电管点火电压，显示约保持 8s。

（5）从而在仪器上读出相应电流值，进行记录。

实验数据记录与处理

（1）测定数据汇总分析处理。调节压敏电阻测定仪读出电压与电流的对应值，测得的数据见表 4-6-3。

表 4-6-3 压敏电阻测定仪测得的数据及计算所得非线性系数

样品 1	电压 V/V	
	电流 I/mA	
	非线性系数 α	
样品 2	电压 V/V	
	电流 I/mA	
	非线性系数 α	

样品 3	电压 V/V	
	电流 I/mA	
	非线性系数 α	
样品 4	电压 V/V	
	电流 I/mA	
	非线性系数 α	

（2）根据记录的数据绘制压敏电阻的 I-V 特性曲线。

实验注意事项

（1）为减少接触电阻，制得的样品需要进行涂银，首先将样品表面打磨，将银浆抹在样品表面，圆片边缘部位不能有银浆，否则易引起上下电极短路。

（2）测试仪测试电压可高达 2kV，应保持面板、测试线及工作台面的清洁与干燥，以免因泄漏、电弧、电晕而引起测试出错。

（3）操作人员应采取必要的高压防护措施，以免高压电击伤人。

思考题

（1）压敏电阻 I-V 特性曲线为何是非线性？
（2）压敏陶瓷的晶界与晶粒对 I-V 特性有何影响？

参考文献

［1］贺格平，魏剑，金丹．半导体材料［M］．北京：冶金工业出版社，2018.
［2］李世普．特种陶瓷工艺学［M］．武汉：武汉理工大学出版社，2008.

5 功能材料的热学性能表征

实验 5-1　综合热分析实验

实验目的

（1）了解热分析的基本原理和用途。

（2）了解热分析仪器的结构及使用方法。

（3）掌握热分析曲线的分析方法。

实验原理

热分析是指在程序控制温度和一定气氛下，测量物质的物理性质与温度或时间关系的一类技术。这里的"程序控制温度"一般指线性升温或线性降温，也包括恒温、循环、非线性升温或降温；"物质"指试样本身和（或）试样的反应产物，包括中间产物；"物理性质"主要包括质量、温度、能量、尺寸、力学、声、光、磁、电等，不同的物理性质对应不同的热分析技术。

热重法（TG）、差热分析法（DTA）、差示扫描量热分析法（DSC）、热机械分析法（TMA）是热分析的四大支柱，用于研究物质的升华、吸附、晶型转变、融化等物理现象以及脱水、分解、氧化、还原等化学现象。它们能快速提供被研究物质的热稳定性、热变化过程的焓变、相变点、玻璃化温度、软化点、比热容、纯度、爆破温度、黏弹性等数据，也是进行相平衡研究和化学动力学过程研究的常用手段。

1. 热重法

热重法（thermogravimetry，TG），也常被称为热重分析法（thermogravimetric analysis，TGA），是在程序控制温度和一定气氛下，测量试样质量与温度或时间关系的一种技术。物质在加热过程发生物理化学变化，进而质量随之改变，测定物质质量的变化就可研究其变化过程。

热重法实验得到的曲线称为热重曲线（即 TG 曲线）。TG 曲线以质量（或质量分数）为纵坐标，从上向下表示质量减少；以温度（或时间）为横坐标，自左至右表示温度（或时间）增加。当被测物质在加热过程中有升华、汽化、分解出气体或失去结晶水时，被测物质的质量就会减少，热重曲线就下降；当被测物质在加热过程中被氧化时，被测物质的质量就会增加，热重曲线就上升。通过分析热重曲线，就可以知道被测物质在多少温度时产生变化，并且根据失重量，可以计算失去了多少物质。热重法的主要特点是定量性强，能准确地测量物质的变化及变化的速率。

图 5-1-1 中的曲线 1 为典型的热重曲线。由于试样质量变化的实际过程不是在某一温

度下同时发生并瞬间完成的，因此热重曲线的形状不呈直角台阶状，而是形成带有过渡和倾斜区段的曲线。曲线的水平部分称为平台，表示质量是恒定的，两平台之间的部分称为台阶，曲线倾斜区段表示质量的变化。热重曲线表示过程的失重积累量，属积分型，从热重曲线可得到试样组成、稳定性、热分解温度、热分解产物和热分解动力学等有关数据。

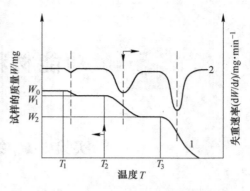

图 5-1-1　典型的热重曲线和微商热重曲线

从热重法派生出微商热重法（derivative thermogravimetry，DTG），DTG 曲线是 TG 曲线对温度（或时间）的一阶导数，它表示质量随时间的变化率与温度（或时间）的关系。图 5-1-1 中的曲线 2 是相对于图中 TG 曲线 1 的 DTG 曲线。DTG 曲线能精确地反映出起始反应温度、达到最大反应速率的温度和反应终止的温度。

在 TG 曲线上，对应于整个变化过程中各阶段的变化有时互相衔接而不易区分开，同样的变化过程在 DTG 曲线上能呈现出明显的最大值。故 DTG 能很好地显示出重叠反应，区分各个反应阶段，这是 DTG 的最可取之处。DTG 曲线与 TG 曲线的对应关系是：DTG 曲线上的峰顶点（$d^2m/dt^2 = 0$，失重速率最大值点）与 TG 曲线的拐点相对应，DTG 曲线上的峰数与 TG 曲线的台阶数相等，DTG 曲线的峰面积则与失重成正比，可更精确地进行定量分析，而 TG 曲线表达失重过程更加形象、直观。

2. 差热分析法

差热分析法（differential thermal analysis，DTA）是指在程序控制温度和一定气氛下，测量试样和参比物温度差与温度或时间关系的技术。

许多物质在被加热或冷却的过程中，会发生物理或化学等的变化，如相变、脱水、分解或化合等过程，与此同时，必然伴随有吸热或放热现象。当我们把这种能够发生物理或化学变化并伴随有热效应的物质，与一个相对热稳定的、在整个变温过程中无热效应产生的基准物（或叫参比物）在相同的条件下加热（或冷却）时，在样品和基准物之间就会产生温度差，通过测定这种温度差可了解物质变化规律，从而确定物质的一些重要物理化学性质。

差热分析原理如图 5-1-2 所示。试样物质 S 与参比物 R 分别装在两个坩埚内，在坩埚下面各有一个片状热电偶，这 2 个热电偶相互反接。对 S 和 R 同时进行程序升温，当加热到某一温度试样发生放热或吸热时，试样的温度 T_S 会高于或低于参比物温度 T_R，产生温度差 ΔT，该温度差就由上述 2 个反接的热电偶以差热电势形式输给差热放大器，经放大后输入记录仪，得到差热曲线，即 DTA 曲线。另外，从差热电偶参比物一侧取出与参比物温度 T_R 对应的信号，经热电偶冷端补偿后送记录仪，就可得到温度曲线，即 T 曲线。

差热分析曲线如图 5-1-3 所示，纵坐标为 ΔT，吸热向下（左峰），放热向上（右峰），横坐标为温度 T（或时间）。

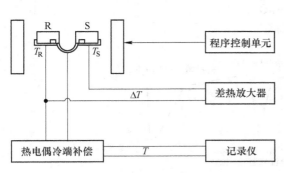

图 5-1-2 差热分析原理示意图

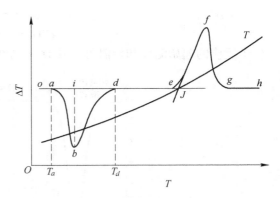

图 5-1-3 典型的差热分析曲线

DTA 曲线上相关的概念及参数有以下几种:

基线:如果参比物和被测物质的热容大致相同,而被测物质又无热效应,两者的温差近似为 0,此时测到的是一条平滑的水平直线,该直线称为基线,如图 5-1-3 中 oa 段、de 段及 gh 段,如果试样经过吸热或放热反应后和此前的比热容相差较大,则基线会发生倾斜。

峰:指 DTA 曲线离开基线又回到基线的部分,包括吸热峰和放热峰。峰顶向下的峰为吸热峰,如 abd 段,表示试样的温度低于参比物;相反,峰顶向上的峰为放热峰,如 efg 段,表示样品温度高于参比物。一旦被测物质发生变化,产生了热效应,在差热分析曲线上就会有峰出现,热效应越大,峰的面积也就越大。

峰高:表示试样与参比物之间的最大温度差,即峰顶至内插基线间的垂直距离,如 bi。

峰宽:指 DTA 曲线离开基线又回到基线两点间的时间或温度间距,如 $T_d - T_a$。

峰温:指 DTA 曲线最大温差点对应的温度。该点既不表示反应的最大速率,亦不表示热反应过程的结束。通常峰值温度较易确定,但数值易受加热速率及其他因素的影响,较起始温度变化大。

峰面积:指峰和内插基线之间包围的面积。

始点温度:在 DTA 曲线中,峰的出现是连续渐变的。由于测试过程中试样表面的温度高于中心温度,所以放热的过程由小变大,形成一条曲线。DTA 曲线上最初偏离基线的点对应的温度称为起始温度,如图 5-1-3 中 a 点对应的温度 T_a。

外推起始点温度:指峰的起始边陡峭部分的切线与外延基线的交点对应的温度,如 J 点。根据国际热分析协会(ICTA)对大量试样测定的结果,外推起始点温度最接近于用其他实验测得的反应起始温度,因此用外推起始点温度表示反应的起始温度。外推法既可确定起始点,亦可确定反应终点。

正确判读差热分析曲线,首先应明确试样加热(或冷却)过程中产生的热效应与差热曲线形态的对应关系;其次是差热曲线形态与试样本征热特性的对应关系;最后要排除外界因素对差热曲线形态的影响。图 5-1-4 所示为一水草酸钙在氮气中的热分解 DTA 曲线,升温速率为 15K/min,在 120℃以上,$CaC_2O_4 \cdot H_2O$ 失去结晶水,继续升温,无水草酸钙分两步进行分解:

$$CaC_2O_4 \longrightarrow CaCO_3 + CO \tag{5-1-1}$$
$$CaCO_3 \longrightarrow CaO + CO_2 \tag{5-1-2}$$

各个反应的起始温度和峰温可由其 DTA 曲线确定。

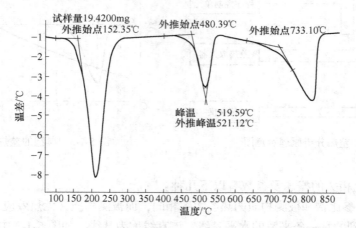

图 5-1-4　一水草酸钙（$CaC_2O_4 \cdot H_2O$）分解的 DTA 曲线

　　差热曲线可用于进行矿物鉴定。如果被测物质是单相矿物，可将测得的差热曲线与标准物质的曲线或标准图谱集上的曲线对照，若两者的峰谷温度、数目及形状大小彼此对应吻合，则基本可以判定。若被测物质是混合物，混合物中每种物质的物理化学变化或物质间的相互作用都可能在曲线上反映出来，峰谷可能重叠，峰温可能变化，这时若只将所测曲线与标准图谱对比，一般不能做出确切的判定，通常应结合其他鉴定方法，如 X 射线衍射物相分析等进一步确定。

　　进行差热分析的仪器称为差热分析仪，如图 5-1-5 所示，一般由加热炉、样品支持器、热电偶、温度控制系统及放大、显示记录系统等部分组成。

3. 差示扫描量热法

　　差示扫描量热法（differential scanning calorimetry，DSC）是在程序控制温度和一定气氛下，测量输给试样和参比物的热流速率或加热功率差随温度或时间变化的一种技术。

　　差示扫描量热曲线如图 5-1-6 所示，纵坐标为热流速率（heat flow rate）或热流量（heat flow），单位为 W（J/s），横坐标为温度或时间。DSC 曲线的分析方法与 DTA 曲线相似，在整个表观上，除纵坐标轴的单位之外，DSC 曲线和 DTA 曲线基本相同，所不同的是 DSC 曲线峰的积分面积有了意义，即表示吸热或放热量的多少，因此可用来定量计算参与反应的物质的量或测定热化学参数。

　　进行差示扫描量热分析的仪器分为热流型和功率补偿型。

　　热流型 DSC（heat-flow DSC）是在给予样品和参比物相同的加热功率下，测定试样和参比物两端的温差，然后根据热流方程，将温差换算成热量差作为信号的输出。

　　图 5-1-7 所示为某 DSC 测量单元示意图，该 DSC 系统采用金/金-钯热电偶堆传感器，传感器下凹的试样面和参比面分布完全对称，分别放置试样坩埚和参比坩埚。几十至上百对金/金-钯热电偶以星形方式排列，串联连接，在坩埚位置下测量试样与参比的温差，具

有更高的测量灵敏度。传感器的下凹面提供必要的热阻，而坩埚下的热容量低，可获得较小的信号时间常数。

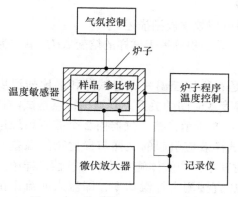

图 5-1-5　典型的 DTA 装置示意图

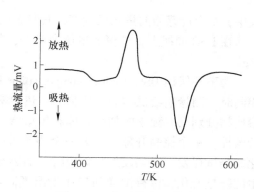

图 5-1-6　典型的 DSC 曲线

根据欧姆定律，可得到试样面的热流 Φ_1（由流到试样坩埚和试样的热流组成）为：

$$\Phi_1 = \frac{T_s - T_c}{R_{thl}} \qquad (5\text{-}1\text{-}3)$$

式中　R_{thl}——试样面热阻；

T_s——参比温度，℃；

T_c——炉体温度，℃。

同样可得到参比面的热流 Φ_r（流到参比空坩埚的热流）为：

$$\Phi_r = \frac{T_r - T_c}{R_{thr}} \qquad (5\text{-}1\text{-}4)$$

式中　R_{thr}——参比面热阻；

T_r——参比温度，K；

T_c——炉体温度，K。

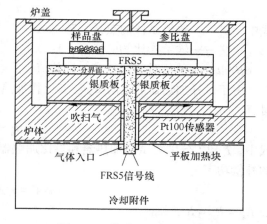

图 5-1-7　热流型 DSC 示意图

DSC 信号 Φ 即样品热流等于两个热流之差：

$$\Phi = \Phi_1 - \Phi_r = \frac{T_s - T_c}{R_{thl}} - \frac{T_r - T_c}{R_{thr}} \qquad (5\text{-}1\text{-}5)$$

由于参比面和试样面对称布置，所以

$$R_{thl} = R_{thr} = R_{th} \qquad (5\text{-}1\text{-}6)$$

则式（5-1-5）可简化为

$$\Phi = \frac{T_s - T_r}{R_{th}} \qquad (5\text{-}1\text{-}7)$$

由于温差由热电偶测量，因此定义热电偶灵敏度：

$$S = \frac{V}{\Delta T} \qquad (5\text{-}1\text{-}8)$$

于是可得到

$$\Phi = \frac{V}{R_{th}S} = \frac{V}{E} \tag{5-1-9}$$

式中，E 为传感器的量热灵敏度，其与温度的关系可用数学模型描述。

在 DSC 曲线上，热流的单位为 W/g，热流对时间的积分等于试样的焓变 ΔH，单位为 J/g。

功率补偿型 DSC（power-compensation DSC）是在程序控温并保持试样和参比样温度相同时，测量输给试样和参比物的加热功率差与温度或时间的关系。其结构特点是试样和参比物分别具有独立的加热炉体和传感器，如图 5-1-8 所示，整个仪器由 2 个控制系统进行监控，一个控制升降温，另一个用于补偿由于试样效应引起的试样与参比物的温差变化。当试样发生吸热或放热效应时，加热丝将针对其中一个炉体施加功率以补偿试样中发生的能量变化，保持试样和参比物温度同步。DSC 直接测定补偿功率，即流入或流出试样的热流，无需通过热流方程式换算。即

$$\Delta W = \frac{dQ_s}{dt} - \frac{dQ_r}{dt} = \frac{dH}{dt} \tag{5-1-10}$$

式中　　Q_s——输给试样的热量，J；

　　　　Q_r——输给参比物的热量，J；

　　dH/dt——单位时间的焓变，即热流，J/s。

由于试样加热器的电阻 R_s 与参比物加热器的电阻 R_r 相等，所以当试样不发生热效应时有

$$I_s^2 R_s = I_r^2 R_r \tag{5-1-11}$$

式中，I_s 和 I_r 分别为试样加热器和参比加热器的电流。如果试样发生热效应，则输给试样的补偿功率为

$$\Delta W = I_s^2 R_s - I_r^2 R_r \tag{5-1-12}$$

设 $R_s = R_r = R$，则

$$\Delta W = R(I_s + I_r)(I_s - I_r) = RI_T(I_s - I_r) = I_T(V_s - V_r) = I_T \Delta V \tag{5-1-13}$$

式中　　I_T——总电流，A；

　　　　ΔV——两个炉体加热器的电压差，mV。

所以，如果总电流 I_T 不变，则补偿功率即热流 ΔW 与 ΔV 成正比。

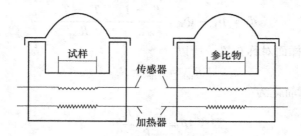

图 5-1-8　功率补偿型 DSC 测量单元示意图

热分析技术发展至今已有百余年历史，除了仪器体积更加小巧、灵敏度和精度不断提

升外，更重要的一个发展方向就是将不同仪器的特长和功能相结合实现联用分析，形成综合热分析仪，也称同步热分析仪，如 TG-DTA、TG-DSC、TG-DTG-DTA、TG-DTG-DSC 等的综合分析。另外，热分析也可与气相色谱（GC）、质谱（MS）和红外光谱（IR）等仪器联用，同时进行逸出气体分析。这种综合联用技术的优点是在完全相同的实验条件下，即在同一次实验中可以获得多种信息，根据在相同实验条件下得到的样品热变化的多种信息，扩大了分析范围，可更为准确地做出符合实际的判断，因此在科研和生产中获得了广泛的应用。图 5-1-9 所示为石膏的综合热分析图谱。

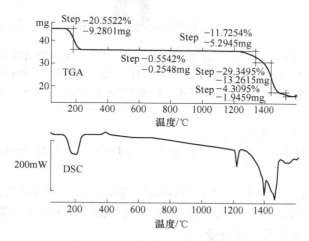

图 5-1-9 石膏的综合热分析图谱

从 TGA 曲线可以看出，石膏 $CaSO_4 \cdot 2H_2O$ 在 300℃以下失去结晶水，杂质组分碳酸钙在 700℃左右分解，硫酸钙在 1200℃以后分几个台阶分解。同步 DSC 曲线显示了另外两个由固-固转变产生的热效应，一个在 390℃附近，由 $\gamma\text{-}CaSO_4$ 向 $\beta\text{-}CaSO_4$ 转变；另外在 1236℃左右，由 $\beta\text{-}CaSO_4$ 向 $\alpha\text{-}CaSO_4$ 转变，后面稍低于 1400℃的是熔融峰，显示为比较尖锐的吸热峰。所以通过 TG 和 DSC 联用，可以分析曲线上每个变化的含义。

实验仪器设备与材料

（1）TGA/DSC1/1600 型综合热分析仪，其结构如图 5-1-10 所示，属于热流型综合热分析系统。仪器温度范围：室温~1600℃，升温速率：0.1~100℃/min，样品重量范围：0~1g，天平灵敏度：0.1μg。另外配套有低温恒温水槽、气源（氮气、氧气等）、计算机及不间断电源等。

（2）实验试剂及耗材：碳酸钙试剂（分析纯）、氧化铝坩埚（70μL）、料勺等。

实验步骤

1. 测试前准备

将待测试样粉磨至粒度小于 60μm，装在密封袋中备用，坩埚需预先在 1000℃以上烧至恒重并冷却至室温，保存在干燥器中备用。

2. 开机

（1）打开天平保护气（通常为高纯氮气），流量调为 20mL/min。

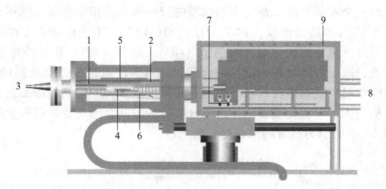

图 5-1-10 TGA/DSC1/1600 型综合热分析仪的仪器结构

1—隔热片；2—反应气毛细管；3—气体出口；4—温度传感器；5—炉体加热板；
6—炉体温度传感器；7—内置校准砝码；8—保护气和吹扫气连接口；9—恒温天平室

（2）打开恒温水浴槽电源。

（3）半小时后打开 TGA/DSC1 主机电源，仪器会有一个自检的过程，通常在 1min 左右。

（4）打开计算机，双击桌面上的"STARe"图标，输入 METTLER 用户名，在 session 菜单下选择"install window"，进入 TGA/DSC 实验界面。如果测试中需要反应气，则打开反应气的阀门并调节需要的气体流量。

3. 测试

（1）选择实验方法，输入样品信息：点击实验界面左侧的"Routine editor"编辑实验方法，其中"new"为编辑一个新的方法，"open"为打开已经保存在软件中的实验方法。编辑完一个新方法或打开一个已经保存的方法后，在"Sample Name"一栏中输入样品名称，然后点击"Sent Experiment"。

（2）放样并开始实验：当电脑屏幕左下角的状态栏中出现"waiting for sample insertion"时，打开 TGA/DSC1 的炉体，将恒重坩埚置于传感器托盘上，通常左侧放置的为参比坩埚，右侧为样品坩埚，待传感器支架不再晃动时，关闭炉体，点击屏幕上"Tare"去皮，然后，再次打开炉体，将制备好的样品装入样品坩埚，放到传感器支架上，关闭炉体，点击软件中的"Ok"键，实验即自动开始。

（3）测试结束后，当电脑屏幕左下角的状态栏中显示"waiting for sample removal"时，打开炉体，将样品取出。

4. 数据处理

点击"Session/Evaluation Window"打开数据处理窗口。单击"File/Open Curve"，在弹出的对话框中选中要处理的曲线，点击"Open"打开该曲线。根据需要对曲线进行各种处理。

5. 关机

关闭仪器前，要把炉体中的样品取出。待炉体温度低于 200℃时关闭 TGA/DSC1 电源，然后关闭计算机。关闭反应气和保护气的阀门，最后关闭恒温水浴的电源。

实验数据记录与处理

1．实验数据记录

提交清晰的热分析图谱一份，并注明实验条件。

2．数据处理与分析

（1）分别对 TG、DTG 和 DSC 曲线数据进行处理。选定每个台阶或峰的起止位置，可求算出各个反应阶段的 TG 失重百分比、失重始温、终温、失重速率最大点温度和 DSC 的峰面积热焓、峰起始点温度、外推起始点温度、峰顶温度、终点温度等。

（2）分析样品在加热时发生的变化。

实验注意事项

（1）遵守精密仪器室管理制度，仪器需要由经过培训的人员进行操作，以免造成仪器的损坏。

（2）如果坩埚掉入炉体内，一定要报告给仪器管理员，不要擅自处理。

（3）对于发泡材料或爆炸性的含能材料，测试时一定要特别小心，样品量一定要非常少，以防样品发泡溢出污染传感器和炉体或发生爆炸。

（4）如果温度高于 950℃，要在坩埚与传感器之间垫上蓝宝石垫片。

思考题

（1）在进行综合热分析测试的过程中，影响实验结果的因素有哪些？

（2）综合热分析实验对样品的要求是什么？

参考文献

［1］刘振海，陆立明，唐远旺．热分析简明教程［M］．北京：科学出版社，2012.

［2］李余增．热分析［M］．北京：清华大学出版社，1987.

［3］王培铭，许乾慰．材料研究方法［M］．北京：科学出版社，2005.

［4］杨海波，朱建锋．陶瓷工艺综合实验［M］．北京：中国轻工业出版社，2013.

［5］罗永勤，高云琴．无机非金属材料实验［M］．北京：冶金工业出版社，2018.

实验 5-2 材料的导热系数测定

实验目的

(1) 掌握水流量平板法测定材料导热系数的原理和方法。

(2) 了解水流量平板法导热仪的构造和工作原理。

(3) 了解不同高温材料和隔热材料的导热系数与温度的关系以及影响实验结果的因素。

实验原理

导热系数又称热导率,是指单位温度梯度下,单位时间内通过物体单位垂直面积的热量。导热系数是表征材料导热能力的物理参数,其值等于热流密度除以负温度梯度:

$$\lambda = q \Big/ \left(-\frac{\mathrm{d}T}{\mathrm{d}x} \right) \tag{5-2-1}$$

式中　　λ——导热系数,W/(m·K);

　　　　q——热流密度,W/m²;

$\dfrac{\mathrm{d}T}{\mathrm{d}x}$——温度梯度,K/m。

根据导热系数的大小,可将材料分为热的良导体、热的不良导体和绝热材料三种。热的良导体,比如金属材料,其导热系数 $\lambda = 2.2 \sim 420\mathrm{W}/(\mathrm{m}\cdot\mathrm{K})$,导热机理是金属材料中自由电子的迁移引起热传递,从这个意义上讲电的良导体也是热的良导体,纯金属的导热性最好;热的不良导体,比如不导电的固体材料,其导热系数 $\lambda = 0.2 \sim 3.0\mathrm{W}/(\mathrm{m}\cdot\mathrm{K})$,其以晶格振动的方式传递能量,温度升高晶格振动加快,导热系数增大;绝热材料,其导热系数 $\lambda = 0.02 \sim 0.2\mathrm{W}/(\mathrm{m}\cdot\mathrm{K})$,如塑料泡沫等,内含许多小空隙,空气的导热系数很小,约为 $0.024\mathrm{W}/(\mathrm{m}\cdot\mathrm{K})$,这就大大降低了整体材料的导热系数。不同的材料导热系数各不相同,即使是同一材料,导热系数也会随着温度、压力、湿度、材料的结构和密度等因素的变化而变化。各种材料的导热系数都可用实验的方法来测定,如果要分别考虑不同因素的影响,就需要针对各种因素进行测试,往往不能只在一种测试设备上进行。

稳态平板法是利用傅里叶一维平板稳定导热过程的基本原理测定材料导热系数的方法。该实验方法的关键是在试件内设法建立起一维稳态温度场,以便准确计量通过试件的导热量及试件两侧表面的温度。

在一维稳态导热情况下,通过薄壁平板(壁厚小于 1/10 壁长和壁宽)的稳定导热量 Q 与平板两面的温差 ΔT、垂直热流方向的导热面积 F 及导热系数 λ 成正比,与平板的厚度 δ 成反比,即

$$Q = \frac{\lambda}{\delta}\Delta TF \tag{5-2-2}$$

如果测得平板两面温差 $\Delta T = T_{\mathrm{R}} - T_{\mathrm{L}}$(其中 T_{R}、T_{L} 分别为热面和冷面温度)、平板厚度 δ 和通过平板的导热量 Q,就可以求得导热系数 λ,即

$$\lambda = \frac{Q\delta}{\Delta TF} \tag{5-2-3}$$

式中　λ——导热系数，W/(m·K)；

Q——通过薄壁平板的稳定导热量，W；

δ——试样厚度，m；

F——垂直热流方向的导热面积，m^2；

ΔT——试样冷、热面温差，K。

　　材料的导热系数是高温热工设备设计时的重要数据，也是直接影响制品热震稳定性的重要因素。对于工业窑炉来讲，多数情况下都要求制品尤其隔热保温材料具有较低的导热系数，这样有利于减少窑炉的热量损耗。但对隔焰加热炉，则要求隔墙材料具有良好的导热性，这样才有利于热量传递，提高效率。

　　材料的导热能力与其化学矿物组成、组织结构及温度密切相关。

　　水流量平板法测定耐火材料导热系数的测定装置示意图如图 5-2-1 所示。

　　水流量平板法导热系数测定仪采用下述方法维持平板试样内纵向一维稳定热流：

　　（1）利用试样自身防止热损。利用无机非金属材料低热导率的特点，把试样做得很薄，直径很大，把试样中心区（中心量热器上部区域）作为测试区，试样中心区以外的部分实际上起到一个防止径向热损的自身防热套作用。

　　（2）利用第一、第二保护量热器防止热损。试样冷面直接与中心量热器、第一保护量热器和第二保护量热器接触，量热器采用比热小、导热性能好的材料制成，保证试样传递过来的热量能迅速传给冷却水。测试中待热面温度恒定后，中心量热器与第一保护量热器温差 ≤0.01℃，说明待测试样径向温度梯度几乎为零，以此使

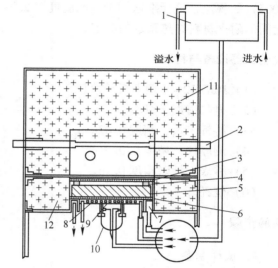

图 5-2-1　水流量平板法导热系数测定装置示意图

1—恒压水箱；2—发热元件；3—均热板；
4—支承块；5—试样；6—垫板；7—第二保护量热器；
8—第一保护量热器；9—中心量热器；10—温差热电堆；
11—炉上体；12—炉下体

径向热损减少到最低限度。第二保护量热器制成圆形分层空腔，在保证表面温度与第一保护量热器平衡的条件下，还能吸收来自侧面的热量，使中心量热器测量准确。

　　（3）利用合理的炉体结构防止热损。首先，为提高炉膛上部表面的反射能力，将炉膛耐火砖制作成凸台，与下部制成凹台的耐火砖恰好相扣合，既保温又可防止径向热损；其次，在试样与发热元件之间放置高导热的碳化硅均热板保证对试样加热的均匀性，炉壳内所有空余部位或空隙均用绝热性能好的高温毡、高温棉、轻质砖充填，从而大大减少试样的径向热损和底向热损。

实验时将已知厚度的试样放置于试验仪器内，在其热面和冷面之间保持一个温度差，热流从热面流至冷面，并被冷却的量热器带走，根据流经中心量热器水的温度升高及水流量，可计算出被中心量热器吸收的热量，该热量为纵向通过试样（中心量热器吸热面部分）的热量。而流经中心量热器水流吸收的热量与水的比热、水的流量、水温升高成正比，见式（5-2-4）：

$$Q = C\omega\Delta T_s \tag{5-2-4}$$

式中　Q——单位时间内水流吸收的热量，W；

　　　C——水的比热容，J/（g·K）；

　　　ω——水流量，g/s；

　　　ΔT_s——水温升高，K。

由流经中心量热器水流吸收的热量、试样冷热面温差、试样厚度和中心量热器吸热面面积，按式（5-2-3）即可计算出试样的导热系数。

水流量平板法导热系数测定符合标准《耐火材料导热系数试验方法》（YB/T 4130—2005）的规定，该标准适用于热面温度在 200～1300℃，导热系数在 0.03～2.00W/（m·K）之间的耐火材料导热系数的测定。

实验仪器设备与材料

（1）PBD-12-4P 型平板导热仪。

（2）电热恒温干燥箱。

（3）游标卡尺，精度 0.02mm。

（4）测厚仪，精度 0.02mm。

（5）秒表，计时精度 0.1s。

（6）烧杯。

实验步骤

1. 试样制备

（1）将直径大于 180mm 的样块切割成直径为 180mm，厚度为 10～25mm 的圆形试样，试样 2 个端面应平整，不平行度应小于 1mm。

（2）标型砖或其他尺寸的样品，可切割为长度 180mm，宽度不小于 80mm 的中间部分，然后切割 2 个弧形拼在两边，形成直径 180mm 的圆形试样。

（3）不定形耐火材料，参照其施工要求，用合适的模具直接制备出规定尺寸的试样。

（4）制备一个直径 180mm、厚 3～4mm 同材质的圆形整块垫板，如无同材质垫板，可用高铝轻质垫板代替。

2. 试样干燥

将试样和垫板置于电热干燥箱内，在（110±5）℃或允许的较高温度下干燥至恒量。

3. 测量试样厚度

用游标卡尺沿试样边缘每隔 120°测量一个厚度值，然后取其平均值。对于纤维制品要用测厚仪测量。

4. 装样

（1）在量热器上放置一块直径为 200mm 的圆形玻璃纤维布，然后放垫板，将测量冷面温度的热电偶端点放置在垫板中心处。

（2）将试样放置在垫板上（冷面热电偶上），用手轻轻按压，使垫板和试样间呈最小空隙。

（3）将由轻质材料制成的支承块放在试样边缘（每隔 120°放置一个），在试样周围的空隙处用高铝纤维毡填满填实。

（4）在试样热表面的中心处放置测量热面温度的热电偶热端，要保证使其端点紧贴试样表面，如果是纤维毡试样，可用 U 形铂丝将热电偶固定在试样中心处（注意 U 形铂丝不要将热电偶短路）。

（5）将均热板放在支承块上，使均热板与试样平行，间距 10～15mm。试样四周与炉壁之间要用高铝纤维毡填满填实，均热板上部四周与下炉体的上表面部分用高铝纤维毡盖严，均热板边缘与高铝纤维毡互相搭接约 10mm。

（6）盖上炉盖，使炉上体与炉下体之间无缝隙。

5. 恒压水装置注水

（1）打开水箱上水阀门，使恒压水箱注满水（溢流管有水流出）。

（2）将中心量热器的出水流量调至 30～180mL/min（具体数据视试样情况而定，热导率大的水流量也要大），第二保护量热器的水流量调至 60～80L/h。

6. 加热

（1）打开计算机电源，接通主回路电源，启动主回路。

（2）在电脑桌面双击导热仪测量图标，进行参数设置和升温制度设定。

（3）启动试验运行，加热炉开始加热。

7. 测量

（1）当计算机出现保温计时窗口后，按屏幕提示调节水流量：

1）调节第一保护量热器的转子流量计使温差趋于零。

2）根据试样热导率范围，调节中心量热器出水口的流量使之在合理范围之内。

（2）当保温计时达到 50min（不定形耐火材料 120min）时，屏幕自动切换到接水画面，调节第一保护量热器的水流量，使中心量热器与第一保护量热器的温差为零，允许波动±0.005mV。

（3）测量热面热电偶、冷面热电偶电势。

（4）测量水温升高，即 10 对热电偶的电势。

（5）测量中心量热器的水流量，每个试验温度点测量 3 次，每隔 10min 测量一次，每次接水 1min。

8. 试验结束

（1）试验正常结束，停止加热炉加热，切断主回路电源，关闭计算机电源。

（2）关闭水箱上水阀门（为了保护量热器，在关水前应保证水箱已蓄满水）。

实验数据记录与处理

（1）实验数据记录与处理参考格式见表 5-2-1。

表 5-2-1 材料导热系数测定数据记录表

试 样 名 称			
中心量热器水温升高的电势差/mV			
试样热面温度 T_1/℃			
试样冷面温度 T_2/℃			
	测量值 1	测量值 2	测量值 3
试样厚度测量值/m			
试样厚度均值 δ/m			
中心量热器的水流量测量值/g·s^{-1}			
中心量热器的水流量均值 ω/g·s^{-1}			
热导率 λ/W·(m·K)$^{-1}$			

（2）数据处理。PBD-12-4P 型平板导热仪可自动测取数据，并根据输入的试样厚度值和中心量热器水流量值自动计算出试验结果，其数据处理方式如下：

1）根据 3 个厚度测量值计算试样厚度均值。

2）根据 3 次中心量热器水流量测量值计算其平均值，每一个测量值与平均值的偏差不大于 10%，否则应重新测定。

3）依式（5-2-5）计算导热系数

$$\lambda = k\Delta mv\omega\delta/(T_1 - T_2) \tag{5-2-5}$$

式中 λ——导热系数，W/(m·K)；

k——仪器常数；

Δmv——中心量热器的水温升高的电势差，mV；

δ——试样厚度，m；

ω——中心量热器的水流量，g/s；

T_1——试样热面温度，℃；

T_2——试样冷面温度，℃。

4）计算结果保留到小数点后三位。

注意事项

（1）给恒压水箱供水的水质要清洁，温度恒定，压力应为 0.05~0.2MPa，以便能够正常给水箱供水。

（2）当主回路正在工作时切勿关闭计算机电源，否则可能损坏主回路元件。

（3）在测量中心量热器的水流量时，每次接水之前必须调节第一保护量热器转子流量计以确保温差为零，这样才能保证测量的准确性。

（4）每次试验应按操作规程进行操作，试验结束后盖好计算机防尘罩，不用时切断计算机电源。

思考题

（1）平板法测定热导率有什么优缺点？

（2）影响材料热导率的主要因素有哪些？

参考文献

［1］王维邦．耐火材料工艺学［M］．北京：冶金工业出版社，1996.

［2］高里存，任耘．无机非金属材料实验技术［M］．北京：冶金工业出版社，2007.

［3］陈泉水，郑举功，任广元．无机非金属材料物性测试［M］．北京：化学工业出版社，2013.

［4］罗永勤，高云琴．无机非金属材料实验［M］．冶金工业出版社，2018.

实验 5-3　综合传热性能测定

实验目的

（1）了解热量传递的基本形式和基本理论。

（2）掌握测量总传热系数的原理和方法。

（3）通过实验了解自然对流和强迫对流对换热器传热性能的影响。

（4）了解影响换热器总传热系数的因素。

实验原理

热量传递的方式有三种形式，即传导换热、对流换热和辐射换热。对于工业换热器几种换热形式往往同时存在，可以称为综合传热，其传热量可表示为：

$$Q = KF\Delta T \tag{5-3-1}$$

式中　Q——总传热量，W；

　　　K——总传热系数，$W/(m^2 \cdot K)$；

　　　F——传热面积，m^2；

　　　ΔT——温差，K。

若将干饱和蒸汽通过一组换热器管，管子在空气中以辐射和对流方式散热，干饱和蒸汽即被冷凝为水，凝结水量的多少与换热器的材质、外表面形式、传热面积、传热方式及环境温度等诸多因素有关。单位时间凝结水量 G 可用下式表示：

$$G = \frac{V\rho}{\tau} \tag{5-3-2}$$

式中　G——换热器凝结水量，kg/s；

　　　V——实验供气时间内凝水体积，m^3；

　　　ρ——凝结水的水的密度，kg/m^3；

　　　τ——实验换热时间，s。

而　　　　　　　　　　　$Q_0 = Gr \tag{5-3-3}$

式中　Q_0——由饱和蒸汽转变为饱和凝结水释放的热量，W；

　　　r——实验压力下水蒸气的汽化潜热，J/kg。

则 $Q_0 = Q$，所以

$$K = \frac{Gr}{F\Delta T} \tag{5-3-4}$$

如果测得实验过程中换热器的凝结水量 G，即可求得该换热器的总传热系数 K。

总传热系数 K 是反映换热器传热性能的重要参数，也是对换热器进行传热过程计算的基本依据，可以通过查阅相关手册获得或通过实验测定和分析计算获得，其数值取决于流体的物理性质、传热过程的操作条件和换热器的类型等多方面因素。

对管式换热器而言，当空气外掠圆管时，在管外形成了较为复杂的扰流流场，圆柱面附近的空气的流速、压强分布和来流情况有很大变化，所以圆管上各点换热系数不同。本实验在计算过程中不考虑各局部位置的影响，只考虑其综合换热情况。

实验仪器设备与材料

（1）综合传热性能实验装置。综合传热性能实验装置如图 5-3-1 所示，由电热蒸汽发生器、一组表面状态和材质不同（铜翅片管、铜黑管、铜光管、铝光管、锯末保温铜管、岩棉保温铜管）的 6 根换热管、配气管、冷凝水计量管及阀门、支架等组成，装置配有一台可移动的风机，用来对实验换热管进行吹风。因此，试验装置可以进行自然对流和强迫对流的传热实验。

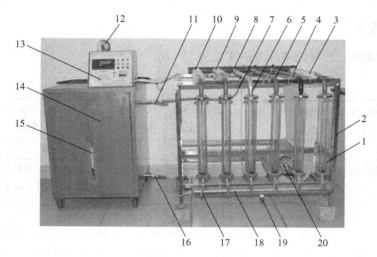

图 5-3-1　综合传热性能测定实验装置示意图

1—计量管；2—支架；3—铜翅片管；4—铜黑管；5—铜光管；6—放水阀；
7—铝光管；8—配气管；9—锯末保温铜管；10—岩棉保温铜管；11—供气阀；
12—电接点压力表；13—控制箱；14—电热蒸汽发生器；15—水位计；16—给水阀；
17—计量管放水阀；18—集水管；19—集水管放水阀；20—风机

（2）秒表、测温计、水盆、水管等。

实验步骤

（1）打开电热蒸汽发生器右侧的供气阀及配气管底部的放水阀，然后通过电热蒸汽发生器右侧下部的给水阀（兼做排污）向蒸汽发生器的锅炉加水，当水面达到水位计的 2/3 处时，关闭给水阀、供气阀及配气管放水阀。

（2）调节电接点压力表的控压指针至实验压力（0.04MPa）后，依次打开控制箱上总电源开关和所有加热开关，加热指示灯变亮，蒸汽发生器开始加热。

（3）当电热蒸汽发生器的蒸气压力达到实验压力时，打开集水管及计量管下方的放水阀，缓缓打开供气阀向实验换热管内送气，预热整个实验系统。

（4）观察温度巡检值，当巡检温度稳定后，关闭所有放水阀，实验系统预热完毕。

（5）调节配气管下方的放水阀使其微微冒气，以排除配气管内的凝结水。关闭一组蒸汽发生器加热电源。

（6）观察冷凝水计量管内的水位变化，待水位上升至"0"刻度时开始计时（或在开始计时时记录每根计量管的初始体积读数），达到一定体积时，同时记录各实验换热管的换热时间和凝结水量。

（7）放出冷凝水计量管中的凝结水，调整风机位置，使风机出风口正对某一换热管，开启风机对其进行强迫通风，当凝结水位升至"0"刻度以上时，测量一定时间内的凝结水量。用同样的方法对其他换热管进行强迫对流实验。

（8）实验完毕后，记录环境温度，关闭所有电源，打开所有放水阀，待水排净后，再将所有阀门关闭。

实验数据记录与处理

（1）实验数据记录与处理参考格式见表 5-3-1。

表 5-3-1

饱和蒸气压力 P /MPa		饱和蒸汽温度/℃	汽化潜热 γ /J·kg^{-1}	管径 D /m	换热管长 l_1 /m	风机风筒长度 l_2/m	环境温度 T_0/℃	实验日期	实验者
空气流动情况	换热管类别	换热时间 τ/s	凝结水体积 V/mL	凝结水温度 T/℃	凝结水密度 ρ/kg·m^{-3}	凝结水量 G /kg·s^{-1}	换热量 Q /kJ·s^{-1}	传热面积 F/m^2	总传热系 K /W·(m^2·K)$^{-1}$
自然对流	铜翅片管								
	铜黑管								
	铜光管								
	铝光管								
	锯末保温铜管								
	岩棉保温铜管								
强迫对流	铜翅片管								
	铜黑管								
	铜光管								
	铝光管								
	锯末保温铜管								
	岩棉保温铜管								

（2）数据处理：

1）根据测量的凝结水温度，查阅相关手册得到相应温度下水的密度 ρ，代入式（5-3-2）计算在自然对流和强迫对流状态下各换热管的凝结水量 G。

2）计算传热面积 F，查阅相关手册得到实验压力下汽化潜热 r，代入式（5-3-4）计算不同实验条件下各换热管的总传热系数 K。

实验注意事项

（1）严禁在蒸汽发生器不加水的情况下通电运行；

（2）在整个实验过程中，要注意蒸汽发生器必须处于正常工作状态；

（3）实验时，所有管路系统温度较高，操作时必须小心，以防烫伤。

思考题

（1）比较各实验换热管总传热系数的大小，分析影响总传热系数的因素。

（2）根据实验装置情况，分析引起实验结果误差的因素。

参考文献

［1］陈杰. 无机材料科学与工程基础实验［M］. 西安：西北工业大学出版社，2010.

［2］樊嘉欣，王蓓蓓，黄浩. 热工实验实训指导［M］. 北京：阳光出版社，2010.

［3］张鹏，杨龙滨，贾俊曦，等. 传热实验学［M］. 哈尔滨：哈尔滨工程大学出版社，2012.

［4］徐德龙，谢峻林. 材料工程基础［M］. 武汉：武汉理工大学出版社，2008.

［5］罗永勤，高云琴. 无机非金属材料实验［M］. 冶金工业出版社，2018.

实验5-4 材料熔体物理性质测定

实验目的

（1）掌握测定材料熔体黏度、密度和表面张力的原理及方法。

（2）熟悉实验设备的使用方法和适用范围及其操作技术。

（3）分析造成实验误差的原因和提高实验精确度的措施。

实验原理

1. 熔体物理性质测定的基本原理

熔体的主要物理性质包括黏度、密度和表面张力等。对于冶金和材料行业来说，高温熔炉是不可缺少的重要设备，在高温熔炉的使用过程中，熔体对材料的侵蚀是其损坏的主要原因。在熔炉设计时，不但要熟悉材料的性能，还必须了解熔体的性质，这样才能正确地选用材料。因此，了解熔体性质对熔炉设计和生产管理都是至关重要的。

（1）熔体黏度测定。黏度又称黏度系数或动力黏度系数，是高温熔体重要的物性之一。熔体黏度的大小由其性质和温度决定。

当面积为 S 的两平行液层以一定的速度梯度 $\dfrac{\mathrm{d}v}{\mathrm{d}x}$ 移动时会产生摩擦力 F，其计算公式为：

$$F = \eta S \frac{\mathrm{d}v}{\mathrm{d}x} \tag{5-4-1}$$

式中　η——液体的黏度，$Pa \cdot s$。

当 $S=1$，$\dfrac{\mathrm{d}v}{\mathrm{d}x} = 1$ 时，黏度 η 值相当于两平行液层间的内摩擦力。

熔体黏度的测定方法有拉球法、落球法、旋转法和扭摆法等。一般根据熔体的黏度值来确定测量方法。前三种测量方法的测量范围是 $1 \sim 10^7 Pa \cdot s$，可用于冶金熔渣、玻璃熔体等的测定。熔盐液态金属的黏度较小（一般小于 $1.0 \times 10^{-3} Pa \cdot s$），常用扭摆法测定。

本实验采用旋转法测定无机材料熔体的黏度。

使柱体在盛有被测液体的静止的同心柱形容器内匀速旋转，此时在柱体和容器壁之间的液体会产生运动，在柱体和容器壁之间形成了速度梯度。由于黏性力的作用，在柱体上将产生一个力矩与其平衡。当液体是牛顿流体且柱体转速恒定，速度梯度和力矩都是一个恒定值时，柱体旋转所产生的扭矩为：

$$M = \frac{4\pi h \eta \omega}{\left(\dfrac{1}{r^2} - \dfrac{1}{R^2} \right)} \tag{5-4-2}$$

式中　M——柱体旋转扭矩，$N \cdot m$；

　　　r——柱体的半径，m；

　　　R——盛液体的容器半径，m；

h——柱体浸入液体之深度，m；

ω——柱体转动的角速度，rad·s^{-1}；

η——液体的黏度，Pa·s。

扭矩传感器可以精确测定旋转柱体的扭矩和角速度，液体的黏度可按下式计算。

$$\eta = \frac{M}{4\pi h\omega}\left(\frac{1}{r^2} - \frac{1}{R^2}\right) \tag{5-4-3}$$

在柱体半径、容器半径和柱体浸入深度都一定时，式（5-4-3）可以简化为：

$$\eta = K_n \frac{M}{\omega} \tag{5-4-4}$$

式中，$K_n = \dfrac{1}{4\pi h}\left(\dfrac{1}{r^2} - \dfrac{1}{R^2}\right)$ 为常数，称为黏度常数。

由于柱体端面作用，柱体及容器表面的粗糙程度的影响，实际仪器的黏度常数 K_n 虽然是常数，但表达式较上边给出的还要复杂，通常采用已知黏度的液体进行标定（一般采用蓖麻油为标准液）。即在已知转速条件下测定已知黏度液体的扭矩，求出黏度常数 K_n。

本实验使用的 RWT-10 型熔体物性测定仪黏度常数由下式求得：

$$K_n = \eta_s \frac{N}{(pl_s - pl_0)} \tag{5-4-5}$$

式中　η_s——标准液体的黏度值，Pa·s；

Pl_s——测定标准液体时的频率值（代表扭矩），Hz；

Pl_0——零点时测定的频率值（代表扭矩），Hz；

N——黏度计转速，r/min。

蓖麻油是一种很容易获得的试剂，其黏度值与温度的关系式是：

$$\eta_s = ae^{-bT} \tag{5-4-6}$$

式中　η_s——标准液体蓖麻油的黏度值，Pa·s；

a——常数，$a = 53.20732$；

b——常数，$b = 0.0832$；

T——温度，℃。

因此用标准液蓖麻油测得仪器黏度常数 K_n 后，测定的液体黏度值计算式为：

$$\eta = K_n \frac{(pl - pl_0)}{N} \tag{5-4-7}$$

式中　η——被测液体的黏度值，Pa·s；

Pl——测定被测液体时的频率值（代表扭矩），Hz；

Pl_0——零点时测定的频率值（代表扭矩），Hz；

N——黏度计转速，r/min。

（2）熔体表面张力测定。在熔体中，每个质点周围都存在一个力场，在熔体内部质点力场是对称的，但处于表面层的质点只受到熔体内部质点的引力作用，结果使得表面有向内收缩的趋势。对一滴熔体来说，它总是趋向于收缩成球形以降低表面能。因此，表面张力的物理意义是扩张表面单位长度所需要的力，其方向与表面相切。表面张力的测定方法有最大拉力法、滴重法等。

本实验采用拉环法（最大拉力法）测定熔体的表面张力。此法广泛地用于测量硅酸盐熔体和含有 FeO 二元系和三元系熔体的表面张力。

将金属环（或金属筒）水平地放在液面上，然后测定将其拉离液面所需的力。当金属环被拉起时，由于表面张力的作用，它将液体连同带起，进一步拉起金属环，拉力超过表面张力的瞬间液体脱落，金属环脱离液体，记最大拉力值为 M_{max}。则被环所拉起的液体形状是 R^3/V 和 R/r 的函数（V 为被拉起液体的体积，R 为环的平均半径，r 为环线的半径），在 R 和 r 一定时，可以认为是常数。表面张力计算公式为：

$$\sigma = \frac{M_{max}}{4\pi R} f\left(\frac{R^3}{v}, \frac{R}{r}\right) = \frac{M_{max}}{4\pi R} C \tag{5-4-8}$$

式中 σ——熔体表面张力，N/m；

       R——环的平均半径，m；

       r——环线的半径，m；

   M_{max}——将金属环拉离液面的最大拉力，N；

       V——拉起液体的体积，m^3；

       C——常数。

通过测定拉起已知环直径和环线直径的金属环脱离液体时的最大力，就可以求出该液体的表面张力。常数 C 可以通过测定已知表面张力的液体在金属环拉起时的最大力求得，C 的标定公式如下：

$$C = \frac{4\pi R \sigma_s}{M'_{max}} \tag{5-4-9}$$

式中 σ_s——已知标准液体的表面张力；

   M'_{max}——将金属环拉离标准液体的最大拉力，N；

       R——环的平均半径，m。

由于表面张力值与金属环的直径有关，因此，测定时应该考虑到高温时金属环受热膨胀对测量结果的影响。本实验根据金属钼和铂的热膨胀系数，对高温时金属环直径进行了校正。

（3）熔体密度测定。熔体单位体积的质量称为熔体密度，熔体密度是熔体的基本物理性质之一，对于许多动力学现象及熔体结构的研究、不同熔体间的分离等有着重要的意义。

根据阿基米德原理，物体浸没在液体里将会受到液体对它的浮力，浮力的大小等于其所排开的同体积液体的重量。因此采用已知体积的重锤，测定其在空气和液体（或熔体）中重量的变化，就可以计算出液体（或熔体）的密度，其计算公式如下：

$$\rho = \frac{m - m_0}{V} \tag{5-4-10}$$

式中 ρ——高温熔体的密度，kg/m^3；

       m——重锤在空气中的质量，kg；

      m_0——重锤在高温熔体中的质量，kg；

       V——重锤在高温熔体中的体积，m^3。

由于重锤在不同温度下体积会受热膨胀作用而发生变化，所以应对其进行校正。通常采用纯水来标定重锤的常温体积。纯水在 10~35℃ 范围内的密度可按下式计算：

$$\rho_{水} = 0.9997 - 0.0001(T - 10) - 0.000005 \times (T - 10)^2 \qquad (5\text{-}4\text{-}11)$$

式中　$\rho_{水}$——纯水的密度，kg/m^3；

$\quad\quad$ T——纯水的温度，℃。

根据式（5-4-10）计算常温下重锤的体积为：

$$V_0 = \frac{m - m_{水}}{\rho_{水}} \qquad (5\text{-}4\text{-}12)$$

式中　V_0——常温下重锤的体积，m^3；

$\quad\quad$ m——重锤在空气中的重量，kg；

$\quad\quad$ $m_{水}$——重锤在密度为 $\rho_{水}$ 的纯水中的重量，kg。

本实验使用钼重锤测定高温熔体的密度时，根据金属钼的热膨胀系数，对高温下钼重锤的体积按下式进行校正：

$$V = V_0 \left[1 + 3(5.05 \times 10^{-6} + 0.31 \times 10^{-9} T + 0.36 \times 10^{-12} \times T^2)(T - T_0) \right]$$
$$(5\text{-}4\text{-}13)$$

式中　V——实验温度 T 时钼重锤的体积，m^3；

$\quad\quad$ V_0——钼重锤常温 T_0 时的体积，m^3；

$\quad\quad$ T_0——常温温度，℃；

$\quad\quad$ T——实验温度，℃。

2. 熔体物性综合测定仪的构造和工作原理

熔体物性综合测定仪的结构如图 5-4-1 所示。

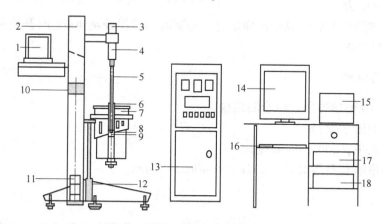

图 5-4-1　熔体物性综合测定仪设备简图

1—电子天平；2—炉架；3—同步电机；4—扭矩传感器；5—转杆；6—炉管；7—高温炉；
8—坩埚；9—转头；10—轴承；11—电动机；12—炉子升降机构；13—控制柜；
14—显示器；15—打印机；16—键盘；17—主机；18—接口箱

高温炉为内径 φ55mm 的二硅化钼电阻炉，高温区恒温带高 60mm。控温与测温热电偶均为 S 型热电偶，测温范围：0~1600℃。用计算机进行程序控温，配套的软件能够完成电炉的任意程序控温、等增电压升温（开环步进升温）、等减电压降温（开环步进降温）和手动控温。

熔体物性综合测定仪可以独立完成熔体黏度测定、表面张力测定和密度测定。在测定前需先给加热炉升温使渣熔化，程序控制升温过程如下：

（1）用石墨坩埚装好渣料放入炉内。检查好测温热电偶、控温热电偶位置，打开冷却水开关，检查各电器接头是否正常。

（2）将可控硅电压调整器手动调节旋钮调节到零位，手动/自动开关置于自动位置，打开电风扇及可控硅电压调整器开关，使之通电，再打开主电路开关，接通主电路。

（3）启动计算机，运行实验主程序，在菜单提示下选择并设定实验参数。实验编号可自动根据当前日期和时间采集，或自行定义，因为实验编号就是记录实验数据的文件名。

（4）设定控温参数，输入每段要达到的温度和时间，按 NEXT 键，输入下一段的温度和时间或升温速度。开始电压和步进升温速度是开环控温参数，可根据要求改变。如果要存储控温参数，请按存储键；控温参数设定后，按关闭键。

（5）点动控温菜单进入开环控制，调整步进升温速度达 20，逐渐点动计算机屏幕的增加按钮，使输出电压控制在 0.25 左右，此时供给炉子的电流在 20A（注：从室温开始升温的炉子启动电流要<20A，升温过程中最大电流应<46A）。随着输出电压增高，电流也随着增高，炉温达 200℃ 时，点动控温菜单进入程序控制，炉温按设定好的程序自动运行。

（6）恒温控制优先，当炉温需要在某一特定温度下恒温时，点动恒温菜单上恒温按键即可，取消恒温控制后，程序控温又能自动运行。控温程序具有自动寻找当前温度、平稳切入自动调整能力。

（7）达到实验温度后恒温使试样熔化。必要时当炉温升至 400℃ 时开始从炉子的下部通入氩气或氮气保护。

实验仪器设备与材料

（1）RTW-10 型熔体物性综合测定仪。
（2）电热恒温干燥箱。
（3）电子天平，2000g/0.001g。
（4）石墨坩埚和石墨套筒，$\phi52mm\times\phi40mm\times80mm$。

实验步骤

（1）将待测试样在 (110±5)℃ 温度的电热恒温干燥箱中烘干至恒量，在干燥器皿中冷却至室温。

（2）称量待测试样 150g 装入石墨坩埚。

（3）打开高温炉盖，将装有试样的石墨坩埚装入炉膛，放入石墨套筒。石墨坩埚盛试样部分要保证位于炉子的恒温带内。关闭炉盖。

（4）接通炉盖冷却水，闭合电源总闸，接通仪器主电源及仪表电源，控温智能仪表指示炉温。

（5）打开熔体物性测定系统的主操作界面，设定试样编号，设定炉温。

（6）根据实验要求调整炉体位置，调整好后电炉位置清零（电炉位置可由计数器记录位置，点击"电炉位置清零"使计数器为零）。

（7）设定控温程序，进行加热炉升温。

（8）达到试验温度，当炉温恒定后，恒温 20min 使试样熔化。试样熔化后熔体层高度为 40mm，用石墨棒对熔体进行搅拌，并用石墨棒检查渣层高度。

（9）熔体黏度测定。

1）安装黏度测量装置；

2）打开仪表柜"位移"按钮，用鼠标点动"炉上升"按钮，使炉体缓慢上升，注意标尺读数，使转头停在距离坩埚低部 10mm 的位置上。用鼠标点动计算机屏幕上旋转电机的按钮，启动转杆与转头或停止它们的转动。

3）点动下拉式菜单黏度测定，系统可连续测定出当前的黏度和温度等参数，并能连续以图表曲线方式在屏幕内显示；或者，点动下拉式菜单定点测黏度，在弹出的图表中获得相应的参数。

4）测定完成或所测黏度达到 6Pa·s 时，系统将自动关闭旋转电机，快速升温至熔体黏度较低或满足转头取出的温度，将转杆取出。

5）计算机自动运行降温程序，或开环缓慢降温，实验结束。

6）关闭电炉电源开关。待炉温降到 300℃ 以下时关闭冷却水。

（10）熔体表面张力测定：

1）点动表面张力菜单项，显示张力面板。

2）表面张力仪器常数的标定，输入拉筒编号、拉筒平均半径（m 或 cm）、标准张力（N/m）常数文件名、张力文件名。

3）安装拉筒装置。

4）打开仪表柜"位移"按钮，给编码器送电。

5）按"炉上升"按钮，使炉体上升至预定位置，停止上升按钮。

6）将天平复位，此时显示 0.000g。

7）点动表面张力计算机屏幕操作菜单：按"测定初始重量"。

8）点动"测最大重量"，炉子自动升起，当拉环接触到渣面后，计算机立即停止炉子的上升，自动延时，电子天平中质量恒定后，炉子开始缓慢下降至拉环与渣面完全脱离，停止炉子下降。

9）反复测定数次直至测定值稳定。

10）实验结束后，用鼠标点击"计算张力"，计算机算出表面张力数值，再点击"存张力"，并由打印机将温度和表面张力数值打印出来。

11）关闭电炉电源开关。待炉温降到 300℃ 以下时关闭冷却水。

（11）熔体密度测定。

1）点动测密度菜单，显示密度测定面板。

2）安装好重锤测量装置，搅拌样品使其均匀。

3）输入重锤编号、标准液体密度（g/mL）常数文件名、密度文件名，点动读体积，重锤体积自动显示。

4）打开电子天平，将天平复位，此时显示 0.000g。

5）单击"测定初重"按钮，旁边的栏内开始出现重锤重量，观察重锤重量稳定后，单击"测定"按钮，装置开始自动测定样品密度。电炉开始上升，重锤进入样品中至完全浸没后，电炉停止上升。延时 2min 后电炉开始下降，此时在"最大减重"栏内出现最大减重值（单位：g），在"熔体密度"栏内出现样品密度值（单位：g/mL）。

6）反复测定样品密度数次，测定值稳定后，单击"存密度"按钮，软件将测定的密度值和样品温度值保存在"物性数据"文件夹中；继续测定数次，将测定的值保存在密度文件中。如果希望测定几个温度下的样品密度，可以调节温度至预定温度恒温后进行测定。

7）测定完成后，单击"测定完成"结束密度测定。

8）关闭电炉电源开关。待炉温降到 300℃ 以下时关闭冷却水。

实验数据记录与处理

利用 Excel 软件读入实验数据文件，归纳整理实验数据，对其作图、分析，最后打印出各种关系曲线图形。

实验注意事项

（1）定时校验电子天平，维护电炉升降装置。

（2）仪表的参数不要随意改动，以防电炉不能正常运行。

（3）试验过程中，若出现异常声音或其他异常现象，应仔细查看，必要时立即停机检查。首先单击"炉停止"按钮使炉停止升降，然后通过"炉上升""炉下降"按钮调节电炉位置，电炉位置调整好后可以重新测定。

（4）测定一个样品前一定要确定其实验号，防止文件名重复，导致以前的文件被覆盖，特别是一天进行多个试验测定时。最好是定期将测定数据从"物性数据"文件夹中移动到其他文件夹中。

（5）不要忘记单击"开始记录数据"，防止漏记数据，且不要忘记保存数据。

（6）黏度常数主要与测试头直径、坩埚直径、测试头浸入深度、测试头端部距底面的距离有关。通常坩埚内径、测试头浸入深度、测试头端部距底面的距离都可以控制恒定，但测试头经过使用，受到腐蚀直径会变小，造成黏度常数变化，此时应该重新标定黏度常数。测头一定要在熔体中转动，严禁在空气中转动，否则将毁坏传感器和连杆。

（7）测定密度与炉体的上升和下降速度有关，测试前，应该调整好装置的升降速度（通常用 30mm/min）。

（8）在自动测定熔体表面张力过程中，电炉上升至拉筒与液面接触后，会自动延迟 3min，使熔体与拉筒充分接触，充分润湿。

思考题

（1）影响熔体黏度、表面张力和密度的主要因素有哪些？

（2）掌握熔体各项性能指标对冶炼过程有何意义？

参考文献

[1] 陈惠钊.黏度测量 [M].北京：中国计量出版社，2002.
[2] 王常珍.冶金物理化学研究方法 [M].北京：冶金工业出版社，2002.
[3] 朱桥，王秀峰.高温熔体密度测量研究进展 [J].硅酸盐通报，2013，32（6）：1087~1091.
[4] 林凯.熔体物性综合测定系统研究 [D].辽宁：沈阳理工大学，2015.
[5] 罗永勤，高云琴.无机非金属材料实验 [M].冶金工业出版社，2018.

实验 5-5 材料热膨胀系数测定

实验目的

（1）掌握顶杆法热膨胀系数测定的原理及方法。
（2）了解顶杆法热膨胀仪的构造和工作原理。
（3）分析影响材料热膨胀的主要因素。
（4）了解不同材料的热膨胀特性及其对制品实际生产和应用的影响。

实验原理

　　材料的热膨胀是指其体积或长度随温度升高而增大的物理性质。其原因是原子的非谐性振动增大了物体中原子的间距从而使体积膨胀。材料的热膨胀不仅是其重要的使用性能，而且也是工业窑炉和高温设备进行结构设计的重要参数，其重要性还表现在直接影响材料的热震稳定性和受热后的应力分布和大小等。此外，材料的热膨胀系数随温度变化的特点，也与研究材料的相变和有关微裂纹等基础理论有关。

　　热膨胀系数测定有顶杆式间接法和望远镜直读法。顶杆式间接法应用更为广泛，其工作原理如图 5-5-1 所示。装样管一端（右端）固定，试样左端与装样管的封闭端（左端）顶紧，试样右端被顶杆顶紧，顶杆又被千分表的活动杆顶紧。加热过程中试样热膨胀向右移动，而试样下部与其等长的装样管部分热膨胀只能向自由端（左端）移动，这两个热膨胀量的合值可在千分表上显示出来。

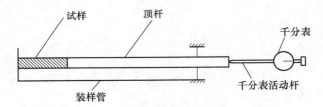

图 5-5-1 顶杆式间接法工作原理图

　　材料的热膨胀可用线膨胀率和平均线膨胀系数来表示。
　　线膨胀率：室温至试验温度间试样长度的相对变化率，用%表示。计算公式如下：

$$\rho = \frac{\Delta L}{L_0} \times 100 \tag{5-5-1}$$

$$\Delta L = L_T - L_0 = 千分表读数 + A_k(T) \tag{5-5-2}$$

式中　ρ——试样的线膨胀率，%；

　　　L_0——试样在室温下的长度，mm；

　　　L_T——试样加热至试验温度 T 时的长度，mm；

$A_k(T)$——在试验温度 T 时的校正系数，mm。

　　$A_k(T)$ 用于补偿装样管的膨胀对试样膨胀量的抵消，其物理意义表示长度为 L_0 的装

样管在试验温度 T 时产生的膨胀量。

平均线膨胀系数：室温至试验温度间温度每升高 1℃ 试样长度的相对变化率，单位为 $10^{-6}/℃$。热膨胀系数不是一个恒定值，是随温度变化的，是指在温度范围 ΔT 内的平均值。其计算公式如下：

$$\alpha = \frac{p}{(T - T_0) \times 100} \tag{5-5-3}$$

式中　α——平均线膨胀系数，$10^{-6}/℃$；

　　　ρ——试样的线膨胀率，%；

　　　T_0——室温，℃；

　　　T——试验温度，℃。

材料的热膨胀与其晶体结构和键强度密切相关。键强度高的材料（如 SiC）具有低的热膨胀系数；对于组成相同的材料，由于结构不同，热膨胀系数也不同，通常结构紧密的晶体热膨胀系数都较大，如多晶石英；而类似于无定形的玻璃，其热膨胀系数较小，如石英玻璃；对于氧离子紧密堆积结构的氧化物一般线膨胀系数较大，如 MgO、Al_2O_3 等。

热膨胀系数测定符合标准《材料热膨胀试验方法》（GB/T 7320—2008）的规定，该标准适用于测定室温至 1500℃ 间耐火材料的线膨胀率和平均线膨胀系数。

本实验分别测试硅砖、镁砖、高铝砖和黏土砖的线膨胀率和平均线膨胀系数，对实验结果进行分析并描述制品不同的热膨胀特性对其实际生产和应用的影响。

实验仪器设备与材料

（1）WTG-1 型热膨胀仪。WTG-1 型热膨胀仪由以下几部分组成：

1）加热炉：容纳试样及装样管，装样区炉温稳定度 ±1℃。

2）温度控制系统：控制和测量炉温，控制炉温的精度为 ±0.5%。

3）热电偶：采用 Pt-PtRh10 热电偶，热电偶的热端位于试样的中部。

（2）千分表，精度在 0.5% 以上，量程不小于 3mm。

（3）电热恒温干燥箱。

（4）游标卡尺，精度 0.02mm。

（5）标准试样，用于获得标准数据、校正系统膨胀。

实验步骤

（1）试样制备。

1）取样：用于实验的试样总数按 GB/T 10325 的规定或与有关方协商。

2）形状和尺寸：从样品上切取或钻取试样，其周边与样品边缘的距离至少为 15mm，制成 $\phi10mm \times 50mm$ 或 $\phi20mm \times 100mm$ 的试样。

（2）试样干燥：制备的试样于（110±5）℃ 烘干，然后在干燥器中冷却至室温。

（3）用游标卡尺测量试样长度。

（4）装样。

1）向左推动加热炉，露出装样机构，将试样放上装样平台，用顶杆顶住试样使试样固定；

2）向右推动加热炉，使试样进入炉内，确保热电偶热端位于试样的中部位置。

（5）确保千分表顶杆顶在试样顶杆端部，打开千分表开关，按千分表上 0.00 键使千分表读数归零。

（6）记录实验初始温度 T_0（一般情况下为室温 20℃）。

（7）打开加热炉面板上的电源开关，设定试验温度和升温程序，升温速度为 4~5℃/min。

（8）启动加热炉，开始升温。

（9）在加热过程中每 50℃记录一次温度和相应变形量（千分表读数），直到试验最终温度。

（10）程序升温结束，电流电压自动回零，关闭加热炉板面上的电源开关。

（11）待炉温冷却至室温后按上述步骤进行下一个试样的测试。

实验数据记录与处理

（1）实验数据记录与处理参考格式见表 5-5-1。

表 5-5-1 热膨胀系数测定数据记录表

试样名称			试样长度 L_0/mm	
测定温度 /℃	千分表读数 /mm	较正值 A_k/mm	线膨胀率 ρ/%	平均线膨胀系数 α/(10^{-6}℃$^{-1}$)
室温				
50				
100				
150				
200				
250				
300				
...				

（2）数据处理。

1）计算每个实验温度下的校正系数 $A_k(T)$。

本实验 WTG-1 型热膨胀仪装样机构为熔融石英，在试验温度 T 时的校正系数 $A_k(T)$ 按式（5-5-4）计算：

$$A_k(T) = L_0 \times \alpha_{石} \times (T - T_0) \tag{5-5-4}$$

式中 L_0——试样在室温下的长度，mm；

  $\alpha_{石}$——熔融石英的线膨胀系数，0.57×10^{-6}/℃；

  T_0——室温，℃；

  T——实验温度，℃。

2）按式（5-5-1）~式（5-5-3）分别计算 4 个试样在每个试验温度下的线膨胀率和平均线膨胀系数。线膨胀率精确至小数点后两位，平均线膨胀系数精确至小数点后一位。

3）绘制 4 种试样的热膨胀曲线。

4）根据计算结果和热膨胀曲线描述硅砖、镁砖、高铝砖和黏土砖的热膨胀特性，并分析其对实际生产和应用的影响。

实验注意事项

（1）制样时应避免试样出现裂纹和水化现象，试样两端面应磨平且相互平行并与其轴线垂直。

（2）做完一次实验须全部退出，待冷却至室温再重新进入才能进行第二次实验。

（3）仪器使用完毕，将各开关拨至原位，以免下次开机时造成误动而损坏仪器。

思考题

（1）热膨胀测定的实际意义是什么？

（2）影响材料热膨胀的主要因素有哪些？

（3）升温速度的快慢对膨胀系数的测试结果有无影响，为什么？

参考文献

［1］王维邦．耐火材料工艺学［M］．北京：冶金工业出版社，1996.

［2］陈泉水，郑举功，任广元．无机非金属材料物性测试［M］．北京：化学工业出版社，2013.

［3］王涛，赵淑金．无机非金属材料实验［M］．北京：化学工业出版社，2011.

［4］罗永勤，高云琴．无机非金属材料实验［M］．冶金工业出版社，2018.

实验 5-6   热电性能测试实验

实验目的

（1）了解热电分析测试仪的基本分析原理和结构。

（2）通过对实际样品的观察与分析，了解热电分析测试仪的用途。

（3）学习热电分析测试仪的操作方法，了解热电分析测试仪测试原理及其应用。

实验原理

热电技术是最简单的可以实现热能和电能直接相互转化的技术，其能把太阳能、地热、机动车和工业废热转化成电，反之也能作为热泵实现制冷。塞贝克系数、电导率和热导率是决定材料热电性能的主要参数，这 3 个参数的精确测量是热电材料性能表征的核心内容。塞贝克效应和帕尔贴效应往往影响热电材料的电性能、热性能的精确测量。

塞贝克系数为材料的本征物理量。根据塞贝克系数的定义，待测材料的塞贝克系数可表示为

$$S = \lim_{\Delta T \to 0} \frac{\Delta V}{\Delta T} \tag{5-6-1}$$

由此可见，要想获得材料的塞贝克系数，只需测量温差 ΔT，以及相对该温差产生的电势差 ΔV。图 5-6-1 所示为塞贝克系数测量原理。通过样品上下两端的加热片和散热片，可以在样品上建立温度梯度。使用热电偶测量样品 2 点的温度（T_1 和 T_2），可以计算得到两点间的温差 ΔT。同时。这 2 个热电偶中的一根导线可以作为电压探针，记录两点间电势差 V。测试需尽量满足以下条件：（1）温度和电压均保持稳定状态；（2）温度和电压的测试在样品的相同位置同时进行；（3）热电偶导线和样品均为完全均匀的材料，材料塞贝克系数只与温度相关；（4）电压测量系统所处的温度条件相同（T_a），热电偶末端温度测量系统所处的温度条件也相同（T_0）。在此基础上，某一温度 T_0 时，通过测量一系列微小温差 ΔT 和相对该温差所产生的一系列电势差 V_x，运用数据拟合得到函数 $V_x = f(\Delta T)$，则 ΔV 对 ΔT 的导数（一般地，当 T 足够小时，取 ΔV-ΔT 斜率）即为材料在该温

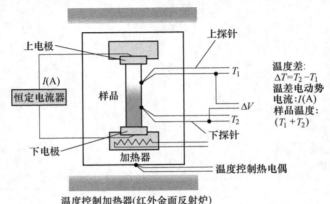

图 5-6-1   塞贝克系数测试原理

度下的相对塞贝克系数 S_{sr}。这种直接从 ΔV–ΔT 测量塞贝克系数的方法通常称为微分法，这也是测量热电材料塞贝克系数最常用的方法。

样品的绝对塞贝克系数 S 需要从获得的相对塞贝克系数中去除导线和热电偶对塞贝克系数的额外贡献（S_{ref}）。热电偶的常用材质有铜、铂和镍铬合金等，一般对于室温及以下温区的测量，可用铜-康铜热电偶测量温度；对于室温以上温区，常用镍铬-镍硅合金热电偶或铂-铂铑合金热电偶测量温度。这些热电偶导线自身具有较大的塞贝克系数，如镍铬合金在室温时绝对塞贝克系数为 21.5μV/K，铂在室温时绝对塞贝克系数为−4.92μV/K。因此，需要从测试结果中扣除这些热电偶带来的贡献。为减少塞贝克系数的测量误差，需主要考虑以下几个方面的因素。首先，根据式（5-6-1），塞贝克系数需要在尽量小的温差条件下测量，因为在有限温差下测量得到的塞贝克系数是该温度区间内的平均塞贝克系数。但是，过小的温差产生的温差电动势信号很小，测量相对误差大。对于绝大多数半导体热电材料，温差 ΔT 一般选择在 4~10K，这样既能满足温差 T 尽可能小的要求，也能得到一个易于被检测的、足够大的塞贝克电压。由于温度和电压总是在不断地波动，通常采取多次测量取平均值的方式提高测量精度。温差通常从负值取至正值，以消除部分补偿电压和附加电压的影响。其次，测量高温塞贝克系数时还需要避免热电偶与样品的高温化学反应。一是因为热电偶与样品接触界面处化学反应的进行会影响测量信号的稳定性；二是因为界面处生成新的化合物，使热电偶与样品非直接接触，不能反映待测样品的真实温度，并且反应生成物可能具有与热电偶材料不同的塞贝克系数。

热电分析测试仪工作原理：试样垂直放置在 2 个电极之间，下部电极块包含一个加热器。整个测量装置放置在炉体中。将整个炉体和样品加热到特定的温度，在此温度下利用电极块中的二级加热器建立一组温度梯度，然后 2 个接触热电偶测量温度梯度 T_1 和 T_2。在加热过程中，获得温差电动势 ΔV、温差 ΔT 和电阻值。然后可以获得在加热温度范围内，电导率和塞贝克系数随温度变化的关系曲线。

实验仪器设备

热电分析测试仪：自组装热电分析测试仪，其测试原理及实物图如图 5-6-2 所示。

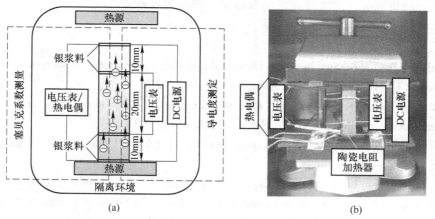

图 5-6-2　热电分析测试仪测试原理（a）及自制热电测试装置照片（b）

实验步骤

（1）热电分析测试仪基本情况认识：对照实物，熟悉热电分析测试仪的基本构造和基本参数，加深对其工作原理的理解。

（2）开机：依次打开辅助计算机、电源、采集单元、数字万用表，并进入仪器操作系统；

（3）放样：打开样品室门，确定好样品尺寸后，两端固定电极再进行下一步实验。

（4）测试：打开电源，利用陶瓷电阻加热器使试样的 2 个相对的侧面产生温差 ΔT，其中一个侧面被陶瓷电阻加热器逐渐加热至 100℃（加热速率为 0.01℃/s），另一个侧面处于环境温度（另一块陶瓷电阻加热器在 10min 后以同样加热速率加热环境温度）。为了降低抵触电阻，实验中采用四电极法测试试样的电阻。在加热过程中，利用自制热电测量装置和 34972A 数据采集/开关系统同时获得温差电动势 ΔV、温差 ΔT 和电阻值。

（5）退样：完成样品分析后，关闭电源及数字万用表，打开样品室门，待温度降至室温取出样品，关闭样品室门。

（6）关机：退出热电分析测试仪软件操作系统，依次关闭电源、采集单元、数字万用表、辅助计算机等，整理现场，结束实验。

实验数据记录与处理

（1）获取在加热温度范围内温差电动势 ΔV、温差 ΔT 和电阻值，通过计算获得电导率和塞贝克系数随温度变化的关系曲线并注明实验条件。

（2）对实验结果进行分析讨论。

实验注意事项

（1）遵守精密仪器实验室管理制度，确保仪器安全运行。

（2）实验前请确保样品尺寸及测试温度范围（均可调节）。

思考题

（1）热电分析测试仪的测试原理是什么？

（2）通过热电分析测试仪获得的电导率与哪些因素有关？

参考文献

［1］ Wieder H H. Laboratory Notes on Electrical and Galvanomagnetic Measurements ［M］. Amsterdam：Elsevier Scientific Publishing Company，1979.

［2］ Ryden D J. Techniques for the measurement of the semiconductor properties of thermoelectric materials ［M］. Harwell；UKAEA，1973.

［3］ Roberts R B. Theabsolute scale of thermoelectricity ［J］. Philosophical Magazine，1977，36（1）：91~107.

［4］ Wei Jian，Zhao Lili，Zhang Qian，et al. Enhanced thermoelectric properties of cement-based composites with expanded graphite for climate adaptation and large-scale energy harvesting ［J］. Energy and Buildings，2018，159：66~74.

［5］ 陈立东，刘睿恒，史迅. 热电材料与器件 ［M］. 北京：科学出版社，2018.

6 功能材料的声学性能表征

实验 6-1 吸声材料的吸声系数测试

实验目的

（1）了解驻波管法测量吸声材料的吸声系数的实验原理。

（2）掌握驻波管法测量吸声系数的测试方法及数据处理方法。

（3）了解测量吸声系数的其他方法。

实验原理

吸声材料是一类具有较强的吸收声能、减低噪声性能的材料。吸声材料按吸声机理分为：（1）靠从表面至内部许多细小的敞开孔道使声波衰减的多孔材料，以吸收中高频声波为主，如有纤维状聚集组织的各种有机或无机纤维及其制品，以及多孔结构的开孔型泡沫塑料和膨胀珍珠岩制品。（2）靠共振作用吸声的柔性材料（如闭孔型泡沫塑料，吸收中频）、膜状材料（如塑料膜或布、帆布、漆布和人造革，吸收低中频）、板状材料（如胶合板、硬质纤维板、石棉水泥板和石膏板，吸收低频）和穿孔板（各种板状材料或金属板上打孔而制得，吸收中频）。另外，以上材料复合使用可扩大吸声范围，提高吸声系数。用装饰吸声板贴壁或吊顶，多孔材料和穿孔板或膜状材料组合装于墙面，甚至采用浮云式悬挂，都可改善室内音质，控制噪声。多孔材料除吸收空气声外，还能减弱固体声和空气声引起的振动。将多孔材料填入各种板状材料组成的复合结构内，可提高隔声能力并减轻结构重量。

声波在传播过程中遇到各种固体材料时，一部分声能被反射，一部分声能进入到材料内部被吸收，还有很少一部分声能透射到另一侧。通常将入射声能 E_i 和反射声能 E_r 的差值与入射声能 E_i 之比值称为吸声系数，记为 α：

$$\alpha = \frac{E_i - E_r}{E_i} = 1 - \frac{E_r}{E_i} = 1 - r^2 (r \text{ 为反射系数})$$

吸声系数 α 的取值在 $0 \sim 1$ 之间，当 $\alpha = 0$ 时，表示声能全部反射，材料不吸声；当 $\alpha = 1$ 时，表示材料吸收全部声能，没有反射。吸声系数越大，表面材料的吸声性能越好。吸声系数与入射声波的频率有关，同一材料对不同频率的声波的吸声系数不同。所以一般计算材料在给定声频段的平均吸声系数。

测定吸声系数通常采用混响室法和驻波管法。混响室法测得的为声波无规则入射时的吸声系数，它的测量条件比较接近实际声场，因此常用此法测得的数据作为实际设计的依据。驻波管法测得的是声波垂直入射时的吸声系数，通常用于产品质量控制、检验和吸声材料的研制分析。混响室法测得的吸声系数一般高于驻波管法。

本实验利用驻波管法测量材料的吸声系数。驻波管法测试的是当声波垂直入射到材料时的吸声系数。驻波管法只要求很小的 2 块试样，测试装置简单、时间快、费用低，因此广泛地应用于生产实践和科学研究中。本实验利用驻波管测量频率在 125～4000Hz 范围内的吸声系数。当测量频率在 1800Hz 以下时，使用 L 驻波管（ϕ96mm×1000mm）；当测量频率在 1800Hz 以上时，使用 S 驻波管（ϕ30mm×350mm）。所以，同一种试片必须制成两种尺寸。L 驻波管长 100cm，内径为 9.6cm；S 驻波管长 35cm，内径为 3cm。驻波管为一根内壁光滑坚硬、界面均匀的管子，它们的一端可以用夹具安装试样，另一端接扬声器，声频信号由声频发生器产生，经放大器进行放大，由扬声器发出单频声波，声波在驻波管内传播。由于管径较小，与音频声波的波长相比，可近似将声波面看作平面入射波，沿管内直线传播。当声波入射到试样后进行反射，由于反射波与入射波传递的方向和相位相反，声压产生叠加、干涉而形成驻波。入射平面波可视为一列沿正向进入参考平面的入射波，其声压为 P_i 可以写成：

$$P_i = P_0 \exp[i(\omega t + kx)]$$

式中 k——平面波的波数，$k = \omega/C_0 = 2\pi/\lambda$；

     C_0——空气中的声速；

     λ——波长；

     ω——圆频率。

设材料的反射系数为 r，则反射波声压 P_r 为：

$$P_r = rP_0 \exp[i(\omega t - kx)]$$

引入相位角 $$\theta = kx = \frac{2\pi}{\lambda}x$$

当探管端部由材料表面逐步离开时，θ 由零变成正值，并且与 x 成正比，每移动一个波长的距离，θ 就增加 2π。

管内任意一点处的总声压为：

$$P = P_i + P_r = P_0 \exp[i(\omega t + \theta)] + rP_0 \exp[i(\omega t - \theta)]$$

略去时间因子 $\exp(i\omega t)$ 项，则

$$P = P_i + P_r = P_0[\exp(i\theta) + r\exp(-i\theta)]$$

反射系数 $r = |r|\exp(i\delta)$，是一个复数。$|r|$ 是反射系数的模，它通常小于 1，δ 是反射系数的相位角。当 $\theta = n\pi + \dfrac{\delta}{2}(n = 0,1,2,\cdots)$，波腹处形成声压极大值 P_{max}，当 $\theta = \left(n + \dfrac{1}{2}\right)\pi + \dfrac{\delta}{2}(n = 0,1,2,\cdots)$，波节处形成声压极小值 P_{min}，其间距为 1/4 波长。

$$|P_{max}| = P_0(1 + |r|)$$
$$|P_{min}| = P_0(1 - |r|)$$

$$n = \frac{P_{max}}{P_{min}} = \frac{P_0(1+r)}{P_0(1-r)} = \frac{1+r}{1-r}$$

式中，n 为驻波比。

则有法向入射吸声系数：$\quad \alpha = 1 - r^2 = \dfrac{4n}{(1+n)^2}$

只要测得驻波比 n，就可以求出法向入射吸声系数。一般频谱分析仪或声级计测试的标称值是声压级，而不是声压值，根据声压和声压级的关系，如果直接测量声压级极大值与极小值之间的声压级差 L_p，则：

$$L_p = 20\lg \frac{1}{n}$$

这时 α 与 L_p 有如下关系：

$$\alpha = \frac{4 \times 10^{L_p/20}}{(1 + 10^{L_p/20})^2}$$

在以上式子中，n、L_p 与 α 三个参数等价，测定其中一个，就可以求出其他两个了。

实验仪器设备与材料

1. 实验仪器

测量吸声材料的吸声系数的仪器是驻波管测量吸声系数仪，其结构如图 6-1-1 所示。该仪器主要由驻波管、声频发生器、扬声器、放大器、测试车等几部分组成。

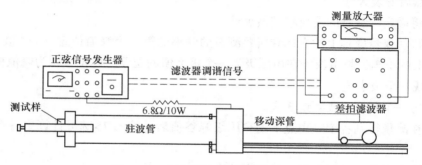

图 6-1-1 驻波管测量吸声系数仪结构

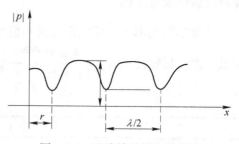

驻波管：根据测试频率段不同，可选用不同内径和不同长度的驻波管。驻波管的结构示意图如图 6-1-2 所示。为了在管中获得平面波，声波的波长要大于管子的内径：对于圆形管，直径 $d < 0.586\lambda$，对于矩形管，长边的边长 $L < 0.5\lambda$。其中 λ 为声波的波长。管子的长度要保证在最低测量频率时管内至少出现一个波腹和一个波节。在管子的一端装有声源和可移动的探管传声器，另一端安装材料样品。

图 6-1-2 驻波管的结构示意图

扬声器：向管中辐射声波，探管可自由穿过其中心孔。

测试车：推动可使探管在驻波管内纵向移动，下面有标尺，可指示探管在驻波管中的位置。

2. 实验材料

被测材料应为多孔吸声材料，被测材料应制成直径为 30mm 和 100mm 圆形，尺寸误差在 2% 以内，能过正好装入，材料表面应平整，同种材料至少准备两个被测样件。

实验步骤

（1）检查电路接线正确后，接通信号发生器等电子仪器电源，并预热 5min。

（2）将试样按照要求装在试样筒内测量，要求 1800Hz 以下时必须使用 L 驻波管，测量 1800Hz 以上时必须使用 S 驻波管。用凡士林将试样与筒壁接触处的缝隙密封，然后用夹具将试样筒固定在驻波管上。

（3）调节声频发生器的频率，依次发出 125Hz、250Hz、500Hz、1000Hz、2000Hz、4000Hz 等不同的声频。在设置仪器输出信号的频率时，测量到的声压级峰值不超过 136dB，声压级波谷值不低于 50dB。

注意：大管的频率测量下限约为 100Hz，上限约为 2075Hz（测量低频声）；小管的频率测量下限约为 1600Hz，上限约为 6641Hz（测量高频声）。

换管操作：先将小车（滑块）移动到导轨的末端，接着拧下驻波管与音箱连接的螺钉，取下驻波管。对于大管，取下探管上的支架，然后安装小管；对于小管，在探管上安装支架，然后安装大管。

（4）将固定驻波管的滑块移到最远处。

（5）移动仪器屏幕上的光标到所要测量的频率的第一个峰值位置（1/4 波长），缓慢移动滑槽上的小车，将滑块停在声压级为一个极大值的位置，此位置即为峰值位置。按同样的方法找一个极小值。

（6）每一个频率反复测试 3 次。

（7）在测量得到各个频率点下的声压级峰谷值后，按<F7>键可计算出各个频率下的吸声系数。

（8）取出样品，关闭电源，整理实验台。

实验数据记录与处理

记录不同频率下声压级极大值和极小值，以及滑块所在位置的刻度。每一个频率反复测试 3 次。根据公式 $\alpha = \dfrac{4 \times 10^{P/20}}{(1 + 10^{P/20})^2}$，计算出吸声系数（表 6-1-1）。

表 6-1-1

		1	2	3	吸声系数
频率 125Hz	声级/dB				
	距离/mm				
频率 250Hz	声级/dB				
	距离/mm				
频率 500Hz	声级/dB				
	距离/mm				
频率 1000Hz	声级/dB				
	距离/mm				

		1	2	3	吸声系数
频率 2000Hz	声级/dB				
	距离/mm				
频率 4000Hz	声级/dB				
	距离/mm				

以频率为横坐标，吸声系数为纵坐标，画出吸声系数随频率的变化曲线。

实验注意事项

（1）使用过程中信号线与信号接地线不能短接，以免烧坏仪器。

（2）安装样品时不要和后板之间留有间隙。

（3）测量过程中应保证环境的安静，同时应测量环境的温度。

思考题

（1）常用的吸声材料有哪些种类，各有什么特点？

（2）什么是吸声系数，测量吸声系数有哪些方法？

（3）本实验的测量频率范围与驻波管的长度和管径的关系如何？

参考文献

［1］周静. 功能材料制备及物理性能分析 ［M］. 武汉理工大学出版社，2012.

［2］同济大学. 驻波管法吸声系数与声阻抗率测量规范 ［M］. 北京：知识出版社，1986.

实验 6-2　水声材料的声衰减系数测试

实验目的

（1）了解水声材料的相关知识。

（2）了解声衰减的相关知识。

（3）掌握声脉冲法测量水声材料的衰减系数的原理。

实验原理

水声材料是指在水下设施中使用的声学材料，它有着极其丰富的研究内容，主要涉及水声吸声材料、水声透声材料和水声反声材料等方面。由于潜水艇、水下武器和其他水声系统不断发展的要求，使水声材料成为 21 世纪新材料研究的一个重要领域。

在水声工程中，水声材料声学测试具有非常重要的地位，在科研、生产及应用等方面一直发挥着十分关键的保障和指导作用。在设计、制造和使用水声材料时，都离不开对水声材料声学性能参数的测量，通过测量其声学性能参数来标定其性能及使用价值，并通过测量来统一表征其基本性能参数的量值。

水声材料的声衰减系数是其声学性能中一项非常重要的参数。严格的平面超声波在材料中传播时，共振幅将随传播距离增大而减小，即在材料中传播的超声波能量会发生衰减。造成衰减的主要原因是材料对超声的吸收。此外，材料中的晶粒晶界、微区的不均匀等也会使超声波在这些区域的界面上产生散射，引起衰减。这两种衰减分别称为吸收衰减和散射衰减。

吸收衰减：超声波在固体介质中传播时，由于介质的黏滞性造成质点之间的内摩擦，从而使一部分声能转变为热能；同时，由于介质的热传导，介质的稠密和稀疏部分之间进行热交换，从而导致声能的损耗，这就是介质的吸收现象。介质的这种衰减称为吸收衰减。通常认为，吸收衰减与声波频率的平方成正比。

散射衰减：散射衰减是由于材料本身声学不均匀性产生的。当声波入射到材料内声学特性有变化的界面上时，如材料内的晶粒、晶界、微区的缺陷、裂缝等，声波将在这些界面上发生散射，这部分被散射的声能最终通过吸收衰减而损耗，这类由于微区声学性质不均匀产生的散射声衰减称为散射衰减。

除了吸收衰减和散射衰减，另外还存在一种衰减形式——几何衰减。几何衰减并不是真正由能量的损耗而引起的衰减。它是由于有限大尺寸的激发声源激发的声波振幅随波阵面的扩展而减小，而检测声波的接收器面积也是有限的，结果使检测到的声振幅随距离增大而减小，这样的声衰减称为几何衰减。

定量描述材料声衰减的物理量是衰减系数 α。所谓衰减系数就是声波在传播路径单位长度的衰减量，单位为奈培每米（Np/m）或分贝每米（dB/m）。对于沿 x 方向传播的平面超声波，当固体介质的声衰减系数为 α 时，声波的波矢为 $k = 2\pi/\lambda - \mathrm{j}\alpha$。其声波的声压振幅可表示为：$P = P_0 \mathrm{e}^{-\alpha x}$。这样，通过测量距离 x_1 和 x_2 上的声压振幅 $P(x_1)$ 和

$P(x_2)$，就可以确定材料的衰减系数 $\alpha = \dfrac{\ln P(x_1) - \ln P(x_2)}{x_2 - x_1}$。

测试声衰减系数的方法有多种，主要分为三类：声脉冲管法测量声衰减，替代法测量声衰减以及谐振法测量声衰减。本实验就声脉冲管法测量声衰减做详细介绍。

声脉冲管法测量声衰减法是在数十千赫以下频段测量材料纵波衰减的标准方法。它通过在刚性厚壁声管内，用脉冲声技术在稳态平面波条件下测量水声材料试样的复反射系数（在给定频率和条件下，水媒质中平面声波入射到声学材料分界面或表面时反射声压与入射声压的复数比），计算得到试样材料的纵波声速和衰减系数。

1. 复反射系数的测量

将待测试样和标准反射体交替置于脉冲管的一端，并且试样的后界面阻抗已知，用脉冲法通过测量与换能器接收到的试样反射波和标准发射体反射波相对应的电压幅值和相位，求得试样前界面复反射系数的模 R 和相位 φ。

2. 试样输入阻抗及其与复反射系数的关系

脉冲管内传播平面波时，根据声传输线理论，可分别在两种不同背衬情况下求出试样的输入阻抗：

当试样末端为空气背衬（即声学软末端）时，输入声阻抗可由下式求出：

$$Z_{in} = \frac{j\omega\rho}{(\alpha + j\omega/c)}\tanh(\alpha d + j\omega d/c)$$

当试样末端为刚性背衬（即声学硬末端）时，输入声阻抗可由下式求出：

$$Z_{in} = \frac{j\omega\rho}{(\alpha + j\omega/c)}\coth(\alpha d + j\omega d/c)$$

式中　Z_{in}——试样的输入阻抗，$Pa \cdot s/m$；

ω——角频率，s^{-1}；

ρ——材料的密度，kg/m^3；

α——材料的衰减系数，Np/m；

c——材料的纵波声速，m/s；

h——脉冲管的管壁厚度，m；

d——材料试样的厚度，m。

同时也可通过试样前界面的复反射系数求出试样的输入声阻抗：

$$Z_{in} = \rho_w c_w \frac{1 + Re^{j\varphi}}{1 - Re^{j\varphi}}$$

3. 纵波声速和衰减系数的计算

由上式可以得到两种末端边界条件下试样纵波声速和衰减系数与复反射系数的模和相位间的关系式。

对于声学软末端，关系式表示为：

$$j\frac{\tanh(ad + j\omega d/c)}{ad + j\omega d/c} = \frac{\rho_w c_w}{\omega\rho d}\frac{1 + Re^{j\varphi}}{1 - Re^{j\varphi}}$$

对于声学软末端，关系式表示为：

$$j \frac{\coth(ad + j\omega d/c)}{ad + j\omega d/c} = \frac{\rho_w c_w}{\omega \rho d} \frac{1 + Re^{j\varphi}}{1 - Re^{j\varphi}}$$

由这两个式子即可求得试样的纵波声速 c 和衰减系数 α，以上就是声脉冲法测试水声材料的衰减系数的基本原理。

实验仪器设备与材料

1. 实验仪器

脉冲管法的测量装置组成如图 6-2-1 所示，此装置由声脉冲管、换能器、电子测量设备等组成。在声脉冲管内充满去气蒸馏水。通常声脉冲管竖直放置，样品放在管的上端，样品背面可以用空气作背衬，也可用不锈钢块作为样品刚性背衬。换能器在声管下端，兼作发射和接收。用频率为 f 的窄带声脉冲进行测量。由于换能器发出的声脉冲传至样品表面将被反射回来而为换能器接收。

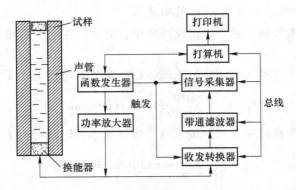

图 6-2-1　脉冲管法测量装置

（1）声脉冲管，又称为声阻抗管，简称声管。它是可以在其中发射、传播和接收脉冲声波的充水刚性厚壁金属圆管。为保证管壁有足够的刚性，管壁厚度 h 与管内半径 a 之比应大于或等于 1。脉冲管测量频率上限 f_2 与管内径 a 有关，取决于在脉冲管内仅传播平面波的条件，由下式表示：

$$f_2 = \frac{1.84 c_w}{2\pi a}$$

当换能器表面的振速分布中心对称时，测量频率上限 f_2 可提高，表示为：

$$f_2 = \frac{3.83 c_w}{2\pi a}$$

测量频率下限 f_1 与脉冲管的有效长度有关，应该避免声管内直达和反射脉冲声信号的相互叠加干扰，脉冲宽度 τ 应满足 $\tau \leqslant \dfrac{2L}{c_w}$。测量频率下限还与换能器的品质因素 Q 有关，f_1 可表示为：$f_1 = \dfrac{K c_w f_r}{2L f_r - Q c_w}$（$K$ 为脉冲声波中稳态正弦波的周期个数；c_w 为脉冲管内水媒质中的声速；f_r 为换能器谐振频率；L 为脉冲管的有限长度，即换能器表面至试样反射面的距离；Q 为换能器的品质因素）

（2）换能器。脉冲管中使用的换能器应是平面活塞型收发两用的换能器。在变温变压测量条件下，应有良好的温度稳定性及压力稳定性。换能器的安装应避免与声管壳体的声耦合。

（3）电子测量设备由函数发生器、功率放大器、收发转换器、带通滤波器和信号采集器、计算机系统组成。函数发生器直接产生脉冲正弦信号，函数发生器的频率稳定度应优于 2×10^{-5}；功率放大器在工作频带内和换能器应有较好的阻抗匹配，稳定性要求为 8h 内信号波动不超过 $\pm 1\%$；带通滤波器应能滤掉低频噪声和频率高于测量频率 2 倍的信号；收发转换器应能在脉冲信号发射时关闭接收通道，发射结束后打开接收通道；计算机安装测量软件，通过总线控制数字仪器完成信号采集与处理、测量结果保存和打印。信号采集器的 A/D 位数至少应为 8bits，采样率至少大于脉冲管最高工作频率的 10 倍。系统的测量信噪比应大于 20dB。

2. 实验材料

（1）测试试样。测量材料为水声用均匀、密实的高分子材料。

试样应制成圆柱形，圆柱度不大于 0.1mm，试样与脉冲管的间隙应不大于 0.2mm；试样的厚度应在 $0.3\lambda \sim 0.6\lambda$（$\lambda$ 为声波的波长）之间，平行度不大于 0.5mm；试样要求表面平整，平面度不大于 0.5mm。

（2）标准反射体。刚性标准反射体可作为常压或加压情况下的全反射参考，复反射系数近似为 1。用于声学硬末端条件下的测量，主要要求如下：

1）标准反射体通常为不锈钢圆柱，它与脉冲管的间隙应不大于 0.2mm；

2）标准反射体长度应为频率 f_0（测量频率范围的中间频率）时声波的 1/4 波长；

3）标准反射体适用的频率范围为 $f_0 \pm \dfrac{1}{4} f_0$。

柔性标准反射体可作为常压情况下的全反射参考，复反射系数近似为 -1。用于声学软末端条件下的测量。柔性标准反射体一般是管端的空气。

实验步骤

（1）声脉冲管的准备：脉冲管内充满蒸馏水，首次注水或换水后应稳定至少 48h，使脉冲管壁和水媒质之间充分浸润，达到温度平衡。测量开始前应清除脉冲管内存在的气泡。脉冲管中水的密度一般不做测量，在常压、水温在 $0 \sim 30℃$ 范围内可直接取密度为 1000kg/m^3。当管壁厚度 h/管壁内径 $a \geqslant 1$ 时，脉冲管中水的声速 $c_w = 0.98 c_{w0}$。蒸馏水中的声速 c_{w0} 与水温 $T(℃)$ 的关系为：

$$c_{w0} = 1557 - 0.0245 (74 - t)^2$$

（2）试样的准备：试样表面应清洗擦拭干净，并放入水中浸泡至少 24h，使试样表面充分浸润，提前测量好试样的密度和厚度，试样放入脉冲管内时应避免带入气泡，等待数分钟，使试样与水媒质之间达到温度平衡后方可进行测量。

（3）复反射系数的测量：

1）位于脉冲管一端的换能器向管中发射脉冲声波，声波经脉冲管另一端的试样或标准反射体反射，由同一换能器接收，要求系统的测量信噪比应不小于 20dB。

2）在测量频率点上应用信号采集器，先测量并记录与背衬试样的反射信号相对应的电信号，然后测量并记录与标准反射体的反射信号相对应的电信号，经 DFT 处理后得到它们的幅度 (A_1、A_0) 和相位 (φ_1、φ_0)。

3) 对于声学软末端，按照下式分别计算复反射系数的模和相位：

$R = \dfrac{A_1}{A_0}$ (R 为复反射系数的模，A_0 为与换能器接收到的标准反射体反射波相对应的电压幅值，A_1 为与换能器接收到的材料试样反射波相对应的电压幅值)；

$\varphi = \varphi_1 - \varphi_0 + 180 + \dfrac{4 \times 180 f \Delta l}{c_w}$ (φ 为复反射系数的相位，φ_1 为与试样反射波相对应的电信号相位，φ_0 为与标准反射体反射波相对应的电信号相位，f 为测量频率，c_w 为脉冲管内水媒质中的声速，$\Delta l = \left(1 - \dfrac{D^2}{D_0{}^2}\right)d$，$D$ 为试样的直径，D_0 为脉冲管的内直径，d 为试样的厚度)。

对于声学硬末端，计算复反射系数的模的公式与声学软末端情况相同，但计算复反射系数的相位由下式获得：

$\varphi = \varphi_1 - \varphi_0 + \dfrac{4 \times 180 f d}{c_w}$ (φ 为复反射系数的相位，φ_1 为与试样反射波相对应的电信号相位，φ_0 为与标准反射体反射波相对应的电信号相位，f 为测量频率，c_w 为脉冲管内水媒质中的声速，d 为试样的厚度)

（4）衰减系数的计算。

实验数据记录与处理

根据试验中测得的复反射系数的模和相位，计算试样的衰减系数。其中，当试样末端为空气背衬（即声学软末端）时，根据公式 $j \dfrac{\tanh(ad + j\omega d/c)}{ad + j\omega d/c} = \dfrac{\rho_w c_w}{\omega \rho d} \dfrac{1 + R \cdot e^{j\varphi}}{1 - R \cdot e^{j\varphi}}$ 计算出试样的衰减系数。当试样末端为刚性背衬（即声学硬末端）时，根据 $j \dfrac{\coth(ad + j\omega d/c)}{ad + j\omega d/c}$

$= \dfrac{\rho_w c_w}{\omega \rho d} \dfrac{1 + Re^{j\varphi}}{1 - Re^{j\varphi}}$ 计算出试样的衰减系数。

实验注意事项

（1）试样放入脉冲管内时应避免带入气泡，等待数分钟，使试样与水媒质之间达到温度平衡后方可开始测量。

（2）脉冲管首次注水或换水后应稳定至少 48h，使脉冲管壁和水媒质之间充分浸润，达到温度平衡。测量开始前应清除脉冲管内存在的气泡。

思考题

（1）水声材料的声学性能参数有哪些，什么是声衰减系数？

（2）标准反射体选择的原则是什么？

参考文献

［1］缪荣兴，王荣津．水声材料纵波声速和衰减系数的脉冲管测量［J］．声学与电子工程，1986，2：31~37.

［2］李水，唐海清，俞宏沛．改进脉冲声管测试系统对水声材料纵波声速和衰减的测量［C］．水声物理与水声工程学术会议，2002.

实验6-3　声学材料隔音量的测试

实验目的

（1）了解声学材料隔音量的测试方法。

（2）了解驻波管测量声学材料隔音量的原理。

（3）了解三传感器阻抗管和四传感器阻抗管测量隔声量的方法。

实验原理

随着声学材料的研究和应用日益深入和广泛，对声学材料的性能评价显得非常重要，其中吸声性能和隔声性能是声学材料最重要的两个评价参量。声波通过媒质或入射到媒质分界面上时声能的减少过程称为吸声或声吸收。当媒质为空气，声波在空气中传播时，由于空气质点振动所产生的摩擦作用，声能转化为热能的损耗所引起的声波随传播距离增加逐渐衰减的现象，称为空气吸收。当媒质分界面为材料表面时，部分声能被吸收，可称为材料吸声。任何材料（结构），由于它的多孔性、薄膜作用或共振作用，对入射声能或多或少都有吸声能力，具有较大吸声能力的材料称为吸声材料。通常，平均吸声系数超过0.2的材料才称为吸声材料。

用材料、构件或结构隔绝空气中传播的噪声，从而获得较安静的环境称为隔声。声音入射材料表面，透过材料进入另一侧的透射声能很少，表示材料的隔声能力强。入射声能与另一侧的透射声能相差的分贝数（dB），就是材料的隔声量TL。吸声材料对入射声能的反射很小，这意味着声能容易进入和透过这种材料；这种材料的材质应该是多孔、疏松和透气的，这就是典型的多孔性吸声材料。它的结构是，材料中具有大量的、互相贯通的、从表到里的微孔，也即具有一定的透气性。对于隔声材料，要减弱透射声能，阻挡声音的传播，就不能如同吸声材料那样多孔、疏松、透气，相反，它的材质应该是重而密实的，如钢板、铅板、砖墙等类材料。

声学材料吸声性能的测量有两种方法：一种是混响室法，另一种是驻波管法。驻波管法测量吸声材料的吸声系数已在本章实验一中进行了介绍。声学材料隔声性能的测量也分混响室法和驻波管法两种测量方法。混响室法测量声学材料隔声性能有相应的国家标准，该方法要有专门的测试环境及其测试系统，特别是对测试环境的要求非常高。为了满足扩散声场的空间中各点的声场分布统计是处处均匀的，而从各方向传来的声波能量概率是相同的，混响室被要求各壁面能充分反射声音，为此，室内的壁面上要铺置吸声系数非常小的建筑材料，如大理石、水磨石、瓷砖以及金属板等，以使室内具有光滑坚硬的内壁，从而产生充分的混响。同时为了尽量增加室内形成驻波的模式，特别对低频，也有把内壁做成各种大的凸弧形或者在室内安装可旋转的扩散体等。我国同济大学有专门的混响室对声学材料进行测量。

采用混响室对声学材料隔声量进行测量，其对材料的面积要求比较大，一般应达到$10m^2$。因此，在项目进行到工程转化阶段的时候，才会制作大的声学材料样品进行测量。在研究初期，往往需要对声学材料的小样品进行隔声量测量，即可使用驻波管测量声学材料的隔声性能。驻波管法目前尚未出台相应的国家标准，还没有相应的测试标准，仍处于实验室研究和应用阶段。在驻波管中进行隔声量的测量，不仅方便简捷，而且利用管内产生的平面波声场可严格按隔声量的定义进行测量，有利于理论研究。

驻波管测量声学材料隔声量的原理：由于驻波管中的声场为平面波声场，故可以把三维声波方程归结为对一维声波方程的求解：

$$\frac{\partial^2 p}{\partial x^2} = \frac{1}{c_0^2}\frac{\partial^2 p}{\partial t^2}$$

式中，p 为声压。

该方程是一个偏微分方程，它包含时间 t 和空间坐标 x 两个自变量。一般可以用分离变量方法求解，其解为：

$$p(t,\ x) = A\mathrm{e}^{\mathrm{j}(\omega t-kx)} + B\mathrm{e}^{\mathrm{j}(\omega t+kx)}$$

式中　A，B——待定常数；

ω——声波角频率；

$k = \dfrac{\omega}{c_0}$——传播常数，简称波数；

c_0——声速；

$\mathrm{j} = \sqrt{-1}$——虚数符号；

$\mathrm{e}^{\mathrm{j}(\omega t\pm kx)}$——以复数形式表示的波函数。

它代表了以推迟解函数形式表示的波动过程。波函数中取"−"号的解代表向前行进着的平面波，取"+"号的解代表相反行进着的发射波。

若假设声波传播途径中没有遇到反射体，这时就不会出现反射波，因而取常数 $B=0$。声场中没有反射波，而只有向前行进的波，即为行波。所以平面声行波表示式就简化为：

$$p(t,\ x) = A\mathrm{e}^{\mathrm{j}(\omega t-kx)}$$

如果假定声源振动时在其毗邻的介质中产生振幅为 p_a，角频率为 ω 的声压，即设在 $x=0$ 处，$p(t,\ 0) = p_a\mathrm{e}^{\mathrm{j}\omega t}$，则平面声场中声压为：

$$p(t,\ x) = p(t,\ 0)\mathrm{e}^{-\mathrm{j}kx}$$

下面分别介绍一种在驻波管垂直入射隔声量测试中的三传感器阻抗管法和四传感器阻抗管法。

（1）三传感器阻抗管测量隔声量的原理如图 6-3-1 所示。

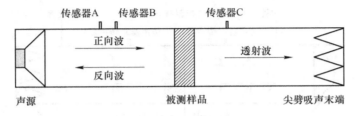

图 6-3-1　三传感器法原理

将被测样品置于驻波管的中央，样品的前方为声波的入射部分，后方为透射部分。由于样品表面的反射，入射部分形成驻波场，必须采用驻波分离方向，即用两个传感器把入射波与反射波分开。在透射部分，理论上要求只存在透射波，因此装上吸声尖劈末端以保证在测试频段内透射部分为行波场。

设正向波在传感器 A 的位置处的声压为 p_i，反向波在传感器 A 的位置处的声压为 p_r，在传感器 A 的位置处测得的声压为 p_A，在传感器 B 的位置处测得的声压为 p_B，传感器 A 和传感器 B 之间的距离为 d，则根据上一部分推导出来的声波传播公式可得：

$$p_B = p_i e^{-jkd} + p_r e^{jkd}$$

$$p_A = p_i + p_r$$

由上式可得：

$$p_i = \frac{p_B - p_A e^{jkd}}{e^{-jkd} - e^{jkd}}$$

若传感器 A 距离被测材料的前表面的距离为 d_A，传感器 C 测得的声压为 p_C，距离被测材料的后表面的距离为 d_C，设被测材料前表面的声压为 p_Q，被测材料后表面的声压为 p_H，则：

$$p_Q = P_i e^{-jkd_A}$$

$$p_H = P_C e^{jkd_C}$$

声压透射系数为：

$$t_p = \frac{p_H}{p_Q}$$

材料隔声量为：

$$TL = -20\lg |t_p|$$

该三传感器测量法通过两个传感器分离出了驻波管中的正向波和反向波，可以实现完全按隔声量定义在驻波管中进行隔声量的测量。但测试原理中是以透射波遇到吸声尖劈后几乎全部被吸收，没有反射波为前提的。因此，测试中对吸声尖劈的要求非常高，要求其在高于截止频率的频段吸声系数应达 0.99 以上。当尖劈的吸声系数为 0.99 以上时，声压反射系数还有 0.1，透射声场中仍有驻波存在，测得的透射声压的最大误差为±10%，导致隔声量测试最大误差为±1dB；若吸声系数为 0.96，会导致声压透射系数的最大误差为±20%，隔声量测试误差在±2dB 以内；若吸声系数是 0.9，引起的隔声量测试误差可达±3dB。

（2）四传感器阻抗管测量隔声量的原理如图 6-3-2 所示。

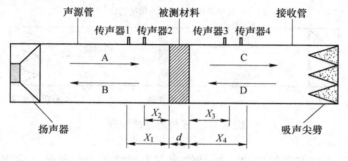

图 6-3-2   四传感器法原理

若在透射部分也采用双传感器法把正向透射波与末端的反射波分开，便组成了四传感器测试方法。信号发生器发出信号，经扬声器变为声波进入声源管后产生平面入射波 A，遇测试样品，一部分被吸收，一部分被反射形成平面反射声波 B；一部分经测试样品进入接收管，形成平面透射声波 C；平面透射声波遇吸声末端，一部分被吸收，一部分被反射形成平面反射声波 D。在测试样品前后分别放置 2 个传声器，用于测量所在位置处的声压。

根据管内平面声波传播公式，得到如下表达式：

$$p_1 = p_A e^{jkx_1} + p_B e^{-jkx_1}$$

$$p_2 = p_A e^{jkx_2} + p_B e^{-jkx_2}$$

$$p_3 = p_C e^{-jkx_3} + p_D e^{jkx_3}$$

$$p_4 = p_C e^{-jkx_4} + p_D e^{jkx_4}$$

式中　p_1，p_2，p_3，p_4——传声器在 1、2、3 和 4 位置处测得的声压；

　　　p_A——声源管内入射波在被测材料前表面的声压；

　　　p_B——声源管内反射波在被测材料前表面的声压；

　　　p_C——接收管内入射波在被测材料后表面的声压；

　　　p_D——接收管内反射波在被测材料后面的声压；

　　　x_1，x_2，x_3，x_4——分别是传声器距离被测材料前后表面的距离；

　　　k——波数，可通过下式解出：

$$k = \frac{2\pi f}{c}$$

式中　f——测试频率；

　　　c——测试管中声波的传播速度，可通过下式解出：

$$c = 343.2 \sqrt{\frac{T}{293}}$$

式中　T——空气温度，K。

声源管内的入射波在被测材料前表面位置处的声压 P_A，接受管内的透射波在被测材料后表面位置处的声压 P_C 如下：

$$p_A = \frac{1}{2j} \frac{p_1 e^{-jkx_2} - p_2 e^{jkx_1}}{\sin[k(x_1 - x_2)]}$$

$$p_C = \frac{1}{2j} \frac{p_3 e^{jkx_4} - p_4 e^{jkx_3}}{\sin[k(x_3 - x_4)]}$$

由此，可以根据声压透射系数计算公式得到：

$$t_p = \frac{p_C}{P_A} = \frac{\sin[k(X_1 - X_2)]}{\sin[k(X_4 - X_3)]} \times \frac{p_3 e^{jk(X_4 - X_3)} - p_4}{p_1 - p_2 e^{-jk(X_1 - X_2)}} \times e^{jk(X_2 + X_3)}$$

因此隔声量为：

$$TL = -20 \lg |t_p|$$

声压透射系数计算公式中的声压 p_1、p_2、p_3 和 p_4 是带有幅值和相位的，表达式为 $Ae^{j\theta}$，A 为声压幅值，θ 为声压相位，它的表达形式为 ωt。若以其中一处的声压为基准，则可在公式中约去作为基准声压的相位，而其他 3 个声压值中的相位变为与基准声压的相位差，即 $\omega\Delta t$。上式也就可以表示为：

$$t_p = \frac{p_C}{p_A} = \frac{\sin[k(x_1 - x_2)]}{\sin[k(x_4 - x_3)]} \times \frac{A_3 e^{j(\omega\Delta t_3)} e^{jk(x_4 - x_3)} - A_4 e^{j(\omega\Delta t_4)}}{A_1 - A_2 e^{j(\omega\Delta t_2)} e^{-jk(x_1 - x_2)}} \times e^{jk(x_2 + x_3)}$$

式中，A_1、A_2、A_3、A_4 分别为 p_1、p_2、p_3 和 p_4 的声压幅值；$\omega\Delta t_2$、$\omega\Delta t_3$、$\omega\Delta t_4$ 分别为 p_2、p_3 和 p_4 与 p_1 的相位差。

为此，可以采用互谱计算得到相位差值。互谱计算公式为：

$$S_{12} = F_1^*(\omega) F_2(\omega)$$

式中，$F_1^*(\omega)$ 表示 $F_1(\omega)$ 的复数共轭，F_1 为参考信号。

假设时域里某一信号为 $f(t)$，另一个具有相同频率的信号为 $k \cdot f(t - \Delta t)$，该信号的幅值是前一信号的 k 倍，时移时间为 Δt。根据傅里叶变化的时移性质，可知：

$$f(t)x \rightarrow F(\omega)$$
$$kf(t - \Delta t) \rightarrow kF(\omega) e^{j\omega\Delta t}$$

那么，两信号进行互谱计算便得到：

$$S_{12} = [F(\omega)]^* [kF(\omega) e^{j\omega\Delta t}] = kF^*(\omega)F(\omega) e^{j\omega\Delta t}$$

式中，$kF^*(\omega)F(\omega)$ 为 S_{12} 的幅值，$\omega\Delta t$ 为互谱的相位。

综上，只要对传声器 1、2、3 和 4 位置处所测声压进行实时傅里叶变化，并以位置 1 处的声压为参考信号，和位置 2、3 和 4 位置处的声压进行互谱计算，便可分别得到频谱上对应频率的幅值和互谱中的相位，将这些值代入公式便可求出对应的声压透射系数和被测材料对应频率上的隔声量。

四传感器测量法较前种测量法更加便捷，它只需要对材料进行一次测量便可得到被测材料的隔声量。但要提高该方法隔声量的测试精度，关键一点是保证 4 个测试通道频响的一致性，这样才能使对应的相位差值准确，所以对传声器及其传声器通道的要求比较高。

实验仪器设备与材料

1. 实验仪器

隔声量测量系统由驻波管、音频放大器、扬声器、Pulse 系统及其传声器、隔声量计算软件组成，其结构框图如图 6-3-3 所示。

Pulse 系统发出音频信号，经音频放大器放大后，通过扬声器转换成声波进入驻波管。驻波管中的 4 个传声器测得的声压信号转换成电压信号，送入 Pulse 系统。Pulse 系统进行相应的傅里叶变化及互谱计算，得到计算软件所需值。将其代入计算软件，便可算出测试样品的隔声量。

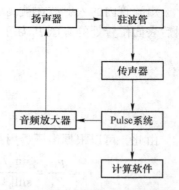

图 6-3-3　隔声量测量系统结构框图

（1）驻波管。驻波管应平直，其横截面面积应均匀（直径或横截面尺寸的偏差在 ±0.2% 以内），管壁应表面平滑、刚硬，且足够密实，以便它不被声信号激发起振动，在驻波管工作频段不出现共振。对于金属圆管，推荐壁厚取管径 5% 左右。对于矩形管，四角要有足够的刚度，以防止侧板变形，推荐板厚取为阻抗管横截面尺寸的 10%。水泥制作的管壁可涂刷调匀的黏合剂，以保证气密性。木材制作的管壁应采用同样措施。水泥管壁和木质管壁还应外包铁皮或铅皮予以加强和增加阻尼。驻波管横截面的形状原则上是任意的，建议选用圆形或矩形（最好是方形）的截面。如果驻波管是由板材制作的，那么必须小心保证没有漏声的孔和缝（可用黏合剂或油漆密封），阻抗管还应有防止外界噪声或振动传入的隔声隔振处理。

驻波管应足够长，以便在声源和试件之间产生平面波。传声器测点应在平面波场中。除平面波外，扬声器一般还产生非平面波模式。那些频率低于第一个高次波模式的截止频率的非平面模式，将在大约 3 倍管径（圆管）或 3 倍长边边长（矩形管）的距离内衰减掉。因此，推荐传声器离声源不要比上述的距离更近，任何情况下，不要小于 1 倍管径或 1 倍长边边长为好。

测试样品也会引起声场畸变。根据样品种类，传声器和样品之间的最小间距建议为：

非特殊结构的：管径的 1/2 或长边边长的 1/2。

半圆-半圆结构的：1 倍管径或 1 倍长边边长。

非常不对称的：2 倍管径或 2 倍长边边长。

（2）传声器。选择传声器，应根据使用的场合和对声音质量的要求，结合各种传声器的特点，综合考虑选用。例如，高质量的录音和播音，主要要求音质好，应选用电容式传声器、铝带传声器或高级动圈式传声器；作一般扩音时，选用普通动圈式即可；当讲话人位置不时移动或讲话时与扩音机距离较大，如卡拉 OK 演唱，应选用单方向性、灵敏度较低的传声器，以减小杂音干扰等。在使用中应注意：

1）阻抗匹配。在使用传用器时，传声器的输出阻抗与放大器的输入阻抗两者相同是最佳的匹配，如果失配比在 3∶1 以上，则会影响传输效果。例如把 50Ω 传声器接至输入阻抗为 150Ω 放大器，虽然输出可增加近 7dB，但高低频的声音都会受到明显的损失。

2）连接线。传声器的输出电压很低，为了免受损失和干扰，连接线必须尽量短，高质量的传声器应选择双芯绞合金属隔离线，一般传声器可采用单芯金属隔离线。高阻抗式传声器传输线长度不宜超过 5m，否则高音将显著损失。低阻传声器的连线可延长至 30~50m。

3）声源与话筒之间的角度。每个话筒都有它的有效角度，一般声源应对准话筒中心线，两者间偏角越大，高音损失越大。

（3）Pulse 系统。Pulse 系统是丹麦 B&K 公司于 1996 年推出的世界上首个噪声、振动多分析仪系统，能够同时进行多通道、实时、FFT、CPB、总级值分析。

Pulse 系统的平台包括软件、硬件两个部分。硬件部分为 3560 B/C/D/E 型智能数据采集前端，前端中的模块可以按照用户的测量和分析任务来选择，其中必须包括一个网络接口模块，如 7533、7536 或者 7537、7539 模块。

软件部分为 7700 型平台软件及其应用软件（7700 型还可以细分为 7770 型 FFT 分析和 7771 型 CPB 分析）。

与 Pulse 平台上的其他应用软件相结合，可以满足用户在数据记录与管理、结构动力学分析（如模态分析）、机械故障诊断（如包络分析、阶次分析、转子动平衡、飞行器振动检测）、声品质、声学材料测试、电声测试等方面的多种要求。

2. 实验材料

橡胶、声子晶体等隔声材料。

实验步骤

以四传感器阻抗管测量隔声量的实验为例，具体实验步骤如下：

（1）选择驻波管的 4 个安装口，其中声源管内 2 个、接收管内 2 个，插入 B&K 公司的传声器，并将传声器固定好。将 4 个传声器的另一端分别插入 Pulse 系统的 3109 模块的 4 个输入通道上。驻波管的其他 2 个口插入仿传声器塞子，防止漏声。

（2）将 3109 模块上的其中一路输出通道通过连接线接入音频功放的输入端，然后将音频功放的 2 个输出口通过连接线接入扬声器的两端口。

（3）打开 Pulse 系统的上位机测量软件，将 3109 模块上的 4 个输入通道对应的传声器的灵敏度输入到软件内。在 7770FFT 分析软件模块中，选择傅里叶运算和互谱运算，互谱运算选择其中一路信号作为参考信号源。

（4）添加 Generate 模块，选择单频正弦波输出。

（5）启动 Pulse 上位机测量软件，等待大约 5min，待整个测量系统趋于稳定后，开始记录傅里叶变换中对应频率点上的声压值、互谱变换中对应频率点上的相位差值。

（6）将记录下来的数据代入隔声量计算软件计算出隔声量。

实验数据记录与处理

记录下不同频率下的隔声量，绘制出隔声量随频率的变化曲线。

实验注意事项

（1）3109 输入模块的每个输入口在设置传声器灵敏度的时候一定要根据所插入的传声器标签上的灵敏度进行设置。

（2）音频功放出来的信号的大小要进行调解，一方面要防止信号出现失真，另一方面要保证扬声器发出的声音比背景噪声大 10dB 以上。

（3）在安放测试样品时，要保证样品被夹牢，否则会有漏声。如果条件允许的话，最好在声源管和接收管的接口处用硅胶将其密封好。

（4）开始测量时，要保证整个测量系统已经运行 5min 以上，待整个系统稳定后再记录测量数据。

思考题

（1）指出三传感器阻抗管法和四传感器阻抗管法的不同之处。

（2）驻波管法测量隔声量的原理是什么？

参考文献

［1］曲波，朱蓓丽. 驻波管中隔声量的四传感器测量法［J］. 噪声与振动控制，2002（6）：44-46.

［2］董明磊. 声学材料隔声量测量系统的研究［D］. 上海：上海交通大学，2008.

实验 6-4　声学材料阻尼性能的测试

实验目的

（1）了解声学材料的阻尼性能。

（2）掌握测量声学材料阻尼性能的方法。

实验原理

阻尼材料是一类非常重要的声学材料。目前，声学材料中的黏弹性阻尼材料正在越来越广泛地用于军事装备、工业设备及民用领域的减震降噪。采用黏弹性阻尼材料对振动和噪声源进行阻尼处理的原理是利用黏弹性材料在玻璃态向高弹态过渡区域具有最大的内耗能量，当振动能量传递到阻尼材料的内部时，将振动能量转化为热能，从而减少共振响应的振幅和加快振动响应的衰减，达到减震降噪的目的。

为了促进黏弹性阻尼材料的研究与开发，为声学结构设计和振动噪声控制设计提供依据，使其合理有效地应用于工程实际，必须准确测定出其振动阻尼特性。材料的振动阻尼特性包括以下性能参数：（1）复（数）弯曲模量 E_f^*，它为弯曲应力与弯曲应变之间的复数比，$E_f^* = E_f' + iE_f''$，复弯曲模量的实数部分为 E_f'，也称为储能弯曲模量；虚数部分为 E_f''，也称为损耗弯曲模量。（2）材料的损耗因子 $\tan\delta_f$，它为损耗模量与储能模量的比值，即 $\tan\delta_f = \dfrac{E_f''}{E_f'}$。当在金属板粘合黏弹性阻尼材料时，即为阻尼复合材料，经过阻尼处理后，结构所具有的损耗因子称为复合材料结构损耗因子 η_c，其值正比于试样阻尼能与应变能之比。

从原理上讲，测定材料的振动阻尼特性主要有如下几种方法：自由衰减法、正弦力激励法、振动梁法、相位法等。以上方法都具有一定的局限性，测量结果难以一致。我国参照美国材料与测试学会标准《测量材料振动阻尼性质的标准方法》（ASTM E 756—83），制订了《声学材料阻尼性能的弯曲共振测试方法》（GB/T 16406—96）。下面针对该方法的原理做详细的介绍。

声学材料阻尼性能的弯曲共振试验方法分为两种：一种是将矩形条状试样垂直安装，上端刚性夹定，下端自由，简称悬臂梁方法（图 6-4-1（a））；另一种是将矩形条状试样水平安装，用两条细线在试样振动节点位置上悬挂，简称自由梁方法（图 6-4-1（b））。悬臂梁法适用于大多数类型的阻尼材料，包括较软的材料；自由梁法适用于测试刚硬挺直的试样，对于较软的材料，应黏结在金属板上做成复合试样进行测试。

本测试原理为：利用系统信号发生器模块激励，对试样施加简谐激励力，由响应传感器测试试样的振动信号，经放大后接入数据采集系统记录，保持恒定的激励力，连续改变频率，测出试样的弯曲共振曲线；根据弯曲共振频率和共振峰宽度，计算出储能弯曲模量和损耗因数。

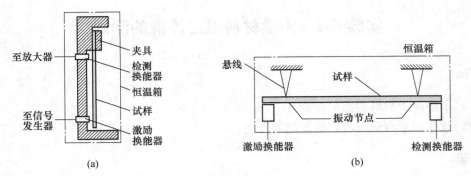

图 6-4-1 测量原理

（a）悬臂梁法；（b）自由梁法

实验仪器设备与材料

1. 实验仪器

（1）测试系统仪器由激励和检测两部分组成。测试仪器原理图如图 6-4-2 所示，由信号发生器激励电磁换能器对试样施加简谐激励力；由检测换能器检测试样的振动信号，经放大送入指示与记录仪器；保持恒定的激励力，连续改变频率，测出试样的速度弯曲共振曲线；根据弯曲共振频率和共振峰宽度（指在共振频率两边，振幅为共振振幅的 0.707 倍，即下降 3dB 处的频率差。由于能量与振幅的平方成正比，所以共振峰宽度也常称为半功率带宽或约 3dB 带宽），即可计算出储能弯曲模量和损耗因数。

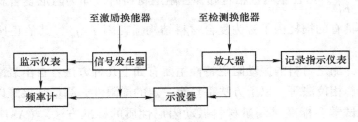

图 6-4-2 测试仪器原理图

激励换能器应采用电磁型换能器。检测换能器采用非接触式速度型换能器（如电磁换能器）。在 $\tan\delta_i < 0.1$ 的情况下，也可使用位移型换能器（如电容型换能器）检测。在每一阶共振模式测试频率范围内，换能器的灵敏度起伏应不大于 0.05dB。

在测试频率范围内，测量仪器还应符合下述要求。

1）信号发生器的频率稳定度应不低于 $1\times10^{-4}/h$，输出功率应保证检测时共振频率上信噪比大于 30dB，输出幅度稳定度应不低于 $1\times10^{-3}/h$。

2）频率计的时基稳定度应不低于 $\pm2\times10/d$，分辨力等于或优于 0.1Hz。

3）放大器频率响应起伏应小于 0.1dB。

4）指示仪表和记录仪的非线性应不大于 1%。

5）示波器选用数字存储示波器，兼顾作为显示和记录仪器。

6）在检测系统中，如选用滤波器，在测量共振曲线时应采用跟踪滤波器，滤波器增益变化应不大于 0.1dB。在用衰减法测量时，不宜使用 1/3 倍频程或倍频程滤波器，优先使用高通低通组合滤波器，通带宽度应远大于试样共振曲线的带宽。

（2）试样装置：

1）量具。游标卡尺：用于测量试样长度，最小分度应不大于 0.05mm。

螺旋测微仪：用于测量试样的宽度和厚度，最小分度应不大于 0.002mm。

天平：感量应不大于 0.001g。

温度计：分辨率应达到 0.1℃。

2）测量支架。悬臂梁或自由梁测量支架应注意避免外界机械振动干扰，并符合以下要求：

①测量装置的固有频率应远离测试频率范围，测量支架应有重的基座。

②悬臂梁测量支架的夹具应有足够的夹持力，防止产生附加的摩擦阻尼。

③自由梁测量支架的悬线应柔细，长度不宜短于 30cm，优先选择使用丝线或棉线。

（3）其他。恒温箱：沿试样长度方向的温度要均匀，不均匀性应不超过 ±1℃。在每次测量过程中，温度应保持稳定，其变化不超过 ±0.5℃。恒温箱内气体可为空气或惰性气体。变温测量时，升温速率应平稳可控，升温速率不大于 5℃/min。

2. 实验材料

对实验材料有下述要求：

（1）试样的物理特性应均匀。

（2）复合试样应是厚度方向上的复合，通常由金属层和阻尼层构成的复合试样，建议做成不同厚度进行对比实验。在使用黏合剂时，黏合剂固化后的模量应高于阻尼材料的模量，黏合层厚度应不大于 0.05mm。

（3）在对比实验不同材料评价阻尼效果时，应优先采用阻尼材料（包括自由阻尼，即在金属板上黏合一层阻尼材料；约束阻尼，即在两块金属板之间夹一层阻尼材料）和金属底层的质量比为 1：5 的复合方式。在不计重量因素时，可以用厚度比为 2：1 的复合形式，制样应按该产品实际应用时的技术要求进行。

（4）对于非磁性试样，可在试样两端各粘一片铁磁性薄片，其附加质量应小于试样质量的 1%，为了避免引入附加劲度，粘贴位置与端点的距离应不超过试样长度的 2%。

（5）试样的长度与需要测量的频率高低有关，试样的厚度要选择适当，以保证挺直、具有一定的弯曲劲度为宜。一般情况下，试样的长度与厚度的比应不小于 50，试样的宽度应小于半波长。试样尺寸在实验室温度下测量，不考虑热胀冷缩的影响。根据以上原则，试样尺寸可在以下范围选择：

长度为 150~300mm，宽度为 10~20mm，厚度为 1~3mm。

对于均匀性好的材料，为了统一比较，推荐试样尺寸为：

悬臂梁试样自由长度 180mm，宽度 10mm。

自由梁试样长度 150mm，宽度 10mm。

（6）用复合试样方式测量时，金属基板可选用钢板或铝板，推荐使用 1mm 厚的冷轧钢板条。悬臂梁方式的复合试样，应该保留 20~25mm 的根部没有待测材料，以便夹紧。也可加工成加厚的金属根部，根部厚度应不小于复合层的厚度。

（7）仅在一个温度下测试时，材料和尺寸相同的试样应不少于 3 条，需要变温测量时，可抽取其中一条进行。

实验步骤

1. 测量材料密度

根据阿基米德原理，用天平分别测定固体试样在空气和在测定介质（如蒸馏水）中的质量，分别为 m_1 和 m_2，m_1 大于 m_2，其差值为同体积测定介质的质量。已知测定介质在试验温度下的密度为 ρ_0，则试样的密度为：

$$\rho = \frac{m_1 \times \rho_0}{m_1 - m_2}$$

2. 测量试样横截面尺寸

试样的宽度与厚度的测量准确度应不低于 0.5%。在沿试样长度方向上测量试样厚度时，应测量 5 点求平均值，如任一测点的厚度超过平均值的 ±3%，该试样不能用于准确测量储能模量值，但可用于测量损耗因数。

3. 安装试样

（1）悬臂梁方式。用悬臂梁测量支架的夹具夹紧试样后，测量试样的自由长度，准确度应不低于 0.5%。

（2）自由梁方式：

1）测量试样长度，准确度应不低于 0.2%。

2）画节点位置标记线。可按下列公式计算各阶节点到试样末端的距离 L_i：

$$L_i l/ = 0.224 \qquad (i = 1)$$
$$L_i/l = 0.660/(2i + 1) \qquad (i > 1)$$

式中 L——试样长度，mm；

   i——共振阶数。

3）悬挂试样，要注意在不同阶的共振方式上测试时，应水平悬挂在对应阶数的节点位置。

4. 换能器位置调节

调节换能器到试样的距离应足够远，使静态磁吸引力不影响测试结果。一般情况下，在测量一阶振动时，推荐距离大于 3mm，测量高阶振动时，间距可减小到 1mm。

5. 温度调节

按试验目的要求调节恒温箱内的温度，一般情况下，应该从低到高按升温序列测量。推荐升温速率为 1~2℃/min，温度增量为 10℃。在转变区域，温度增量可减小为 2~5℃。在每个温度点上应保温 10min 后才能测量。

6. 测量和记录

（1）调节信号发生器和测量放大器，测出试样共振频率和共振峰宽度位置。

（2）设定信号发生器扫频范围，用记录仪记录共振曲线。测量记录共振曲线时，振幅测量准确度应不低于 0.5%，共振频率测量准确度应不低于 1%，共振峰宽度的测量分辨率至少应达到共振峰宽度的 1%。

另外，用复合试样方式测量阻尼材料的复弯曲模量，应分以下两步进行：

（1）测量金属基板的共振频率和储能弯曲模量（因为金属梁的损耗因数约为 0.001

或更低一些，计算时假设为零）；

（2）制成复合试样后再测共振频率和共振峰宽度。

由二次测量的数据，按公式即可计算出阻尼材料的复数弯曲模量。

实验数据记录与处理

（1）通过实验测量得到的密度、横截面尺寸、共振频率和共振峰宽度，求出弯曲模量和损耗因子。

1）均匀试样。均匀试样的弯曲模量和损耗因数由下列公式计算：

$$E'_f = [4\pi(3\rho)^{1/2}l^2/h]^2 (f_i/k_i^2)^2$$

$$\tan\delta_f = \Delta f_i/f_i$$

$$E''_f = E'_f \tan\delta_f$$

式中　　E'_f——储能弯曲模量，Pa；

　　　　E''_f——损耗弯曲模量，Pa；

　　$\tan\delta_f$——弯曲损耗因素；

　　　　ρ——试样材料密度，kg/m³；

　　　　l——在自由梁方式时，l 为试样长度，在悬臂梁方式时，l 为试样自由长度，m；

　　　　h——试样厚度，m；

　　　　i——共振阶数；

　　　　f_i——第 i 阶共振频率，Hz；

　　　Δf_i——第 i 阶共振峰宽度，Hz；

　　　　k_i^2——第 i 阶共振时的数值计算因子，由下列各式确定。

对于悬臂梁方式：

$$k_i^2 = 3.52 \quad (i = 1)$$

$$k_i^2 = 22.0 \quad (i = 2)$$

$$k_i^2 = (i - 0.5)^2\pi^2 \quad (i > 2)$$

对于自由梁方式：

$$k_i^2 = 22.4 \quad (i = 1)$$

$$k_i^2 = 61.7 \quad (i = 2)$$

$$k_i^2 = (i + 0.5)^2\pi^2 \quad (i > 2)$$

2）复合试样。将阻尼材料粘贴在金属板的一面是工程上常用的自由阻尼结构形式，复合试样的损耗因数由下列公式计算：

$$\eta_c = \frac{\Delta f_{ci}}{f_{ci}}$$

式中　　η_c——复合试样损耗因数；

　　　　f_{ci}——复合试样第 i 阶共振频率，Hz；

　　　Δf_{ci}——复合试样第 i 阶共振峰宽度，Hz。

阻尼材料的复弯曲模量由下列公式计算：

$$E_f^* = E'_f + iE''_f$$

式中　　E_f^*——阻尼材料的复弯曲模量，Pa；

　　　　E_f'——阻尼材料的储能弯曲模量；

　　　　E_f''——阻尼材料的损耗弯曲模量。

　　上式中 E_f' 可由下式获得：

$$E_f' = E_{f0}' \frac{(\mu - \nu) + \sqrt{(\mu - \nu)^2 - 4T^2(1 - \mu)}}{2T^3}$$

式中　　E_{f0}'——金属基板的储能弯曲模量，通过本实验可以测得。

　　μ、ν、T 可通过下面三式求得：

$$\mu = (1 + DT)(f_{ci}/f_i)^2$$

$$\nu = 4 + 6T + 4T^2$$

$$T = h/h_0$$

式中　　D——阻尼材料的密度 ρ 与金属材料的密度 ρ_0 的比值，通过密度的测定可以得到；

　　　　T——阻尼层厚度 h 与金属板厚度 h_0 之比；

　　　　f_i——金属基板第 i 阶共振频率，通过实验测得。

　　在计算出 E_f' 后，先计算出 $\tan\delta_f$，再通过 $\tan\delta_f = \dfrac{E_f''}{E_f'}$，计算出 E_f''。$\tan\delta_f$ 的计算公式为：

$$\tan\delta_f = \eta_c \frac{1 + MT}{MT} \times \frac{1 + 4MT + 6MT^2 + 4MT^3 + M^2T^4}{3 + 6T + 4T^2 + 2MT^3 + M^2T^4}$$

$$M = E_f'/E_{f0}'$$

式中　　E_f'——阻尼材料的储能弯曲模量，在上式已求得；

　　　　E_{f0}'——金属基板的储能弯曲模量，通过实验测得；

　　　　η_c——复合试样损耗因数，在上式中已计算得出；

　　　　T——阻尼层厚度 h 与金属板厚度 h_0 之比，通过实验测得。

　　(2) 绘图。绘制复合试样损耗因数或材料复弯曲模量随温度变化的曲线有两种形式：

　　1) 固定共振方式的变温曲线图。由于共振频率复合试样损耗因数或复弯曲模量均随温度变化，绘图时应列出数据表或在图上标出。

　　2) 固定频率的变温曲线图。这种形式的图应进行不同共振阶数的变温测试，然后用插值的方法绘图。

实验注意事项

　　(1) 采用悬臂梁测试方式时，通常采用二阶至四阶振动方式进行测试；采用自由梁测试方式时，通常采用前三阶振动方式进行测试。在用复合试样进行振动阻尼效果评价时，在试样结构相同的情况下，悬臂梁二阶振动方式和自由梁一阶振动方式的测试结果等效。

　　(2) 在测试过程中，如发现异常现象（例如共振曲线不对称），除检查节点位置及换能器安装位置是否合适外，可进一步进行非线性检验。

思考题

（1）弯曲共振法测量阻尼性能的原理是什么？

（2）如何测量复合材料中阻尼材料的阻尼性能。

参考文献

［1］中国科学院声学研究所．GB/T 16406—1996，声学材料阻尼性能的弯曲共振测试方法
　　　［S］．北京：中国标准出版社，1996．

［2］孙培林，眭润舟．声学材料阻尼性能弯曲共振试验方法初探［J］．华东船舶工业学院
　　　学报，1997，11（2）：61~65．

7 功能材料的电化学性能表征

实验 7-1 铜锌原电池组装及其电动势测定与应用

实验目的

（1）测定 Cu-Zn 电池的电动势和 Cu、Zn 电极的电极电势。

（2）学习电极的制备和处理方法。

（3）掌握电位差计的测量原理和使用方法。

实验原理

1. 电池电动势

原电池由正、负两极组成。电池在放电过程中，将化学能转化为电能，正极发生还原反应，负极发生氧化反应。原电池的电动势大小由电池放电时发生的化学反应决定，对于可逆电池，在恒温恒压条件下，电池放电时系统摩尔吉布斯自由能的变化等于电池所做的最大电功，即

$$\Delta G = -zFE \tag{7-1-1}$$

式中 ΔG ——电池反应的吉布斯自由能变化值；

　　　 z ——电极反应中得失电子的数目；

　　　 F ——法拉第常数（其数值约等于 96500C/mol）；

　　　 E ——电池的电动势。

测出该电池的电动势 E 后，可求出电池反应的热力学参数。但必须注意，测定电池电动势时，首先要求电池反应本身是可逆的，可逆电池应满足如下条件：

（1）组成电池的电极为可逆电极；

（2）电池中不存在不可逆的液接界面；

（3）电池充放电过程在平衡态下进行，即允许通过电池的电流为无限小。

因此在制备可逆电池、测定可逆电池的电动势时应符合上述条件，在精确度不高的测量中，常用盐桥来尽量降低液接电位。

在进行电池电动势测量时，为了使电池反应在接近热力学可逆条件下进行，采用电位差计测量。

2. 电位差计

在测定原电池电动势装置中，设计一个方向相反而数值与待测电动势几乎相等的外加电势降来对消待测电动势，这种测定电动势方法称为对消法（又称补偿法）。因为此法能保证测量时在电流趋于零的可逆条件下进行。

电位差计是利用补偿法测量直流电动势的精密仪器，如图 7-1-1 所示，工作电源 E、限流电阻 R_p、滑线电阻 AB 构成辅助回路，待测电源 E_x（或标准电池 E_s）、检流计 G 和 AP 构成补偿回路。按图中规定电源极性接入 E、E_x，双向开关打向 E_x，调节 P 点，使流过检流计 G 中的电流为零，即 E_x 被电位差 V_{AP} 补偿，则 $E_x = V_{AP} = IR_{AP}$

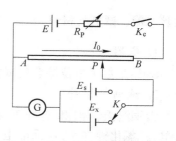

图 7-1-1　电位差计工作原理示意图

实际的电位差计，滑线电阻由一系列标准电阻串联而成，工作电流总是标定为一固定数值 I_0，使电位差计总是在 I_0 下达到平衡，从而将待测电动势的数值直接标度在各段电阻上（即仪器面板上），直接读取电压值，这称为电位差计的校准。校准和测量可以采用同一电路，将双向开关 K 打向 E_s，调节 P 到对应于标准电池 E_s 数值的位置 D 处，再调节 R_p 使检流计指零，这时工作电流准确达到标定值 I_0，$I_0 = E_n/R_{AD}$。校准后就可进行测量，开关 K 打向 2，注意不可再调节 R_p，只需要移动 P，找到平衡位置，就可以从仪器面板上读出待测电压值。

3. 铜锌原电池电动势

电池表达式为：$Zn \mid ZnSO_4(m_1) \parallel CuSO_4(m_2) \mid Cu$

负极反应：$Zn \rightleftharpoons Zn^{2+}(a_{Zn^{2+}}) + 2e^-$

正极反应：$Cu^{2+}(a_{Cu^{2+}}) + 2e^- \rightleftharpoons Cu$

电池总反应为：$Zn + Cu^{2+}(a_{Cu^{2+}}) + 2e^- \rightleftharpoons Zn^{2+}(a_{Zn^{2+}}) + Cu$

由可逆电池电动势的 Nernst 方程可得铜锌原电池的电动势为：

$$E = E^{\ominus} - \frac{RT}{zF} \lg \frac{a_{Zn^{2+}}}{a_{Cu^{2+}}} \tag{7-1-2}$$

对于任一电池，其电动势等于正负极电极电势之差，则铜锌原电池的电动势还可记为：

$$E = \varphi_+ - \varphi_- \tag{7-1-3}$$

$$\varphi_+ = \varphi_{Cu^{2+}\mid Cu}^{\ominus} + \frac{RT}{zF} \lg a_{Cu^{2+}} \tag{7-1-4}$$

$$\varphi_- = \varphi_{Zn^{2+}\mid Zn}^{\ominus} + \frac{RT}{zF} \lg a_{Zn^{2+}} \tag{7-1-5}$$

从式（7-1-2）和式（7-1-4）、式（7-1-5）可知，电动势的大小或者电极电势的大小，与电极种类、电解液中离子的活度和实验温度相关。本实验在实验温度下测得电极电势 φ_T，由式（7-1-4）和式（7-1-5）计算此温度时的标准电极电势 $\varphi_T^{\ominus}$，为了比较方便起见，可采用下式求出 298K 时的标准电极电势 $\varphi_{298K}^{\ominus}$：

$$\varphi_T^{\ominus} = \varphi_{298K}^{\ominus} + \alpha(T - 298K) + 0.5\beta(T - 298K)^2$$

式中，α，β 为电极电势的温度系数。

对于 Cu-Zn 电池来说，

铜电极：$\alpha = -0.016 \times 10^{-3}$ V/K，$\beta = 0$。

锌电极：$\alpha = 0.100 \times 10^{-3}$ V/K，$\beta = 0.62 \times 10^{-6}$ V/K^2。

实验仪器、试剂与材料

1. 仪器

SDC-Ⅲ数字电位综合测试仪，电镀装置。

2. 试剂与材料

镀铜溶液，饱和硝酸亚汞（控制使用），铜、锌电极，硫酸锌（AR），硫酸铜（AR），氯化钾（AR）标准电池，检流计，电池（3V），毫安表，饱和甘汞电极，电极架，铜电极，锌电极，盐桥。

实验步骤

1. 电极的制备

（1）锌电极：将锌电极在稀硫酸溶液中浸泡片刻，取出洗净，再浸入汞或饱和硝酸亚汞溶液中约10s，表面即生成一层光亮的汞齐，用水冲洗晾干后，插入0.1000mol/kg ZnSO₄中待用。

（2）铜电极：将铜电极在6mol/L的硝酸溶液中浸泡片刻，取出洗净，将铜电极置于电镀烧杯中作为阴极，另取一个未经清洁处理的铜棒作阳极，进行电镀，电流密度控制在20mA/cm²为宜。电镀装置如图7-1-2所示。电镀0.5h，使铜电极表面有一层均匀的新鲜铜，洗净后放入0.1000mol/kg CuSO₄中备用。

2. 电池组合

将锌电极、铜电极和盐桥组成Cu-Zn电池：

$$Zn|ZnSO_4(0.1000mol/kg)||CuSO_4(0.1000mol/kg)|Cu（电池①）$$

电池装置如图7-1-3所示。

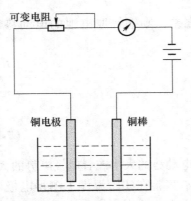

图7-1-2　制备铜电极的电镀装置

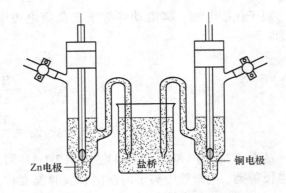

图7-1-3　Cu-Zn电池装置示意图

同法组成下列电池：

$$Zn|ZnSO_4(0.1000mol/kg)||KCl|Hg_2Cl_2|Hg（电池②）$$

$$Hg|Hg_2Cl_2|KCl||CuSO_4(0.1000mol/kg)|Cu（电池③）$$

3. 电动势测定

（1）按照电位差计电路图，接好电动势测量线路。

（2）根据标准电池的温度系数，计算实验温度下的标准电池电动势。以此对电位差计进行标定（$E_{20} = 1.0186\text{V}$）。

$$E_t \approx E_{20} - [40.6\,(t-20)^2 - 0.01\,(t-20)^3] \times 10^{-6}$$

（3）分别测定以上电池的电动势。

实验数据记录与处理

（1）根据饱和甘汞电极的电极电势温度校正公式，计算实验温度时饱和甘汞电极的电极电势

$$\varphi = 0.2415 - 7.61 \times 10^{-4}(T - 298)$$

（2）根据测定电池①、②和③的电动势，分别计算铜锌电极的 φ_T、$\varphi^{\ominus}$ 和 $\varphi^{\ominus}_{298K}$。

（3）根据有关公式计算铜锌电池的理论电动势 E（理论），并与实验值 E（实验）进行比较，分析造成误差的因素有哪些。

实验注意事项

（1）使用标准电池时，只能通过电键短暂接通并迅速地找到平衡点。

（2）盛放溶液的烧杯须洁净干燥或用所要盛放的溶液荡洗。所用电极也应用该溶液淋洗或洗净后用滤纸轻轻吸干，以免改变溶液温度。

（3）使用电子电势差计时需要慢慢调节，以免调节过快损坏仪器。

（4）电动势的测量方法属于平衡测量，在测量过程中应尽可能做到在可逆条件下进行，为此应注意以下几点。

1）测量前初步估算被测电池的电动势大小，测量时迅速找到平衡点，避免电极极化。

2）为了判断所测量的电动势是否为平衡电势，可以在15min左右的时间内等间隔地测量7~8个数据。若这些数据与平均值偏差小于±0.5mV，则可认为已达平衡。

思考题

（1）为什么不能直接用电压表测量电动势？补偿法测量电动势的原理是什么？

（2）参比电极有什么特点？哪些电极常用作参比电极？

（3）采用盐桥的目的什么？配置盐桥的电解质溶液有什么要求？

参考文献

[1] 何广平，南俊民，孙艳辉. 物理化学实验 [M]. 北京：化学工业出版社，2008：92~99.

[2] 傅献彩，沈文霞，姚天扬. 物理化学 [M]. 北京：高等教育出版社，2008：64~65.

[3] 唐安平. 电化学实验 [M]. 北京：中国矿业大学出版社，2018：48~54.

[4] 李楠，宋建华. 物理化学实验 [M]. 北京：化学工业出版社，2016：66~67.

实验7-2　三电极体系组装及电极极化曲线测量与分析

实验目的

（1）掌握三电极体系组装方法。

（2）掌握电化学工作站测量极化曲线的原理和方法。

（3）通过极化曲线测量与分析加深对过电位和极化的理解。

实验原理

1. 极化曲线

电极动力学研究是掌握电极工作特性、测定电极反应参数的有效途径，研究电极动力学的基本方法是测定极化曲线。极化曲线是电极电位与电流密度的关系曲线，从极化曲线上可以求得任一电流密度下的过电势，直观地反映电极反应速率与电极电势的关系。如图7-2-1所示，阴极极化时，随着电流密度的增加，电极电势偏离平衡电极电势逐渐减小，即过电势逐渐增大。从极化曲线还可求电极过程动力学参数，如交换电流密度j_0、电子传递系数α、标准速度常数k，以及扩散系数D，还可以测定反应级数、电化学反应活化能等。影响过电位的因素很多，如电极材料，电极的表面状态，电流密度，温度，电解质的性质、浓度及溶液中的杂质等。

2. 三电极体系

研究电极极化曲线通常采用三电极法，其装置如图7-2-2所示。体系由极化回路和测量回路构成。辅助电极的作用是与研究电极构成极化回路，准确测量电流密度大小。参比电极与研究电极构成测量回路，准确测量电极电势大小。测量极化曲线有两种方法：控制电流法与控制电位法。控制电位法是通过改变研究电极的电极电位，测量一系列对应于某一电位下的电流值。本实验采用控制电位法测量极化曲线：控制电极电位以较慢的速度连续改变，并测量对应该电位下的瞬时电流值，以瞬时电流对电极电位作图得极化曲线。

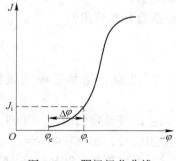

图 7-2-1　阴极极化曲线

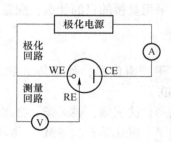

图 7-2-2　三电极装置示意图

测量极化曲线通常采用三电极体系，如图7-2-3所示。

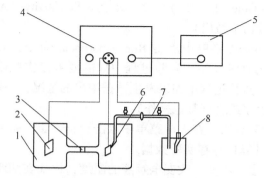

图 7-2-3　极化曲线测量装置

1—H 电解槽；2—辅助电极；3—隔膜；4—电化学工作站；
5—电脑；6—研究电极；7—盐桥；8—参比电极

实验仪器、试剂与材料

1. 实验仪器

电化学工作站、计算机、H 电解槽。

2. 试剂（分析纯）与材料

$NiCl_2 \cdot 6H_2O$、$NiSO_4 \cdot 6H_2O$、$CoSO_4 \cdot 6H_2O$、KCl、H_3BO_3、十二烷基硫酸钠、铜丝电极（研究电极）、箔片（辅助电极）、饱和甘汞电极（参比电极）、Luggin 毛细管。

实验步骤

（1）按表 7-2-1 所示分别配制 Ni^{2+} 溶液和 Co^{2+} 溶液各 200mL，按照图 7-2-3 连接测量线路。

表 7-2-1　电解液组分配比

编号		组分/$g \cdot L^{-1}$					
		$NiCl_2 \cdot 6H_2O$	$NiSO_4 \cdot 6H_2O$	$CoSO_4 \cdot 6H_2O$	H_3BO_3	糖精	十二烷基硫酸钠
1	Ni	45	200	—	30	2	0.1
2	Co	—	—	20	30	2	0.1
3	Ni-Co	45	200	20	30	2	0.1

（2）极化曲线测量。分别测定 Ni^{2+}、Co^{2+} 和 Ni^{2+}-Co^{2+} 在不同扫描速率和不同温度下沉积的阴极极化曲线。

1）接通电化学工作站电源，待指示灯亮后打开计算机电源，计算机进入 Windows 系统，点击系统中的 CHI660E 程序。

2）在 Setup 菜单中点击 Technique 命令，选择线性扫描伏安法 Linear sweep voltammetry。

3）开路电压读取：在 Control 菜单中点击 Open circuit potential，测量开路电压。

4）参数选择：起始电压 init E（V）= 开路电压，终止电压 Final E（V）= -1.4（可以自由设定），扫描速率 Scan rate = 0.01V/s、0.004V/s、0.006V/s；采样间隔 Sample interval

（V）= 0.001，平衡时间 Quiet time（s）= 2，灵敏度 Sensitivity（A/V）= 1.0e−5（或者设置为自动精度，保证数据不溢出）。

5）实验运行：在 Control 菜单中点击 Run experiment 命令，分别测出 Ni^{2+}、Co^{2+} 和 Ni^{2+}-Co^{2+} 沉积的阴极极化曲线（注：实验过程中如需要暂停实验或停止实验，在菜单中点击 Pause 或 Stop 命令；实验过程中如果发生数据溢出的情况，一般要先 Stop，再进行其他操作，不能直接关闭程序或进行其他操作）。

6）数据保存：实验完成后，在 File 菜单中点击"Save as"命令，设置路径及输入文件名，点击"确定"后计算机保存实验数据。

7）保持其他的实验参数不变，改变电解液的温度，比如在 20℃、30℃、40℃下分别进行实验。

8）实验完毕，退出 CHI66E 应用程序。在确定所有应用程序都退出后，关闭 CHI660E 电化学工作站电源，然后关闭计算机，切断电源。

实验数据记录与处理

（1）将 CHI66E 测量数据转变为文本文件，在 origin 软件上作图，得到极化曲线。

（2）将不同扫描速度下的极化曲线绘制在同一个图上，进行比较，观察扫描速度对极化曲线是否有影响。

（3）将不同温度下的极化曲线绘制在同一个图上，进行比较，观察扫描温度对极化曲线是否有影响。

（4）在极化曲线中找出 Tafel 区，根据 Tafel 公式推算不同温度下 Ni^{2+} 发生阴极还原反应时的交换电流密度 j_0 和传递系数 α。

Tafel 公式：$\eta_c = -\dfrac{2.3RT}{\alpha F}\lg j_0 + \dfrac{2.3RT}{\alpha F}\lg j$

实验注意事项

（1）测量装置连接时应尽量减小欧姆电阻，并保证电极表面电流密度分布均匀。鲁金毛细管管口离电极表面的距离为毛细管外径的 2 倍为宜。

（2）测试前仔细阅读仪器使用方法，分析实验中各参数设定依据。

思考题

（1）近似计算各电极反应的平衡电极电势，讨论实验中各参数的设定依据。

（2）极化曲线测量对工作电极、辅助电极、参比电极有哪些要求？它们在极化曲线测量时有什么作用？

（3）通过极化曲线测定，对过电位和电极反应速率有哪些新的认识？

参考文献

[1] 刘德宝，陈艳丽. 功能材料制备与性能表征实验教程［M］. 北京：化学工业出版社，2019：149~151.

[2] 李楠，宋建华. 物理化学实验［M］. 北京：化学工业出版社，2016：75~80.

实验 7-3 铅酸蓄电池充放电曲线测量

实验目的

（1）测定常温下铅酸电池的充放电曲线。

（2）掌握电池放电时测定单电极电势的方法。

（3）分析铅酸电池充放电曲线，了解单电极电势和电池电动势变化的特点，讨论引起铅蓄电池失效的原因。

实验原理

1. 铅酸电池的工作原理

铅酸电池是一种二次电池，其负极活性物质为海绵状铅，正极活性物质为二氧化铅，隔板为微孔塑料板、橡胶板、聚丙烯板、聚乙烯板和超细玻璃纤维板，电解液为稀硫酸，其电池结构为

$$Pb\,|\,H_2SO_4(溶液)\,|\,PbO_2$$

当电池充放电时，正、负极分别发生下列电化学过程：

负极：$\qquad\qquad Pb + SO_4^{2+} + 2e^- \rightleftharpoons PbSO_4$

正极：$\qquad\quad PbO_2 + 4H^+ + SO_4^{2-} + 2e^- \rightleftharpoons PbSO_4 + 2H_2O$

电池反应：$\quad Pb + PbO_2 + 4H^+ + 2SO_4^{2-} \rightleftharpoons 2\,PbSO_4 + 2H_2O$

电池电动势为：$E = \varphi_{(PbO_2|PbSO_4)}^{\ominus} - \phi_{(Pb|PbSO_4)}^{\ominus} + \dfrac{RT}{2F}\ln(a_{H^+} \cdot a_{SO_4^{2-}}^2)$ $\qquad$ （7-3-1）

由式（3-1）可以看出电池电动势随充电时 H_2SO_4 活度的增大而升高，放电时随 H_2SO_4 活度的减小而降低。

铅酸电池实际充、放电过程中两极间的电势差值常和上式算出的不一致，这主要是因为电极反应过程中有极化现象存在，这种极化来自电极表面电荷的积累、浓度的变化以及电极或溶液内阻等多方面因素。在低温时，这种极化现象表现得尤为显著。

2. 电池的充放电曲线

在给定充电或放电条件下（恒流或恒阻），所测得的电池充电（或放电）电压随充电时间或充电容量（或放电时间、容量）的变化称为电池的充电（或放电）曲线。若所测得的充电（或放电）曲线是单电极电势相对于某参比电极变化，则称此种曲线为单电极的充电（或放电）曲线。

通过观察充电过程中正极板和负极板的气体析出情况，可以初步判断，引起铅酸电池过早失效的原因是负极活性物质匹配不足。电池单电极放电性能的测试可为铅酸电池容量的合理设计及失效原因的分析提供一种最基本最简单而又适用的实验手段。由此可见，本实验对实际生产中改进铅酸电池的设计和提高铅酸电池的性能具有重要的实际意义。同时，本实验的原理及测试技术也可推广使用于其他二次电池，例如，镍镉电池和银锌电池的充放电曲线的测量。此外，本实验对于培养学生合理使用参比电极、正确测量实际体系

的电极电势及分析解决实际问题的能力也十分必要。

实验仪器、试剂与材料

1. 仪器

电池测试系统。

2. 试剂与材料

4.5mol/L H_2SO_4 溶液。

2A·h 铅酸电池塑料外壳 1 只，容量为 1A·h 的正极板 1 块，容量为 1A·h 的负极板 1 块，铅酸电池用塑料隔板 1 块，$Hg-H_2SO_4$ 参比电极 2 支。

实验步骤

（1）将铅酸电池的正、负极板装入矩形塑料电池槽中，中间插入电池隔板，随后注入 4.5mol/L H_2SO_4 溶液，至淹没极板为止。

（2）将铅酸电池与电池测试系统的相关接线夹连接好，选择恒流充放电模式。

（3）调节电池测试系统的给定电流值，设定充电电压上限为 2.8V，将充电电流设置为 0.5A，记录出电池的恒电流曲线。当充电电压出现突变时，观察正极板和负极板的气体析出情况。此时电压约为 2.7V 或略高些，这标志着充电已到终点，关掉充电电流。

（4）选择电池测试系统的中"搁置"步骤，记下电池开路时的初始电压值后停止。

（5）调节电池测试系统的给定电流值，将放电电流设置为 0.8A，电压下限设置为 1.5V，此时，可记录到电池的放电曲线。

（6）重复步骤（3）和（5），分别测得放电时正、负极相对 $Hg-Hg_2SO_4$ 参比电极的单电极电势曲线。

实验数据记录与处理

（1）绘制电池在常温下的充、放电曲线及单电极电势曲线，分别标出各曲线相应的充电和放电容量。

（2）根据得到的数据，讨论铅酸电池室温条件下电池失效的原因。

实验注意事项

（1）使用硫酸时做好防护，硫酸需淹没极板。

（2）电池安装时注意电极极性，严禁装反。

（3）尽量使夹具与电池配合紧密，增加电极和电池接触的可靠性，同时避免夹具划伤电池。

思考题

（1）本实验在测量单电极电势变化时，选用了 $Hg-Hg_2SO_4$ 电极作为参比电极，能否使用标准氢电极、甘汞电极、汞-氧化汞电极、银-氯化银电极或其他类型的参比电极？

（2）铅酸电池的设计为什么需遵循负极容量过剩的原则？

参考文献

［1］唐安平．电化学实验［M］．北京：中国矿业大学出版社，2018．

［2］Cynthia A Schroll，Stephen M Cohen．实验电化学［M］．张学元，王凤平，吕佳，等编译．北京：化学工业出版社，2020．

实验 7-4　锂离子电池组装及性能测试

实验目的

（1）掌握锂离子电池的结构及工作原理。
（2）掌握锂离子电池的主要性能及测试方法。
（3）了解锂离子电池充放电特性及循环性能之间的关系。

实验原理

1. 锂离子电池

锂离子电池，又被称为"摇椅电池"，本质上是一种锂离子浓差电池。电池主要由正极、负极、隔膜、电解液和电池外壳几个部分组成。正负极极片浸润于电解液中，隔膜将两者隔开以避免短路。在充放电过程中，极片中的活性材料可以进行可逆的脱锂和嵌锂，通过锂离子在正负极的可逆脱嵌，实现能量的稳定存储。正极通常采用锂过渡金属氧化物 Li_xCoO_2、Li_xNiO_2 或 $Li_xMn_2O_4$，负极采用锂-碳层间化合物 Li_xC_6，各种碳材料包括石墨和碳纤维等。电解质为溶有锂盐 $LiPF_6$、$LiAsF_6$、$LiClO_4$ 等的有机溶液。溶剂主要有碳酸乙烯酯（EC）、碳酸丙烯酯（PC）、碳酸二甲酯（DMC）和氯碳酸酯（CIMC）等。

以商用 $LiMn_2O_4/C$ 电池为例，锂离子电池的工作原理如图 7-4-1 所示，其中 $LiMn_2O_4$ 为正极，C 为负极，充电时，Li^+ 从正极脱出经过电解液嵌入石墨负极，同时得到由外电路从正极流入的电子，充电结束时，负极处于富锂态，正极处于贫锂态。放电时则相反，Li^+ 从石墨负极脱出，经过电解液进入 $LiMn_2O_4$ 正极，放电结束时，正极处于富锂态，负极处于贫锂态。

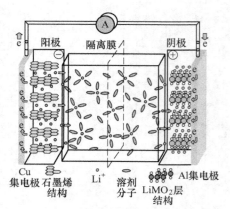

正极：$LiMn_2O_4 \longleftrightarrow Li_{1-x}Mn_2O_4 + x\,Li^+ + x\,e^-$
负极：$6\,C + x\,Li^+ + x\,e^- \longleftrightarrow Li_xC_6$
电池：$LiMn_2O_4 + 6\,C \longleftrightarrow Li_{1-x}Mn_2O_4 + Li_xC_6$

图 7-4-1　锂离子电池工作原理示意图

本实验以尖晶石型 $LiMn_2O_4$ 为正极活性物质，纯锂片为负极，制备扣式半电池，并对其进行充放电测试。

2. 电池的容量

一般电池电容量测试是选取化成后电池，充放电过程以 10min 为一个取样单位记录电池的电压、充放电流及充放电容量。电池化成后最初的几次充放电会因为电池的不可逆反应使得电池的放电电容量在初期会有减少的情形，电池的放电电容量自 0.753mA 向下减少。待电池电化学稳定后电池容量即趋平稳。因此有些化成程序亦包含了数十次的充放电循环以达到稳定电池的目的。不同倍率的放电会影响到放电容量。

3. 电池的循环寿命

选取化成后电池，充放电过程以 10min 为一个取样单位记录电池的电压、充放电流，另外对充、放电容量采取积分记录。于测试结束后将各电池充放电容量除以标称电容量。由测试结果可得知不同倍率放电会影响到电池的循环寿命。

4. 电池倍率

一般充放电电流的大小常用充放电倍率来表示，电池倍率主要是考察在大电流工作时，极片的温度、阻抗、容量等受到离子迁移速率的影响，通过对比数据，可以分析各个体系的稳定性、匹配性等。

实验仪器、试剂与材料

1. 仪器

高精度电池测试仪、涂布机、压片机、辊压机、手套箱、纽扣电池封装机、真空干燥箱。

2. 试剂与材料

锰酸锂、乙炔黑、聚偏二氟乙烯（PVDF）、聚丙烯、N-甲基-2-吡咯烷酮（NMP）、无水乙醇、去离子水、锂片、铝箔、2025 扣式电池壳套件。

实验步骤

1. 电池的制备

（1）正极片的制备。将正极活性物质、导电剂乙炔黑、黏结剂聚偏氟乙烯（PVDF）按 80 : 10 : 10 的质量比混合均匀后，加入一定量的溶剂 N-甲基-2-吡咯烷酮（NMP），在研钵中充分研磨 30min，然后通过自动涂布机在集流体铝箔上涂上一定厚度的薄膜，置于 60℃ 真空干燥箱中烘干 12h。将烘干的极片经过辊压机滚压，使活性物质与集流体紧密结合。之后将压好的电极用压片机裁成直径为 12mm 的圆片后，再次进行真空干燥，储存备用。

（2）负极片、电解液、隔膜制备。负极极片采用厚度为 1.5mm 直径为 15.6mm 的锂片；电解液为 1M LiPF$_6$ 溶于 EC : DEC : EMC = 1 : 1 : 1（体积比）的溶液；隔膜为聚丙烯，将隔膜纸通过压片机裁剪成为直径为 19mm 的圆片。

（3）扣式电池组装。电池组装过程在充满氩气的手套箱中进行，手套箱中氧含量、水含量均须低于 1×10^{-6}。将装有正极片的盒子放入手套箱的小舱（在常压状态下打开舱门，前后舱门不能同时打开），然后在小舱抽补气 3 次，再将小盒子转移到手套箱内。在组装半电池（CR2025）时，首先把锂片置于负极壳中间，接着滴两滴电解液，随后将隔膜纸覆盖于锂片上（必须完全将锂片覆盖住），再滴一滴电解液，接着将正极片置于隔膜纸中间（必须不能与锂片接触），然后将垫片置于正极片上（垫片也不能与锂片相接触），最后盖上正极壳，将整个电池翻转，置于封装机下压置 15s，取出电池写上标号，电池就装配完成。

2. 电池性能测试

电池的循环性能和倍率性能可用高精度电池测试仪测试。将电池夹于电池检测柜中，正极壳对应红线，负极壳对应黑线，记下电池对应的夹子编号，启动软件，更改恒流充放电的电流，采用不同的电流密度0.2 C、1 C和2 C对电池进行恒电流充放电测试，充电截止电压设置为4.3V，恒流放电截止电压为2.5V。然后确定启动测试。

实验数据记录与处理

（1）充放电参数设置：
1）倍率充电。
2）恒流（压）充电。
3）倍率放电。
（2）电池的循环性能（循环次数-容量图）。

实验注意事项

（1）电池装配过程中控制水氧含量低于1×10^{-6}，避免造成电池性能下降。
（2）充放电实验需要严格按照充放电终止电压进行，以免对电池造成损坏。

思考题

（1）本实验中影响锂离子电池循环性能的因素有哪些？
（2）锂离子电池电极材料应具备哪些特性？

参考文献

［1］马玉林. 电化学综合实验［M］. 哈尔滨：哈尔滨工业大学出版社，2019.
［2］刘德宝，陈艳丽. 功能材料制备与性能表征实验教程［M］. 北京：化学工业出版社，2019.

实验 7-5　染料敏化太阳能电池的制作及表征

实验目的

（1）了解染料敏化太阳能电池的工作原理及性能特点。

（2）掌握染料敏化太阳能电池光阳极的简易制备方法。

（3）掌握染料敏化太阳电池的组装方法。

（4）掌握评价染料敏化太阳能电池光伏性能的测试方法（I-V 测试、IPCE 测试）。

实验原理

1. DSSC 结构和工作原理

DSSC 结构：染料敏化太阳能电池的结构是一种"三明治"结构，如图 7-5-1 所示，主要由以下几个部分组成：导电玻璃、染料光敏化剂、多孔结构的 TiO_2 半导体纳米晶薄膜、电解质和铂电极。其中吸附了染料的半导体纳米晶薄膜称为光阳极，铂电极叫作对电极或光阴极。

DSSC 电池的工作原理：电池中的 TiO_2 禁带宽度为 3.2eV，只能吸收紫外区域的太阳光，于是在 TiO_2 膜表面覆盖一层染料光敏剂来吸收更宽的可见光，当太阳光照射在

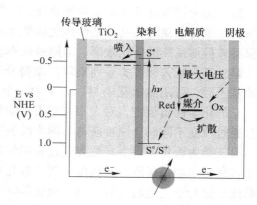

图 7-5-1　DSSC 结构与工作原理

染料上，染料分子中的电子受激发跃迁至激发态，由于激发态不稳定，并且染料与 TiO_2 薄膜接触，电子注入 TiO_2 导带中，此时染料分子自身变为氧化态。注入 TiO_2 导带中的电子进入导带底，最终通过外电路流向对电极，形成光电流。处于氧化态的染料分子在阳极被电解质溶液中的 I^- 还原为基态，电解质中的 I_3^- 被从阴极进入的电子还原成 I^-，这样就完成一个光电化学反应循环。但是反应过程中，若电解质溶液中的 I^- 在光阳极上被 TiO_2 导带中的电子还原，则外电路中的电子将减少，这就是类似硅电池中的"暗电流"。整个反应过程可如下表示：

（1）染料 D 受激发由基态跃迁到激发态 D^*：$D + h\nu \longrightarrow D^*$

（2）激发态染料分子将电子注入半导体导带中：$D^* \longrightarrow D^+ + e^-$

（3）I^- 还原氧化态染料分子：$3I^- + 2D^+ \longrightarrow I_3^- + 2D$

（4）I_3^- 扩散到对电极上得到电子使 I^- 再生：$I_3^- + 2e^- \longrightarrow 3I^-$

（5）氧化态染料与导带中的电子复合：$D^+ + e^- \longrightarrow D$

（6）半导体多孔膜中的电子与进入多孔膜中 I_3^- 复合：$I_3^- + 2e^- \longrightarrow 3I^-$

其中，反应（5）的反应速率越小，电子复合的机会越小，电子注入的效率就越高；反应（6）是造成电流损失的主要原因。

光阳极：目前，DSSC 常用的光阳极是纳米 TiO_2。TiO_2 是一种价格便宜、应用广泛、无污染、稳定且抗腐蚀性能良好的半导体材料。TiO_2 有锐钛矿型（anatase）和金红石型（rutile）两种不同晶型，其中锐钛矿型的 TiO_2 带隙（3.2eV）略大于金红石型的能带隙（3.1eV），且比表面积略大于金红石，对染料的吸附能力较好，因而光电转换性能较好，因此目前使用的都是锐钛矿型的 TiO_2。研究发现，锐钛矿在低温稳定，高温则转化为金红石，为了得到纯锐钛矿型的 TiO_2，退火温度为 450℃。

染料敏化剂的特点和种类：用于 DSSC 电池的敏化剂染料应满足以下几点要求：（1）牢固吸附于半导体材料；（2）氧化态和激发态有较高的稳定性；（3）在可见区有较高的吸收；（4）有一长寿命的激发态；（5）足够负的激发态氧化还原势以使电子注入半导体导带；（6）对于基态和激发态氧化还原过程要有低的动力势垒，以便在初级电子转移步骤中自由能损失最小。

目前使用的染料可分为 4 类：

第一类为钌多吡啶有机金属配合物。这类染料在可见光区有较强的吸收，氧化还原性能可逆，氧化态稳定性高，是性能优越的光敏化染料。用这类染料敏化的 DSSC 太阳能电池保持着目前最高的转化效率。但原料成本较高。

第二类为酞菁和菁类系列染料。酞菁分子中引入磺酸基、羧酸基等能与 TiO_2 表面结合的基团后，可用做敏化染料。分子中的金属原子可为 Zn、Cu、Fe、Ti 和 Co 等金属原子。它的化学性质稳定，对太阳光有很高的吸收效率，自身也表现出很好的半导体性质。而且通过改变不同的金属可获得不同能级的染料分子，这些都有利于光电转化。

第三类为天然染料。自然界经过长期的进化，演化出了许多性能优异的染料，广泛分布于各种植物中，提取方法简单。因此近几年来，很多研究者都在探索从天然染料或色素中筛选出适合于光电转化的染料。植物的叶子具有光化学能转化的功能，因此，从绿叶中提取的叶绿素应有一定的光敏活性。从植物的花中提取的花青素也有较好的光电性能，有望成为高效的敏化染料。天然染料突出的特点是成本低，所需的设备简单。

第四类为固体染料。利用窄禁带半导体对可见光良好的吸收，可在 TiO_2 纳米多孔膜表面镀一层窄禁带半导体膜。例如 InAs 和 PbS，利用其半导体性质和 TiO_2 纳米多孔膜的电荷传输性能，组成多结太阳能电池。窄禁带半导体充当敏化染料的作用，再利用固体电解质组成全固态电池。但窄禁带半导体严重的光腐蚀阻碍了进一步应用。

电解质：电解质在电池中主要起传输电子和空穴的作用。目前 DSSC 电解质通常为液体电解质，主要由 I^-/I_3^-、$(SCN)_2^-/SCN^-$、$[Fe(CN)_6]^{3-}/[Fe(CN)_6]^{4-}$ 等氧化还原电对构成。但液态电解质也存在一些缺点：（1）液态电解质的存在易导致吸附在 TiO_2 薄膜表面的染料解析，影响电池的稳定性。（2）溶剂会挥发，可能与敏化染料作用导致染料发生光降解。（3）密封工艺复杂，密封剂也可能与电解质反应，因此所制得的太阳能电池不能存放很久。要使 DSSC 走向实用，须首先解决电解质问题，固体电解质是解决上述问题的有效途径之一。

光阴极：电池的阴极一般由镀了 Pt 的导电玻璃构成。一般用在 DSSC 上的导电玻璃有两种，它们分别是 ITO（掺 In 的 SnO_2 膜）和 FTO（掺 F 的 SnO_2 膜）。导电玻璃的透光率要求在 85% 以上，其方块电阻为 $10\sim20\Omega/cm^2$，导电玻璃起着电子的传输和收集的作用。I_3^- 在光阴极上得到电子再生成 I^- 离子，该反应越快越好，但由于 I_3^- 在光阴极上还原的过电压较大，所以反应较慢。为了解决这个问题，可以在导电玻璃上镀上一层 Pt，其能够降低电池中的暗反应速率，提高太阳光的吸收率。

2. 染料敏化太阳能电池性能指标

目前通用的 DSSC 的性能测试是使用辐射强度为 $1000W/m^2$ 的模拟太阳光，即 AM1.5 太阳光标准。评价的主要指标包括开路电压（V_{oc}）、短路电流密度（I_{sc}）、染料敏化太阳电池的 I-V 特性、填充因子（FF）、单色光光电转换效率（IPCE）和总光电转换效率（η_{global}）。

开路电压指电路处于开路时 DSSC 的输出电压，表示太阳能电池的电压输出能力；短路电流指太阳能电池处于短接状态下流经电池的电流大小，表征太阳能电池所能提供的最大电流。V_{oc} 和 I_{sc} 是 DSSC 的重要性能参数，要提高 DSSC 的光电性能，就要有高的 V_{oc} 和 I_{sc}。

判断染料敏化太阳能电池输出特性的主要方法是测定其光电流和光电压曲线，即 I-V 特性曲线。填充因子是指太阳能电池在最大输出功率（P_{max}）时的电流（I_m）和电压（V_m）的乘积与短路电流和开路电压乘积的比值，是表征因由电池内部阻抗而导致的能量损失。

DSSC 的光电转换效率是指在外部回路上得到最大输出功率时的光电转换效率。对于光电转换器件经常用单色光光电转换效率 IPCE 来衡量其量子效率，IPCE 定义为单位时间内外电路中产生的电子数 N_e 与单位时间内入射单色光电子数 N_P 之比。由于太阳光不是单色光，包括了整个波长，因此对于 DSSC 常用总光电转换效率来表示其光电性能。η_{global} 定义为电池的最大输出功率与入射光强的比值。

主要实验仪器、试剂与材料

1. 仪器

I-V 曲线测试系统，IPCE 测试系统。

2. 试剂与材料

染料溶液、电解质溶液。

电池架、导电玻璃对电极、导电玻璃光阳极、鳄鱼夹导线、棕色试剂瓶、染料浸泡盒、无尘纸、吸附纸、铝胶带、双面胶、镊子、4B 铅笔、滴管、手套、螺丝刀、螺钉、橡胶条和铜片。

实验步骤

利用染料敏化太阳能电池套装完成简易染料敏化太阳能电池的制作与组装，并进行光电转换测试和量子效率测试。

1. 染料配制

首先，将 1mL 染料溶液加入棕色试剂瓶中，然后缓慢加入 10mL 的无水乙醇，拧紧瓶盖，反复震荡 10~15min 溶解染料。（注意将大部分染料溶解，否则会导致光阳极 TiO_2 膜不能完全染色。）如果室温较低，染料不能充分溶解于乙醇溶剂，那么可以在 40~50℃条件下，超声振荡或者磁力搅拌 5~10min。将配制好的染料溶液盖好瓶盖，避光保存待用。

2. 光阳极浸泡染料

将涂有 TiO_2 膜的导电玻璃放入染料浸泡盒中（注意：涂覆面朝上，不要重叠放置），然后将染料溶液缓慢倒入盒中，使 TiO_2 膜导电玻璃完全浸入染料溶液中。盖紧盒盖，在室温下避光浸泡 20~30min 或在温度 40~50℃的环境下浸泡 15~20min（注意：要使 TiO_2 膜完全染色，如果不能达到预期的效果可适当延长浸泡时间）；然后，用镊子轻轻夹住导电玻璃边缘将薄膜取出自然晾干（注意：切勿用无尘纸擦拭涂覆面，以免破坏 TiO_2 膜），如果膜表面粘有少量未溶解的染料可用少量无水乙醇冲洗、自然晾干。TiO_2 膜呈红色，为太阳能电池的负极。

3. 制作对电极

将双面胶带粘在导电玻璃（对电极）导电面（未粘有透明胶带的面）的两侧。用 4B 铅笔在胶带面积内将导电玻璃均匀涂黑，确保尺寸略大于 TiO_2 膜的面积，以便完全覆盖 TiO_2 膜，此作为太阳能电池的正极。其余两片导电玻璃对电极的制备同上。为太阳能电池的正极。

4. 组装电池

（1）粘贴铝胶带。

（2）将铝胶带粘在导电玻璃的边缘（注意：小心撕开铝胶带，避免拉断，拉长的胶带粘在对电极边缘）。

（3）将电池架放在桌子上左正（+）右负（-）摆好，凹槽朝上，光阳极 TiO_2 膜朝上，铝胶带在右侧放置到电池架内，玻璃左侧放短橡胶条。

（4）用镊子将 3 片 12mm×12mm 吸附纸覆盖在光阳极表面。

（5）用吸管吸取适当的电解液，均匀滴在无尘纸上，无尘纸全部浸透且没有溢出（注意，不要滴过多的电解液，以免溢出）。

（6）将铜片放到电池架内中间位置。

（7）对电极导电面朝下放置在电池架内，铝胶带在左侧。

（8）再把长橡胶条放在玻璃右侧。

（9）最后将另一个电池架压上。用螺丝钉将 2 块电池架固定在一起，使 3 块电池形成串联。

5. 光电转换效率测试

光电转化效率测试是最有效的评价电池的测试，既可以在太阳光照射下进行，也可以在实验室内模拟太阳光下进行。为了使测试具有对比性，实验室一般采用标准的 AM1.5 太阳光谱辐射分布，测试温度为（25±2）℃，光伏辐照度为 $100mW/cm^2$。具体设备及操作流程如下：

（1）光电转化效率测试系统组成：

1）光源：太阳模拟器（EASISOLAR-50-3A）。

2）测试设备：吉时利源表 2400（KEITHLEY 2400 SourceMeter）。

3）校准设备：标准硅太阳能电池。

4）电脑。

（2）操作步骤：

1）接通插座总开关，开启太阳模拟器，开关在后面板。

2）按下机身左侧下方面板上 LAMP 按键，开启光源，预热 30min 使光源稳定。

3）按下吉时利源表 2400 前面板 POWER 按键，开启测试设备。

4）利用标准硅太阳电池进行光源校对，使得光源为标准光源。（具体操作可参照 *I-V* 测试操作规程）

5）将制备的电池置于样品台光斑正中央，光阳极面朝上，红色鳄鱼夹连接对电极，黑色鳄鱼夹连接光阳极。测试时电池片面保持水平，使得光源垂直照射在电池表面。

6）系统参数设置。具体为：照度（100）、面积（按照实测有效面积填写）、起点电压（默认-60mV）、终点电压（略大于电池的开路电压，可设置为 1000mV）、采样点数（默认为 100，根据作图精度而定）、电压由高到低（正扫反扫要求不同而定）。扩展参数：采样延时（默认 1）、测量积分速率（默认 1）、限制电流（默认 1000mA）、限制电压（默认 21V），接线方式为四线法，即两个红色接口为正极，接对电极，两个黑色接口为负极，接光阳极。

7）电池光电转化效率测试，数据存储。

8）测试完成后，按吉时利表前面板 POWER 按键，关闭仪器；关闭光源：再次按下 LAMP 关闭光源电源，等风扇继续工作 20min 后，关闭机身背后总电源开关；关闭电源。

6. 量子效率测试

（1）量子效率测试系统组成：

1）光源：钨灯，氙灯。

2）单色仪。

3）测试设备：交流测试用锁相放大器 SR830（Lock-In Amplifier SR830）；直流测试用吉时利表 2000（KEITHLEY 2000 MULTIMeter）。

4）暗箱：QTEST Station。

5）电脑：研华 610L。

（2）操作步骤：

1）直流测试步骤如下：

①接通插座总开关。

②开启光源，开关在电源入口处正下方。

③连接好测试设备及主机。

④开启单色仪，开关在其电源适配器上，接通后单色仪会自检、复位，需要 3~5min，完成后 READY 灯常绿。

⑤按下吉时利表 2000 前面板 POWER 按键开启。

⑥打开电脑桌面上 "DC QE CTI-IPCE 11-24 K2000" 目录，双击 "QE_ IPCE_ 11_ 24_ K2000. exe" 打开主界面，选择相应单色仪型号，点击 "吉时利表设置"，选择正确的串口并打开；退出并返回主界面，点击 "QEM-24 设置"，选择正确的串口并打开；退出并返回主界面，点击 "样品检测"，进行参数设置。

一般需要设置的参数：

测试的起始波长和终止波长；

入射狭缝和出射狭缝的宽度（一般均设为 1mm，选择好之后，请点击 "调整" 按钮以保证输出，特别是在单色仪或软件重新启动之后）；

　　指定波长（调整光路一般指定波长为 633mm）；

　　测量延迟（针对电池的响应速度，较慢的建议稍长）；

　　滤光轮参数（一般 1/2/3 号轮分别设置为 300nm/580nm/900nm 左右）；

　　选择本软件所在文件夹内的标准文件"sibf. txt"；

　　其余参数根据测试的需要进行设置，设置完成后可保存参数。

　　⑦调整光路，在斩波器确认关闭且转轮停止的情况下，手动拨动斩波器转轮，让光源从轮上孔隙完全穿透后聚焦入射到暗箱内标样/样品的表面中心。按下暗箱内控制器右侧的 OUTPUT 按钮，切换至 OUTPUT2。

　　⑧将标样调整至探测光聚焦在其表面中心的位置，盖上暗箱上盖，点击"标样扫描"，等待扫描完成。

　　⑨标样扫描完成后，打开暗箱上盖，移开标样支架后将夹好样品的支架调整至探测光聚焦在其表面中心，盖上暗箱上盖，点击"样品扫描"，等待扫描完成。

　　⑩保存数据后，可继续进行测试或确认后关闭吉时利表电源。

　　2）交流测试步骤如下：

　　①接通插座总开关。

　　②开启光源，开关在电源入口处正下方。

　　③连接好测试设备及主机。

　　④开启单色仪，开关在其电源适配器上，接通后单色仪会自检、复位，需要 3~5min，完成后 READY 灯常绿。

　　⑤开启斩波器开关，开启锁相放大器开关，等待自检并通过。

　　⑥打开电脑桌面上"AC QE CTI-IPCE 11-24 SR-830"目录，双击"QE_ IPCE_ 11_ 24_ 830. exe"打开主界面，选择相应单色仪型号，点击"放大器设置"，选择正确的串口并打开；退出并返回主界面，点击"QEM-24 设置"，选择正确的串口并打开；退出并返回主界面，点击"样品检测"，进行参数设置。

　　一般需要设置的参数：

　　测试的起始波长和终止波长；

　　入射狭缝和出射狭缝的宽度（一般均设为 1mm，选择好之后，请点击"调整"按钮以保证输出，特别是在单色仪或软件重新启动之后）；

　　指定波长（调整光路一般指定波长为 633mm）；

　　测量延迟（针对电池的响应速度，较慢的建议稍长）；

　　斩波器频率（一般设置为 170Hz 左右）；

　　滤光轮参数（一般 1/2/3 号轮分别设置为 300nm/580nm/900nm 左右）；

　　选择本软件所在文件夹内的标准文件"sibf. txt"；

　　其余参数根据测试的需要进行设置，设置完成后可保存参数。

　　⑦调整光路，让光源从轮上孔隙完全穿透后聚焦入射到暗箱内标样/样品的表面中心。按起暗箱内控制器右侧的 OUTPUT 按钮，切换至 OUTPUT1。

　　⑧将标样调整至探测光聚焦在其表面中心的位置，盖上暗箱上盖，点击"标样扫描"，等待扫描完成。

⑨标样扫描完成后，打开暗箱上盖，移开标样支架后将夹好样品的支架调整至探测光聚焦在其表面中心，盖上暗箱上盖，点击"样品扫描"，等待扫描完成。

⑩保存数据后，可继续进行测试或确认后关闭测试系统和斩波器。

实验数据记录与处理

自行列表记录实验数据，包括光电转换效率和量子产率并分析实验结果。

实验注意事项

1. 光电转化效率测试

（1）严格遵守开机和关机顺序，关机顺序：测试系统，光源，电脑。确认数据保存，且电脑不再使用后方可关闭主机和显示器电源。

（2）校准和测量应在灯激发 20~30min 后。

（3）禁止将标准电池长时间辐射，测试完成后请及时关断电源，请勿直视光源。

（4）测量结束后请将桌面整理干净并用台布重新覆盖设备。

（5）测量过程中禁止震动、倾斜、倾覆，应避免搬动和拆卸光源。

（6）请勿带水、带电进行任何操作。

2. 量子效率测试

（1）严格遵守开机和关机顺序，关机顺序：测试系统 A/B、单色仪、光源、电脑。确认数据保存且电脑不再使用后方可关闭主机和显示器电源。测试系统待机时请及时关闭总电源。

（2）应在灯激发 10~20min 后进行标样和样品的测试，长时间不使用请及时关闭光源电源，请勿直视光源。

（3）禁止在斩波器开启时用手或任何物体触碰其转轮。

（4）测量过程中禁止震动、倾斜、倾覆，应避免搬动和拆卸光源。

（5）请勿带水、带电进行任何操作。

思考题

（1）敏化剂在 DSSC 电池中的作用有哪些？

（2）比较其他太阳能电池，DSSC 电池有哪些优势和局限性？

参考文献

［1］郝媛媛．染料敏化太阳能电池的设计与制作［J］．科技风，2012：44~45.

［2］周小岩，张亚萍，韩立立，等．染料敏化太阳能电池的制作工艺及光伏特性实验教学研究［J］．化学教育，2015：39~41.

［3］骆泳铭，黄仕华．染料敏化太阳能电池的制作［J］．材料导报，2010，24（22）：333~343.

8 功能材料的生物性能表征

实验 8-1 琼脂覆盖法评价生物材料的生物相容性

实验目的

（1）了解生物相容性的评价方法；
（2）掌握琼脂覆盖法评价生物医用材料生物相容性的原理。

实验原理

随着科学技术的发展和人们健康意识的提高，生物材料在临床医学上的应用越来越广泛。各种人工生物材料，包括人工导尿管、人工体腔引流管、人工静脉导管、人工血液透析或腹膜透析管、人工器官插管、人工心脏瓣膜、人工骨、人工声带等被广泛使用。

生物材料是一种能对机体的细胞、组织和器官进行诊断、治疗、替代、修复、诱导、再生或增进其功能的特殊的功能材料。材料本身具有生物活性，能够参与机体的生理活动，在分子水平上激活基因，刺激相关细胞产生响应，从而诱导组织和器官的形成，是细胞和基因的活性化材料。生物材料的性能首要的是生物相容性。什么是生物相容性呢？生物相容性是指生命体组织对非存活材料产生合乎要求的反应的一种性能，或者是生物材料与宿主之间的相互反应及作用的能力，包括组织相容性和血液相容性。

目前，对生物医用材料生物相容性的评价主要包括血液相容性评价和组织相容性评价两种方法。前者表示材料与血液之间相互适应的程度，后者表示材料与除血液之外其他组织的相互适应程度。具体的实验方法包括细胞毒性实验、血液相容性实验、遗传毒性和致癌实验、显性致死实验、植入实验（皮下植入实验、骨内植入实验）、过敏实验等。其中最常用的是细胞毒性实验。

1. 细胞毒性实验

细胞毒性实验是指应用体外细胞培养的方法，通过检测材料或者其浸提液对细胞生长情况的影响来评价材料对细胞的毒性，是检测生物相容性的一种快速、价廉、重复性好的方法。细胞毒性与被测材料的量尤其是表面积有关。目前几乎所有的生物医用材料都必须通过相关实验来检测是否具有细胞毒性，该实验方法的优越性已在国际上得到认可，具体包括以下几种方法。

（1）琼脂覆盖法。琼脂覆盖法是一种半定量的测试方法，用生物医用材料或者提取物均可进行。其方法是将含有培养液的琼脂层平铺在有单层细胞的培养皿中，再在固化的琼脂层上放上试样进行细胞培养。其试验原理为将溶化的琼脂与伊格尔氏培养液无菌混合，制成伊格尔氏琼脂培养基，将加热溶化的这种培养基注入有平板细胞单层培养皿，使之分布均匀，室温下凝固，染色后，在其面对称地放置一只阴性样品、一只阳性样品和两只相同的测试试样，在白色背景下观察样品周围及样品下面脱色的范围。材料细胞毒性的大小用"反应指数"来报告。反应指数为 R，$R = Z/L$，Z 为脱色区域指标，即脱色区大小（表 8-1-1），L 为细胞溶解指标，即细胞溶解现象（百分比）（表 8-1-2）。在阴性样品周围和下面的细胞单层达到标准的反应（即 $R = 0/0$），阳性样品亦达到标准反应（即 $R = 2/2$）；否则该培养皿弃之。与对照相比较，制定医用高分子材料的细胞毒性。

该方法之所以长期以来被广泛应用并被 ISO 和各国标准化组织定为生物材料细胞毒性评价的标准实验方法，是由于它具有快速、简便、价廉、灵敏的特点，便于推广应用，且适用于固体、半固体、液体、粉末、纤维等多种类型的材料，尤其适用于牙科充填材料的细胞毒性评价。全部实验时间仅为 48h，除倒置相差显微镜外，无需其他特殊实验设备；对于牙科充填材料来说，除了上述琼脂覆盖层模仿牙本质层的仿生学特征外，该方法的另一个特点是实验材料置于琼脂覆盖层之上，而不是置于细胞培养液之中，因此不会影响牙科充填材料的正常固化过程。该方法的缺点是其敏感性受到试样溶出物在琼脂层上扩散程度的影响。

表 8-1-1　脱色区域指标 Z（zone）

区域指标 Z	区域内脱色情况
0	材料下和周围未观察到脱色区
I	脱色区域局限于样品下
II	从样品扩散，脱色区 <5mm
III	从样品扩散，脱色区 <10mm
IV	从样品扩散，脱色区 >10mm，但未布满整个培养皿
V	脱色区布满整个培养皿

表 8-1-2　细胞溶解指标 L（lysis）

细胞溶解指标 L	脱色区域内细胞溶解情况
0	未观察到细胞溶解现象
I	脱色区内细胞溶解达 20%
II	脱色区内细胞溶解在 20%~40% 之间
III	脱色区内细胞溶解在 40%~60% 之间
IV	脱色区内细胞溶解在 60%~80% 之间
V	脱色区内细胞溶解在 80% 以上

（2）分子滤过法。分子滤过法是通过评价生物医用材料对单层细胞琥珀酸脱氢酶活性的影响来检测细胞毒性的一种快速简便的方法。该方法能够同时观察生物医用材料的原发性及继发性细胞毒性。其优点是敏感可靠、易推广，适用于短期内评价有轻度毒性的生物医用材料，但它存在影响析出产物从材料中扩散的缺点。

（3）同位素标记法。同位素标记法包括铬释放法、3H-leucine 掺入法、125I-UdR（脱氧尿嘧啶核苷）释放法、放射性核苷酸前体物掺入法等。此方法能够深入了解细胞受生物医用材料毒性的影响产生的分子水平的变化。但缺点是方法复杂，与其他体外评价方法无明显相关性，实验结果不仅容易受到多方面因素的影响，而且易造成放射性污染，不利于操作人员的健康。

（4）流式细胞术。流式细胞术主要是用来分析单一的生物材料对体外培养细胞生物合成方法的影响。此技术利用鞘流原理使被荧光标记的单个悬浮细胞排成单列，按照重力方向流动，细胞被激光照射后发射荧光，利用检测器逐个对细胞的荧光强度进行测定，其定量分析是根据荧光粒子发出的光量子而定量的，从而使细胞 DNA 含量的测定准确、方便、快捷、便于分析，此技术已经被广泛地应用于免疫学、肿瘤学、血液学、体细胞遗传学等各种医学前沿领域，发展潜力较大。

（5）色度法。四甲基偶氮唑盐微量酶反应比色法（MTT 法）是一种快速评定细胞毒性和细胞增殖的比色分析法，常用于细胞代谢和功能的测定，此方法是由 Mosroam 在 1983 年提出的，最初应用于免疫学领域，近几年才在生物医用材料的检测中应用。其基本原理为，线粒体琥珀酸脱氢酶能够催化四甲基偶氮唑盐形成蓝紫色结晶物并沉积于细胞中，二甲基亚砜（DMSO）可使结晶物溶解显色，结晶物结晶形成数目的多少与活细胞的数目和功能状态呈正相关性。该方法可以快速、准确、灵敏地反映出细胞增殖程度和材料对细胞造成的细胞毒性损害程度。

（6）乳酸盐脱氢酶效能测定。其又称为 LDH 测定。LDH 是一种存在于活细胞中稳定的胞质酶，其渗出增加提示细胞膜的稳定性遭到破坏。特定的细胞类型在特定的培养环境下每个细胞的 LDH 含量是恒定的，而 LDH 的含量受培养参数的影响（如 pH 值）。通过测定进入介质的 LDH 释放的渗透性能够检测细胞膜的完整性，LDH 的活性可以反映细胞线粒体的代谢和功能状况，进而反映细胞活性。LDH 在生物相容性的评价中被广泛应用，尤其是在现代毒物学测试中可以提供较 MTT 测试更有价值的信息。然而 Issa 等发现，MTT 测试较 LDH 测试敏感，但两者均显示了相似的细胞毒性等级，所以在评价材料的细胞毒性影响方面两者结合应用将更有价值。

实验仪器设备与材料

本实验为利用琼脂覆盖法评价生物医用材料的生物相容性。

1. 实验仪器

在琼脂覆盖法中，需利用倒置显微镜对材料附近脱色情况进行观察。倒置显微镜组成和普通显微镜一样，只不过物镜与照明系统颠倒，前者在载物台之下，后者在载物台之上，用于观察培养的活细胞，具有相差物镜。倒置显微镜的结构如图 8-1-1 所示，其构造主要分为三部分：机械部分、照明部分和光学部分。

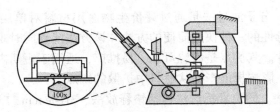

图 8-1-1 倒置显微镜结构示意图

2. 实验材料

细胞株：目前使用较多的是 L-929（小鼠结缔组织成纤维细胞株）。

生长培养基：由 Eagle's MEM 加入 10%小牛血清制得。

琼脂培养基：由 3%琼脂与 2 倍浓度的 Eagle's MEM 混合制得。

试样材料：各类生物医用材料。

阴性对照材料：在阴性样品周围和下面的细胞单层需达到标准的反应，即 $R = 0/0$。

阳性对照材料：在阳性样品周围和下面的细胞单层需达到标准的反应，即 $R = 2/2$。

将试样材料和对照材料均制成 $\phi 10mm$ 的圆片，若试样材料为液体材料或浸提液，则将 0.1mL 试样吸附在 $\phi 10mm$ 圆形的无菌滤纸片或纤维素片上，作为待测试样。各种材料用双蒸水清洗干净后用紫外线照射灭菌（正反面各 0.5h）。

实验步骤

（1）将培养 3~4d、生长旺盛的 L-929 细胞制备成浓度为 3×10^4 个/mL 的细胞悬液，吸取 10mL 细胞悬液注入直径为 90mm 的玻璃培养皿中，每次试验每种材料样品需要 2 只培养皿，若是浸提液需要 4 只培养皿。

（2）将细胞培养皿在 5%CO_2、37℃恒温培养箱中培养 24h 后，于倒置显微镜下观察细胞生长情况。

（3）选取在培养皿底部形成良好融合细胞单层的培养皿继续进行实验。吸出培养基，留下融合的细胞单层。将 3%琼脂在 80℃水浴中加热融化后加入 2 倍浓度的 Eagle's MEM 液中（5mL：5mL）制成琼脂培养液，将 10mL 琼脂培养液加入细胞培养皿中，轻轻旋转培养皿使琼脂培养基均匀一致，待其在温室下凝固。

（4）选取 10mL 新鲜配制的中性红活体染色液（0.1mL 2%染料/10mL 培养基）缓缓地加到凝固化的琼脂表面，使染色覆盖整个表面，避免强光照射 15min，用吸管吸去多余的染液。

（5）将一个阴性对照材料、一个阳性对照材料和两个相同的试样材料对称地放在培养皿的琼脂表面，将培养皿置于 37℃的 5%CO_2 培养箱中继续培养 24h。24h 后在倒置显微镜下观察材料周围和材料下脱色区范围及脱色区内细胞溶解情况。

（6）为了试验可靠起见，规定每种样品重复试验一次以上，最后取指标的平均值。

实验数据记录与处理

记录下每次每种试样的脱色区域指标 Z 和细胞溶解指标 L，均取平均值，得到反应指数 R，评价材料的细胞毒性。

实验注意事项

（1）正确使用中性红染料。中性红染料是一种光敏试剂，正常操作条件下中性红染料会产生光毒性作用，造成细胞死亡，因此在实验中在加入中性红染料前需关闭照明光源，并在整个培养过程中用拍照黑纸将培养皿严密包裹。

（2）掌握好琼脂培养基的温度。温度太高，影响细胞生存；温度过低则会来不及操作琼脂就已经凝固，在室温较低时更应注意这一问题。

思考题

（1）生物医用材料的生物相容性的评价方法有哪些？

（2）试简述琼脂覆盖法评价材料生物相容性的原理。

参考文献

［1］吕晓迎，薛淼，徐淑卿．医用高分子材料的体外细胞毒性研究［J］．口腔材料器械杂志，2000，9（4）：205～207．

［2］贾文英，史弘道．细胞毒性试验评价医用装置生物相容性的研究概况［J］．实用美容整形外科杂志，2001．

［3］吕晓迎，邱立崇，薛淼，等．十二种生物材料的细胞毒性研究——组织培养琼脂覆盖试验［J］．上海生物医学工程，1986（2）：19～25．

实验 8-2　生物材料的蛋白吸附测试

实验目的

（1）了解测量生物材料蛋白吸附性能的方法。

（2）掌握椭圆偏振法和 BCA 蛋白检测法研究生物材料蛋白吸附性能的操作步骤。

实验原理

生物陶瓷材料已广泛应用在替代患有疾病或者损伤的硬组织方面，并在人体环境中实现了原有硬组织的部分生理和力学功能，而发挥这一长效功能的重要基础是陶瓷材料的生物相容性。具有良好生物相容性的材料能够促进表面成骨细胞的增殖分化和骨组织的沉积，进而与材料形成良好的骨结合。材料表面的生物化学性质在很大程度上决定了其生物相容性。当材料暴露在生物环境中时，材料的表面便与含有各种蛋白质的组织液紧密接触，其表面立即会有蛋白质的吸附和堆积，这一蛋白质层对于材料的生物相容性具有重要的影响，对于改变材料的表面性质起着重要的作用。因此，对生物材料表面蛋白吸附的考察已经成为评价材料生物相容性和生物活性的重要内容。尽管生物材料表面从相同的生物内环境吸附蛋白，但不同的材料却有不同的生物反应，这是因为表面的蛋白吸附层因材料而异，由材料的表面特性决定。

数十年之前，测量材料表面蛋白吸附最广泛的技术是用放射性元素标记蛋白质然后直接测量材料表面的放射性，此方法简单、灵敏、应用广泛，但也存在许多问题，如对人体有辐射危害、不能显示蛋白质构象等。近年来，被广泛应用且为新发展的技术主要有傅里叶变换红外光谱计、椭圆偏振技术、SDS-PAGE 电泳、酶联免疫吸附测定法、石英晶体微天平、噬菌体展示技术、微量量热法等。

下面介绍两种研究生物材料蛋白吸附性能的方法。

1. 椭圆偏振技术

椭圆偏振术是一种新兴的用于研究生物分子固相表面吸附以及吸附分子间相互作用的表面分析技术。它根据照射到样品表面的偏振光偏振状态的改变反映材料的表面性质。入射偏振光经样品表面反射后其振幅和相位发生变化，通过调节起偏器和检偏器的角度使反射光达到最大消光，可以得到起偏角和检偏角读数 P、A，由 P、A 可求出椭偏测量参数 Δ 和 ψ。在蛋白浓度很低的情况下，物质表面吸附蛋白的厚度很小，ψ 值变化也很小，Δ 值的变化与物质表面的蛋白吸附量成近似的线性关系，因而蛋白吸附量可通过 Δ 值的变化来相对表示。

椭圆偏振技术因其具有测量过程不破坏被测体系、灵敏度高（可达原子尺寸）等优点，正逐渐受到生物医学领域研究者的重视。研究表明，该技术能在几秒钟内检测到固体材料表面吸附的血浆蛋白薄膜，能拍摄到牛血清白蛋白和抗体的复合分子吸附膜层的椭偏光图像，能在无需标记待测物的情况下，定量检测血清标本中特异性抗体的含量。

2. BCA 蛋白检测

Bicinchoninic acid（BCA）法是近来广为应用的蛋白定量方法。其测量原理示意图如

图 8-2-1 所示。在碱性环境下蛋白质与 Cu^{2+} 络合，并将 Cu^{2+} 还原成 Cu^+。BCA 与 Cu^+ 相互作用产生敏感的颜色反应。两分子的 BCA 螯合一个铜离子，形成稳定的紫蓝色复合物。该水溶性的复合物在 562nm 处显示强烈的吸光性，吸光度和蛋白浓度在广泛范围内（蛋白浓度在 $20 \sim 2000\mu g/mL$）有良好的线性关系，因此可根据吸光值推算出蛋白质浓度。该方法以快速、灵敏、稳定可靠，对不同种类蛋白质检测的变异系数非常小而倍受专业人士的青睐。

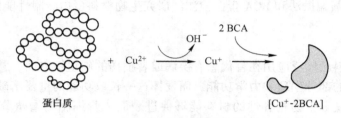

图 8-2-1　BCA 法测量蛋白浓度原理示意图

实验仪器设备与材料

1. 实验仪器

（1）椭圆偏振技术。椭偏仪，是一种用于探测薄膜厚度、光学常数以及材料微结构的光学测量设备。由于并不与样品接触，对样品没有破坏且不需要真空，使得椭偏仪成为一种极具吸引力的测量设备。

椭圆偏振仪的结构如图 8-2-2 所示。它的主要部件安装在分光计上，从激光器发出的光线，经过平行光管、带有读数头的一系列偏振器等，最后从望远镜出射时的光强由数字检流计显示。各主要部件的作用如下：

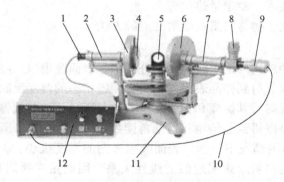

图 8-2-2　椭圆偏振仪的结构

1—半导体激光器；2—平行光管；3—起偏器读数头；4—1/4 波片；5—氧化锆标准样板；
6—检偏器读数头；7—望远镜筒；8—半反目镜；9—光电探头；
10—信号线；11—分光计；12—数字式检流计

1）偏振器读数头 3 和 6：一个做起偏器，一个做检偏器，读数头的下方有手动轮可用来转动偏振器以改变它们的透光轴的方向。旋转的角度可通过读数头窗口精确读出。

注意：窗口内有两排刻度，上排为偏振器的角位置，下排为 1/4 波片的角位置，两排读数均利用中间的游标使读数更加精确。

2）1/4 波片：1/4 波片由双折射晶体制成。它的光轴与表面平行。当有线偏振光垂直照射在 1/4 波片表面时，由于双折射的作用，光线将分解成 o 光和 e 光。它们的传播方向相同但从 1/4 波片出射时有相位差。因为 o 光光矢量的振动为快轴的方向，e 光光矢量的振动为慢轴方向（注：1/4 波片的光轴平行于其表面。用正晶体制成的 1/4 波片的快轴方向为垂直于光轴的方向，慢轴的方向即光轴的方向。而用负晶体制成的 1/4 波片则相反），故这两种光线在离开 1/4 波片时，根据相互垂直的简谐振动合成理论，它们必将合成为椭圆偏振光（如果适当调节 1/4 波片的方向使其光轴的方向与入射偏振光的振动方向夹角为 ±45°，则合成圆偏振光）。

3）半反射目镜 8：它安装在望远镜的观察孔处，内部有一 45° 放置的玻璃片，用眼睛观察时，既可以沿镜筒方向观察，又可以从上方观察。本实验在镜筒的水平观察处安装一光电探头，以便接收光信号并通过数字式检流计予以显示。

4）数字式检流计 12：光电探头 9 接收到光信号时，其光强可通过数字式检流计 12 精确地显示出来。根据光强的大小需注意调节数字式检流计的灵敏度档位。

椭偏法测量的基本思路是，起偏器产生的线偏振光经取向一定的 1/4 波片后成为特殊的椭圆偏振光，把它投射到待测样品表面时，只要起偏器取适当的透光方向，被待测样品表面反射出来的将是线偏振光。根据偏振光在反射前后的偏振状态变化（包括振幅和相位的变化），便可以确定样品表面的许多光学特性。

（2）BCA 蛋白检测。该方法需使用的实验仪器为酶标仪。酶标法的基本原理是将抗原或抗体与酶用胶联剂结合为酶标抗原或抗体，此酶标抗原或抗体可与固相载体上或组织内相应抗原或抗体发生特异反应，并牢固地结合形成仍保持活性的免疫复合物。当加入相应底物时，底物被酶催化而呈现出相应反应颜色。颜色深浅与相应抗原或抗体含量成正比。由于此技术是建立在抗原-抗体反应和酶的高效催化作用的基础上，因此，具有高度的灵敏性和特异性，是一种极富生命力的免疫学试验技术。

酶标仪就是应用酶标法原理的仪器，酶标仪类似于一台变相光电比色计或分光光度计，其基本工作原理与主要结构和光电比色计基本相同。如图 8-2-3 所示，光源灯发出的光波经过滤光片或单色器变成一束单色光，进入塑料微孔极中的待测标本，该单色光一部分被标本吸收，另一部分则透过标本照射到光电检测器上，光电检测器将投射到其上面的光信号的强弱转换成相应的电信号，电信号经前置放大、对数放大、模数转换等模拟信号处理后送入微处理器进行数据处理和计算，最后由显示器和打印机将测试结果显示、打印出来。

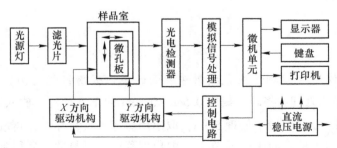

图 8-2-3　酶标检测仪工作原理图

酶标仪中微处理机通过控制电路控制机械驱动机构 X 方向和 Y 方向的运动移动微孔板（专用于放置待测样本的透明塑料板，板上有多排大小均匀一致的小孔，孔内都包埋着相应的抗原或抗体，微孔板上每个小孔可盛放零点几毫升的溶液。其常见规格有 40 孔板、55 孔板、96 孔板等多种），从而实现自动进样检测。还有一些酶标仪采用手工移动微孔板进行检测，省去了 X、Y 方向的机械驱动机构和控制电路，从而使仪器更小巧，结构也更简单。

图 8-2-4 所示为一种酶标仪的光路系统。光源灯发出的光，经过聚光镜、光阑后，到达反射镜，经反射镜作 90° 反射后，垂直通过比色液，然后再经滤光片到达光电管。一般酶标仪的光束既可以设计成从上到下通过比色液，也可以设计成从下到上通过比色。

由酶标仪的工作原理方框图和光路图可以看出，它和普通光电比色计的不同之处在于：一是盛装比色液的容器不是使用比色皿，而是使用了塑料微孔板，塑料微孔板常用透明的聚乙烯材料制作，之所以采用塑料

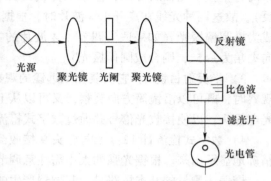

图 8-2-4   酶标检测仪光路系统

微孔板来作固相载体，是利用它对抗原或抗体有较强的吸附这一特点；二是酶标仪的光束是垂直通过待测液的；三是酶标仪通常不使用 A 而是使用光密度 OD 来表示吸光度。

2. 实验材料

（1）椭圆偏振技术：

蛋白：牛血清白蛋白；

PBS 缓冲液；

化学试剂：NH_4OH、H_2O_2、蒸馏水、HCl、四氢呋喃；

测试样品、硅片。

（2）BCA 蛋白检测：

DMEM 培养液、PBS 缓冲液；

蛋白：牛血清白蛋白；

十二烷基硫酸钠（SDS）：蛋白质溶液与 SDS 混合，SDS 将破坏蛋白质的二级结构，使蛋白质从样品上脱落；

BCA 蛋白测定试剂盒；

测试样品。

实验步骤

1. 椭圆偏振仪法（以测试聚氨酯材料表面的蛋白吸附性能为例）

（1）硅片的亲水处理：将硅片裁成 0.5cm×0.5cm 的正方形片，放入 80℃ 的 NH_4OH：H_2O_2：$H_2O=1:1:5$ 的溶液中处理 5min，取出用蒸馏水反复冲洗，再放入 80℃ 的 HCl：H_2O_2：$H_2O=1:1:5$ 的溶液中处理 5min，取出用蒸馏水反复冲洗后得到亲水性硅片。

（2）聚氨酯薄膜的制备：聚氨酯颗粒溶于浓度为 16mg/mL 的四氢呋喃中。将亲水处理后的硅片水平固定在旋涂仪上，在旋转的硅片中央滴上 10～25μL 聚氨酯溶液，制成光滑的聚氨酯薄膜。待溶剂完全挥发后，将铺有聚氨酯的硅片置入 pH7.4 的磷酸盐缓冲液（PBS）中浸泡 30min～2h，使薄膜充分膨胀，以避免因薄膜本身厚度变化引起椭圆偏振测量中的误差。PBS 配方：NaCl 8g + KCl 0.2g + Na$_2$HPO$_4$ 1.44g + KH$_2$PO$_4$ 0.24g，浓度为 5mg/mL，用 0.22 μm 滤膜过滤以除去溶液里的细菌后 2 mL 分装，于 4℃ 避光保存。

（3）椭圆偏振术：分别将经亲水处理的硅片和铺有聚氨酯薄膜的硅片置于样品池底部中央，加入 pH7.4 的 PBS 缓冲液，并使照射到硅片上的偏振光光斑保持不动。分别加入不同浓度的蛋白质溶液，在不同吸附时间后测量加入蛋白质溶液后的 P 值和 A 值，通过 Δ 值变化反映蛋白在硅片表面的吸附量。检测 Δ 值的变化与时间的关系，即可反映蛋白质在硅片表面的吸附动力学过程。

2. BCA 蛋白检测（以测试金属 Ti 表面的蛋白吸附性能为例）

（1）蛋白吸附：将金属 Ti 片放置在 24 孔板中，孔板中加入了 500μL 的含 10% 牛血清白蛋白的 DMEM 培养液，在培养箱中于 37℃ 培养 24h。培养结束后，用磷酸盐缓冲剂清洗 3 次，转移到新孔中。在每个孔中添加 1% 十二烷基硫酸钠（SDS）溶液（500μL），并将样品振摇 15min。

（2）配制 BCA 工作液：按 50 体积 BCA 试剂 A 加 1 体积 BCA 试剂 B 配制适量的 BCA 工作液，充分混匀。BCA 工作液室温 24h 内稳定。

（3）稀释蛋白标准品：取 10μL 蛋白标准品用 PBS 稀释至 100μL，使其浓度为 0.5mg/mL。将标准品按 0、1μL、2μL、4μL、8μL、12μL、16μL、20μL 加到 96 孔板的蛋白标准品孔中，加 PBS 补足到 20μL。

（4）稀释样品：加适当体积的样品加入 96 孔板的样品孔中，补加 PBS 到 20μL。各孔加入 200μL BCA 工作液，在 37℃ 放置 30min。

（5）测量吸光度：冷却到室温，用酶标仪测定标准蛋白样和待测样品在 562 nm 波长下的吸光度，根据标准曲线计算出待测样品中的蛋白浓度。

实验数据记录与处理

1. 椭圆偏振仪法

记录不同浓度的蛋白质溶液以及不同吸附时间条件下起偏角和检偏角读数 P、A，并由 P、A 求出椭偏测量参数 Δ 和 ψ。绘制出在蛋白质浓度一定时 Δ 值随吸附时间的变化曲线（即吸附动力学曲线）。另外通过分析该曲线，得到样品表面蛋白质的最终吸附量（吸附量的极限，即吸附量不再随吸附时间的增加而增加），接着绘制出样品的最终吸附量随蛋白质浓度的变化曲线。

2. BCA 蛋白检测

打开 origin 软件，输入标准蛋白样品的浓度和相应的吸光度（OD）值，绘制出浓度-吸光度散点图，并拟合出吸光度与浓度之间的线性关系函数。（注：拟合因子越接近于 1，说明拟合程度越高）。

在得到吸光度与浓度之间的线性函数后，根据待测样品的吸光度计算出待测样品中蛋白质的浓度值。

实验注意事项

（1）椭圆偏振术测量对样品的基本要求是待测物表面要有较高的光洁度和反射率。硅片表面需抛光后才能满足这一要求。

（2）BCA 蛋白检测法检测的蛋白质浓度范围为 $20 \sim 500\mu g/mL$，当蛋白质浓度 $<20\mu g/mL$ 时，推荐采用 $60℃$ 温浴，并将蛋白液与工作液的比例调至 $1:8$ 后进行测定，这样蛋白浓度可以检测到 $5\mu g/mL$。

（3）在 BCA 蛋白检测中，反应颜色的深浅除了与样品的蛋白质浓度相关外，还与反应的温度有关。如果样品的浓度较高（$>50 \mu g/mL$），反应温度一般采用 $37℃$；如果样品蛋白质的浓度较低（$<50 \mu g/mL$），反应温度采用 $60℃$，该温度下，色氨酸、酪氨酸和肽键得到充分氧化，可大大提高检测灵敏度。

思考题

（1）测量生物材料的蛋白吸附性能有哪些方法？

（2）椭圆偏振法和 BCA 蛋白检测研究材料蛋白吸附性能的原理是什么？

参考文献

［1］严洪海．金属生物材料表面的蛋白吸附的研究方法［J］．中国口腔种植学杂志，1998（2）：89~93.

［2］胡勇，曾雪梅．用椭圆偏振术研究血清白蛋白和纤维蛋白原在硅片及聚氨酯薄膜表面的吸附行为［J］．中国生物医学工程学报，1998，17（1）：54~58.

［3］Li K，Dai F，Yan T，et al. Magnetic Silicium Hydroxyapatite Nanorods for Enhancing Osteoblast Response in Vitro and Biointegration in Vivo［J］．ACS Biomaterials Science and Engineering，2019，5（5）：2208~2221.

实验 8-3　生物材料的生物活性测试

实验目的

（1）了解生物活性材料和生物活性的基本概念。

（2）掌握评价生物材料生物活性的原理和方法。

实验原理

生物材料包括具有良好的生物相容性材料、生物降解性材料和非生物降解性材料 3 大类。著名的生物材料专家 Hench 教授将生物材料的发展分为 3 个阶段：第一代是生物惰性材料，第二代是生物活性材料和可降解材料，第三代是能在分子水平上刺激细胞产生特殊应答反应的生物材料。结合国内外发展状况和我国国情，我国生物材料的近中期战略目标应集中研究第二代生物活性材料。

所谓生物活性材料是一类具有生物活性的材料。生物活性，在材料领域里主要指能在材料与生物组织界面上诱发特殊生物、化学反应的特性，这种反应导致材料和生物组织间形成化学键合。在生物矿化过程中，主要指生物材料与活体骨产生化学键合的能力，是衡量生物材料的一个重要指标。研究发现，生物活性陶瓷在植入体内后都能在其表面形成磷灰石层，并通过该磷灰石层与骨基质键合。该磷灰石层式由具有缺位结构和低结晶度的含碳酸根磷灰石纳米晶组成，与人体骨中所含的矿质磷灰石类似。这种独特的组成和结构可促使成骨细胞在磷灰石上扩散增殖，分化出由生物磷灰石和胶原等组成的胞外基质，通过在骨和磷灰石表面形成的化学键合来降低其界面能。因此，人工材料和活体骨键合的基本条件是在材料表面形成具有生物活性的类骨磷灰石层。

因此，通常人们利用材料表面在人体模拟体液（simulated body fluid，SBF）中形成磷灰石的能力，来反应材料在体内的生物活性。将生物试样浸泡于模拟体液中一定天数，通过 X 射线衍射技术分析浸泡前后试样表面的相组成变化，判断是否有羟基磷灰石相生成；通过电感耦合等离子体发射光谱测定浸泡前后 SBF 中 Ca、P 的含量变化，判断 SBF 液中是否存在 Ca^{2+} 及含 P 基团的交换与沉积；通过扫描电子显微技术观察浸泡前后试样表面形貌的变化，同时利用电子能谱进一步对物相的元素组成进行确定。综合以上结果，评价材料在模拟人体条件下的性能。此评价材料生物活性方法的应用可以减少实验所需动物数量，同时增加动物实验的可持续时间。

实验仪器设备与材料

1. 实验仪器

本实验中需要利用的仪器有 X 射线衍射仪、扫描电子显微镜结合电子探针以及电感耦合等离子体发射光谱仪。下面分别进行介绍。

（1）X 射线衍射仪。衍射仪是进行 X 射线分析的重要设备，主要由 X 射线发生器、测角仪（测量角度 2θ 的装置）、记录仪（测量 X 射线强度的计数装置）、水冷却系统以及条件输入和数据处理系统组成。图 8-3-1 所示为 X 射线衍射仪结构示意图。

X射线发生器主要由高压控制系统和X光管组成，它是产生X射线的装置，由X光管发射出的X射线包括连续X射线光谱和特征X射线光谱。连续X射线光谱主要用于判断晶体的对称性和进行晶体定向的劳埃法，特征X射线用于进行晶体结构研究的旋转单体法和进行物相鉴定的粉末法。

测角仪是衍射仪的重要部分，X射线源焦点与计数管窗口分别位于测角仪圆周上，样品位于测角仪圆的正中心。在入射光路上有固定式梭拉狭缝和可调式发射狭缝，在反射光路上也有固定式梭拉狭缝和可调式防散射狭缝与接收狭缝。有的衍射仪还

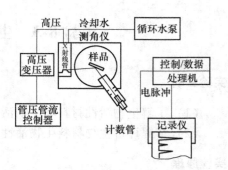

图 8-3-1   X 射线衍射仪结构示意图

在计数管前装有单色器。当给X光管加以高压，产生的X射线经由发射狭缝射到样品上时，晶体中与样品表面平行的面网，在符合布拉格条件时即可产生衍射而被计数管接收。当计数管在测角仪圆所在平面内扫射时，样品与计数管以1：2速度连动。因此，在某些角位置能满足布拉格条件的面网产生的衍射线将被计数管依次记录并转换成电脉冲信号，经放大处理后通过记录仪描绘成衍射图。

衍射仪中常用的探测器是闪烁计数器。它是利用X射线在某些固体物质中产生的波长在可见光范围内的荧光，能再转换为可测量的电流。由于输出的电流和计数器吸收的X射线能量成正比，因此可以用来测量衍射线的强度。

（2）扫描电子显微镜。扫描电镜利用聚焦电子束在样品表面逐点扫描，与样品相互作用产生各种物理信号，这些信号经检测器接收、放大并转换成调制信号，最后在荧光屏上显示反映样品表面各种特征的图像。扫描电镜具有景深大、图像立体感强、放大倍数范围大且连续可调、分辨率高、样品室空间大且样品制备简单等特点，是进行样品表面研究的有效工具。

扫描电镜的基本结构可分为六大部分，电子光学系统、扫描系统、信号检测放大系统、图像显示和记录系统、真空系统和电源及控制系统。图8-3-2所示为扫描电镜主机构造示意图。

1）电子光学系统：主要包括电子枪、电磁透镜、扫描线圈和样品室。

电子枪：根据阴极材料分类，电子枪主要有三种类型，钨丝、六硼化镧、钨单晶。根据分辨率的不

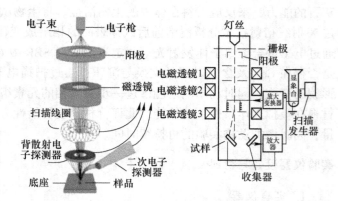

图 8-3-2   扫描电镜主机构造示意图

同，可选择不同的阴极材料。电子束加速电压一般为 0.5~30kV。

电磁透镜主要是对电子束进行聚集，一般有2~3个透镜，每个透镜都配有光阑，可对无用的电子实现遮挡。目前扫描电镜的透射系统有3种结构：双透镜系统、双级励磁的

三级透镜系统和三级励磁的三级透镜系统。

扫描线圈的作用是在扫描信号发生器的作用下，对样品表面进行从左到右的光栅式扫描。样品室是试样的检测场所，同时装有各种信号探测器。样品在该区域可实现上下、前后、旋转等运动，以便对样品进行全方位的观测。

2）扫描系统。扫描系统由扫描发生器和扫描线圈组成，其作用有二：使入射电子束在样品表面扫描，并使阴极射线显像管电子束在荧光屏上作同步扫描；改变入射束在样品表面的扫描幅度，从而改变扫描图像的放大倍数。

3）信号收集及图像显示系统。扫描电镜应用的物理信号可分为电子信号（包括二次电子、背散射信号、透射电子和吸收电子）、特征 X 射线信号（用 X 射线谱仪进行检测）、光学信号（如阴极荧光）。

图像显示系统是将电信号转换为阴极射线显像管电子束强度的变化，得到一副亮度变化的扫描图像，同时用照相方式记录下来，或用数字化形式存储于计算机中。

（3）电感耦合等离子体发射光谱仪。电感耦合等离子体发射光谱仪是以电感耦合等离子炬为激发光源的一类光谱分析方法，它是一种由原子发射光谱法衍生出来的新型分析技术。它能够方便、快速、准确地测定样品中的多种元素的含量，且没有显著的基体效应。

等离子体发射光谱仪一般由进样系统、高频发生器、检测器（CID）、分光系统、气体控制系统、冷却系统、数据处理系统等组成，其结构示意图如图 8-3-3 所示。

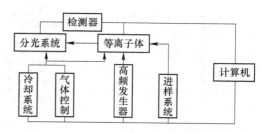

图 8-3-3　等离子体发射光谱仪结构示意图

2. 实验材料

（1）配制模拟体液 SBF 所需试剂：氯化钠 NaCl、碳酸氢钠 $NaHCO_3$、氯化钾 KCl、三水磷酸氢二钾 $K_2HPO_4 \cdot 3H_2O$、六水氯化镁 $MgCl_2 \cdot 6H_2O$、氯化钙 $CaCl_2$、硫酸钠 Na_2SO_4、三羟甲基胺烷 $(HOCH_2)_3CNH_2$、1M-盐酸 HCl、pH 标准溶液（pH 4，7，9）。

（2）其他试剂：去离子水。

（3）测试试样：各类生物医用材料，如果材料为粒状或粉末状，需先成型为块状试样。

实验步骤

（1）模拟体液的配制：模拟体液中各离子的浓度根据人体血浆的无机成分中离子的浓度进行配置，用三羟甲基氨基甲烷和 1mol/L 盐酸溶液调节 pH 为 7.4（表 8-3-1）。具体步骤为：准备一个 1000mL 的聚乙烯烧杯，首先在烧杯中装入 700mL 离子交换蒸馏水、一个适当大小磁子，杯口密封采用蒸发皿或塑料薄膜，搅拌并调节水温至（36.5±1.5）℃。按表 8-3-2 所列顺序将化合物逐个加入，使之在 36.5℃ 恒温下逐个溶解。另外，在溶解三羟甲基氨基甲烷前，在溶液中插入 pH 计，在加入三羟甲基氨基甲烷和 1M-HCl 过程中，要缓慢加入，并注意溶液 pH 值的变化。

表 8-3-1　血浆和模拟体液中各离子的浓度

离　子	离子浓度/mM	
	血浆	SBF
Na^+	142.0	142.0
K^+	5.0	5.0
Mg^{2+}	1.5	1.5
Ca^{2+}	2.5	2.5
Cl^-	103.0	147.8
HCO_3^-	27.0	4.2
HPO_4^{2-}	1.0	1.0
SO_4^{2-}	0.5	0.5
pH	7.2~7.4	7.4

表 8-3-2　SBF 溶液配置时各试剂添加的顺序及添加量

序　号	试　剂	质　量	容器
1	NaCl	8.035g	称量纸
2	$NaHCO_3$	0.355g	称量纸
3	KCl	0.225g	称量瓶
4	$K_2HPO_4 \cdot 3H_2O$	0.231g	称量瓶
5	$MgCl_2 \cdot 6H_2O$	0.311g	称量瓶
6	1.0 M-HCl	39 mL	量筒
7	$CaCl_2$	0.292g	称量瓶
8	Na_2SO_4	0.072g	称量瓶
9	$(HOCH_2)_3CNH_2$	6.118g	称量纸
10	1.0 M-HCl	0~5mL	注射器

（2）将试样材料在真空干燥箱干燥后，置于配置好的 SBF 溶液中，37℃水浴震荡 7d、14d、21d 后取出，用去离子水洗涤数次，80℃烘干待测。

（3）利用扫描电子显微镜（SEM）观察浸泡前后样品表面的变化，浸泡后表面形成物的相组成由 X 射线衍射仪（XRD）测定，利用电感耦合等离子体发射光谱仪（ICP）测量浸泡前后 SBF 溶液中 Ca^{2+} 和 PO_4^{3-} 离子的浓度。

实验数据记录与处理

（1）根据浸泡 7d、14d 和 21d 后试样的 XRD 数据，绘制 XRD 图谱，分析物相组成，判断是否有羟基磷灰石相生成。

（2）记录 ICP 测定不同天数浸泡前后 SBF 中 Ca、P 的含量，判断 SBF 液中是否存在 Ca^{2+} 及含 P 基团的交换与沉积。

（3）通过 SEM 照片分析浸泡前后试样表面形貌的变化，进一步判断是否有羟基磷灰石相或其他沉积物生成。

实验注意事项

（1）由于 SBF 溶液对于磷灰石过饱和，所以配备方法不恰当会导致溶液中产生磷灰石沉淀。整个配备过程需要确保溶液无色、透明，容器表面无沉淀出现，如果过程中产生沉淀，倒去溶液，洗净仪器重新配制。

（2）配备 SBF 溶液不能用玻璃容器，必须是塑料容器且不能有划痕。溶解试剂时，需在前一化合物完全溶解后才能加入下一个化合物。由于 $CaCl_2$ 经常以小颗粒形式存在，而小颗粒的溶解需要相对较长时间，且 $CaCl_2$ 对磷灰石成核有很大影响，所以溶解氯化钙需要较长时间，保证它溶解完全之后，再溶解下一化合物。

思考题

（1）评价材料生物活性的原理是什么？

（2）如何评价材料的生物活性？

参考文献

［1］苏葆辉，冉均国，苟立，等．改性玻璃陶瓷在模拟体液中类骨磷灰石层形成的研究［J］．生物医学工程研究，2003，22（4）：1～3.

［2］彭雪林，李玉宝，严永刚，等．纳米羟基磷灰石/聚酰胺 66 复合材料在模拟体液（SBF）中的表面生物活性研究［J］．高技术通讯，2003，13（12）：38～42.

实验 8-4　生物材料的降解性能测试

实验目的

掌握评价生物材料降解性能的原理和方法。

实验原理

近年来生物材料被广泛应用于医学领域中，并在临床上取得了成功，为研制人工器官和一些医疗器具提供了物质基础。在医疗过程中，有时需要一些暂时性的材料，如骨折内固定，这要求植入材料在创伤愈合或药物释放过程中生物可降解；在人体组织工程研究中，需要在一些合成材料上培养组织细胞，让其生长成组织器官，这要求材料在相当长的时间内生物缓慢降解。因此开发高安全性的可降解生物材料，不断提高此材料的性能、完善材料的设计是我们急需解决的问题。生物降解材料是一类在生物机体中，在体液及其酸、核酸作用下，材料不断降解被机体吸收，或排出体外，最终所植入的材料完全被新生组织取代的天然或合成的生物医用材料。与非可降解生物材料相比，可降解生物材料具有许多优势：（1）更好的生物相容性。可降解生物材料一般会根据人体的环境特征而进行材料设计与表面界面改性，可以有效提高植入材料与组织间的相容性，同时保证材料应有的物理与力学性能。（2）植入材料的物理和力学性能稳定可靠、易于加工成型、便于消毒灭菌、无毒无热源、不致癌不致畸等。（3）暂时植入体内的材料其降解周期可控，并且降解产物是可被吸收或代谢的无毒单体或链段，可降解高分子材料的降解单体大都为可被人体吸收的小分子；可降解生物陶瓷在体内会降解成颗粒、分子或者离子，被细胞作为原料使用而逐步消失；可降解金属材料会形成离子态进而被人体吸收利用。

生物医用植入材料在生物学环境下发生降解的根本原因是二者之间的相互作用。材料在生物体内的反应造成材料发生降解、溶解等现象。那么，如何评价生物材料的生物降解性？生物材料的降解性可以通过模拟体液 SBF 浸泡的方式来研究。模拟体液中的离子浓度与人体血浆中的离子浓度相近，通过研究生物材料在模拟体液浸泡过程中的离子释放过程、质量损失以及强度的变化，均可以评价该材料的生物降解性能。

实验仪器设备与材料

1. 实验仪器

（1）在评价生物粉体材料的降解性能时，需使用的实验仪器为电感耦合等离子体发射光谱仪，该仪器的结构和测试原理在生物材料的生物活性测试实验中已有详细的介绍。

（2）在评价具有一定形状和强度的生物材料的降解性能时，需使用的实验仪器为电子天平和万能试验机。下面介绍万能试验机的结构和测试原理。

万能试验机，又称为拉力试验机，是集拉伸、弯曲、压缩、剪切、环刚度等功能于一体的材料试验机，主要用于金属、非金属材料力学性能试验。

万能试验机的主要结构如图 8-4-1 所示，包括两大结构：主机和测力系统，两者通过高压软管连接。

1）主机。主机主要由底座、工作台、立柱、丝杠、移动横梁以及上横梁组成。其中移动横梁上部安装有下钳口，下部安装有上压力板，上横梁下部安装有上钳口，工作台、上横梁通过两根立柱连接，构成一刚性框架。

工作台与活塞连接，随着活塞一起上下移动。移动横梁通过传动螺母连接在丝杠上，随着丝杠的转动而作上下运动。丝杠的驱动机构由驱动电机、链轮、链条组成。驱动电机通过链条传动使两根丝杠同步转动。

图 8-4-1　万能试验机的示意图

高压油泵向油缸内供油使活塞上升，带动工作台向上运动，从而进行试样的拉伸、剪切试验和抗压试验。拉伸和剪切试验在移动横梁和上横梁之间进行，抗压试验在工作台和移动横梁之间进行。

2）测力系统。可以提供传感器测量信号方式，一个是力值，一个是变形值，一个是位移值，用户可以方便地进行使用。

2. 实验材料

（1）配制模拟体液所需试剂：氯化钠（NaCl）、碳酸氢钠（$NaHCO_3$）、氯化钾（KCl）、三水磷酸氢二钾（$K_2HPO_4 \cdot 3H_2O$）、六水氯化镁（$MgCl_2 \cdot 6H_2O$）、氯化钙（$CaCl_2$）、硫酸钠（Na_2SO_4）、三羟甲基胺烷（$(HOCH_2)_3CNH_2$）、1M-盐酸（HCl）、pH标准溶液（pH 4，7，9）

（2）其他试剂：乙醇。

（3）测试试样：粉末试样或具有一定形状（如矩形）和强度的试样。

实验步骤

1. 模拟体液的配置

该配置过程与生物材料的生物活性测试实验中模拟体液的配置步骤一致。

2. 模拟体液浸泡

当测试材料为粉体材料时，将称量好的生物材料粉末加入 SBF 溶液中，置于恒温培养摇床中培养，培养温度设置为37℃，振荡频率为120r/min。

当测试材料为具有一定形状和强度的材料时，将测试样品以尼龙线悬挂于 SBF 溶液中，放在37℃恒温摇床上，振荡频率为120r/min。

3. 降解性能评价

当测试材料为粉体材料时，在浸泡1d、2d、5d 和15d 时，吸取 2 mL 培养液用于电感耦合等离子体发射光谱仪测试，可测得溶液中某些元素（材料中的组成元素）的含量，分析该材料的降解过程。

当测试材料为具有一定形状和强度的材料时，除了通过测量 SBF 溶液中某些元素的含量变化分析材料的降解过程外，还可以通过在浸泡1d、2d、5d 和15d 时，分别取出样品用75%乙醇冲洗，干燥，然后测试其质量和强度（如抗弯强度），通过质量剩余量和强度剩余量随浸泡时间的变化，分析该材料的降解过程。

实验数据记录与处理

（1）记录通过 ICP 测试出的不同浸泡时间下某些元素的浓度值，绘制出各元素浓度随浸泡时间的变化曲线，根据元素的浓度变化分析材料的生物降解性。

（2）记录通过电子天平测试的不同浸泡时间下试样的质量，绘制出材料的质量剩余量随浸泡时间的变化曲线，根据材料质量的变化分析材料的生物降解性。

（3）记录通过万能试验机测试的不同浸泡时间下试样的最大弯曲力 F_{bb}，通过公式计算出最大弯曲应力 σ_{bb}：

$$\sigma_{bb} = \frac{F_{bb}L_s}{4W}$$

$$W = \frac{bh^2}{6}$$

式中 L_s——跨距；

       b——试样宽度；

       h——试样的高度。

绘制出材料的强度剩余量随浸泡时间的变化曲线，根据材料强度的变化分析材料的生物降解性。

实验注意事项

（1）配备 SBF 溶液不能用玻璃容器，必须是塑料容器且不能有划痕。溶解试剂时，需在前一化合物完全溶解后才能加入下一个化合物。由于 $CaCl_2$ 经常以小颗粒形式存在，而小颗粒的溶解需要相对较长时间，且 $CaCl_2$ 对磷灰石成核有很大影响，所以溶解氯化钙需要较长时间，保证它溶解完全之后再溶解下一化合物。

（2）在利用万能试验机测量材料的力学性能前，需先用游标卡尺测量矩形试样的长宽高值。

思考题

（1）如何评价生物材料的降解性能？

（2）如何测试材料的抗弯强度？

参考文献

［1］袭迎祥，王迎军，郑岳华. 可降解生物医用材料的降解机理［J］. 佛山陶瓷，1999（21）：68~72.

［2］宁佳，王德平，黄文昆，等. 硼硅酸盐生物玻璃的制备及其体外生物活性和降解性［J］. 硅酸盐学报，2006，34（11）：1326~1330.

实验 8-5　生物材料的抗菌性能测试

实验目的

（1）了解生物材料抗菌性能的测试方法。

（2）掌握振荡法和贴膜法测定材料抗菌性能的原理和步骤。

实验原理

生物材料是常被应用于人工器官、外科修复、诊断、治疗疾病等的新型材料，广泛应用于人们的生产生活中，极大改善了人们的生活水平和状态，同时人们对生活环境安全和高分子材料抗菌卫生等方面给予了高度重视。材料抗菌性能的不足会大大增加术后植入物周围感染率，感染的发生意味着手术失败，甚至威胁患者生命。有研究表明在院内获得性感染中，医用植入材料相关感染所占比例高达 45%。术后植入物相关感染是常见并发症，也是临床治疗难点。因此，完善生物材料的抗菌性能成为研究热点。

材料的抗菌性能包括抑菌作用和杀菌作用。一般采用最小抑菌浓度法或导电率法来评价抑菌性能；通过最小杀菌浓度法、细胞数量测定法、比浊法来评价杀菌性能。目前国内外涉及抗菌材料检测的相关标准有 30 余项，涉及化工、纺织、材料、电子、卫生等多个领域。抗菌性能检测方法的选择要根据抗菌材料及制品的亲水性、溶出性以及制品的外在形态等来确定，常用的方法有如下几种。

1. 抑菌环法

抑菌环法为定性实验方法，多用于对溶出性抑菌剂与含有溶出性抑菌剂产品的鉴定。利用抗菌剂不断溶解，经琼脂扩散形成不同浓度梯度，以显示其抑菌作用。实验时用灭菌生理盐水菌悬液浓度调至 10^8 cfu/mL，与营养琼脂混合固化成实验平板，把材料加工成直径一定的圆片，置于平板中央，在此圆片周围出现细菌生产禁止区（即抑菌圈）。经 37℃培养 18h 后，比较抗菌材料与参照材料抑菌圈的面积，评价抗菌材料的性能。

2. 最小抑菌浓度、最低杀菌浓度

MIC（minimal inhibitory concentration）即最小抑菌浓度，适用于液体、粉体等抗菌剂的抗菌性能测定。将经过 121℃灭菌 2h 的抗菌剂以 0.1 mL 为中心，按 1/2 和 2 倍的比例配制各种浓度的悬浊液，置于预先消毒的三角锥瓶或 L 形试管中，将适量浓度（为 $1.0\sim5.0\times10^4$ cfu/mL）的菌液置于其中，于 37℃下振荡培养 24h，观察各容器浑浊度，判定细菌是否增殖，未增殖的最小浓度即为抗菌粉体的 MCI。

MBC（minimal bactericidal concentration）即最低杀菌浓度，该法适用于粉体抗菌剂抗菌性能的测定。将抗菌剂用无菌蒸馏水充分地分散，然后以 2 倍的比例稀释，配制不同浓度的悬浊液，将 0.1 mL 浓度为 2.0×10^6 cfu/mL 的菌液接种到 0.5 mL 不同浓度实验悬浊液中，在 30℃±1℃下于恒温振荡器中培养 24h。振荡培养后，将各实验液接种到培养基上。放入恒温培养箱中，于 37℃±1℃下培养 24h 后，用肉眼观察，没有细菌增殖现象的最小浓度即为抗菌剂的 MBC。

3. 抗菌率

本方法是一种定量评定抗菌制品的抗菌性能的测试方法。该法广泛适用于织物和粉体等大多数抗菌制品的抗菌性能检测。常用的检测抗菌率的方法有振荡法、贴膜法和浸润法等。如不容易溶解的某些粉末状固体物质就可选择振荡法，溶出性和非溶出性的纤维、织物、塑料粉体和微孔滤材都可以根据振荡法得到其抗菌效果；非吸水性且可制成有一定面积的材料或涂层，如塑料、陶瓷、漆膜、板材和金属等硬质表面材料的抗菌性能检测时可以选择贴膜法。采用振荡法进行检测时，可以采用适当浓度的待测样的磷酸盐缓冲液中加入 1mL 接种菌液，而后在 37℃±1℃ 下振荡一定时间，用稀释平板培养法测定存活菌数。通过测定待测样和对照样的存活菌数，计算得到待测样的抗菌率：

$$R = \frac{A - B}{A} \times 100\%$$

式中　R——抗菌率,%；

　　　A——对照样品与受试菌接触一定时间后平均回收菌数，cfu/mL；

　　　B——试验样品与受试菌接触一定时间后平均回收菌数，cfu/mL。

本实验采用振荡法和贴膜法测定样品的抗菌率，评价材料的抗菌性能。

实验仪器设备与材料

1. 实验仪器

（1）试验设备。A_2 型二级生物安全柜、恒温振荡培养箱、恒温培养箱、压力蒸汽灭菌锅、电热恒温干烤箱、冷藏冰箱、微波炉、天平。

（2）试验器材。三角烧瓶、平皿、试管、量筒、吸管、移液管、酒精灯、试管架等。

2. 实验材料

（1）试验用标准菌种。金黄色葡萄球菌 ATCC6538、大肠杆菌 8099 或 ATCC25922、白色念珠菌 ATCC10231。

（2）普通营养肉汤培养基（用于金黄色葡萄球菌和大肠杆菌增菌培养）。蛋白胨 10g、牛肉膏 5g、氯化钠 5g、蒸馏水 1000mL。

调节 pH 值至 7.2~7.4，高压蒸汽灭菌 121℃、20min。

（3）普通营养琼脂培养基（用于金黄色葡萄球菌和大肠杆菌的培养）。蛋白胨 10g、牛肉膏 5g、氯化钠 5g、琼脂 20g、蒸馏水 1000mL。

调节 pH 值至 7.2~7.4，高压蒸汽灭菌 121℃、20min。

（4）沙堡氏琼脂培养基（用于白色念珠菌的培养）。蛋白胨 10g、葡萄糖 40g、琼脂 20g、蒸馏水 1000mL。

调节 pH 值至 5.4~5.8，高压蒸汽灭菌 115℃、30min。

（5）含 0.1%（体积分数）吐温-80 的磷酸盐缓冲液（PBS，0.03 mol/L，pH 7.2~7.4）（用于菌液和试验样本的稀释）。磷酸氢二钠（Na_2HPO_4，无水）2.83g、磷酸二氢钾（KH_2PO_4）1.36g、非离子表面活性剂吐温-80 1.0g、蒸馏水 1000mL。

高压蒸汽灭菌 121℃、20min。

（6）对照样品。当试验样品为纳米粉体时，对照样品为二氧化硅粉末，要求粉末尺寸不大于 100nm，纯度为 98%～99%，不具有抗菌作用且对试验结果的判定无影响；当试验样品为制成一定面积的材料或涂层时，对照样品为卫生级高密度聚乙烯（HDPE）注塑成型，标准尺寸为 50mm×50mm（±2mm），厚度不大于 5mm，要求其本身不具有抗菌作用，且对试验结果的判定无影响。

（7）测试样品：

1）纳米粉末。

2）制成一定面积的材料或涂层：将试验样品制成标准尺寸为 50mm×50mm（±2mm），若试验样本规格较小，应不小于 20mm×20mm。

（8）其他材料。聚乙烯薄膜、乙醇溶液等。

实验步骤

（1）当试验材料为纳米粉体时，采用振荡法评价材料的抗菌性能，具体的实验步骤如下。

1）菌种斜面的制备。

①菌种活化。取干菌种管，在无菌操作下打开，以毛细吸管加入适量营养肉汤，轻柔吹吸数次，使菌种融化分散。取含 5.0～10.0mL 营养肉汤培养基试管，滴入少许菌种悬液，置于 37℃±1℃ 培养箱中培养 18～24h，即为第一代培养物。

②分离。用接种环取第一代培养的菌悬液，划线接种于营养琼脂培养基平板上，置于 37℃±1℃ 培养箱中培养 18～24h，即为第二代培养物。

③纯化。挑取上述第二代培养物中典型菌落，接种于营养琼脂斜面，置于 37℃±1℃ 培养箱中培养 18～24h，即为第三代培养物。

④菌种保藏。将菌种接种于营养琼脂培养基斜面上，在 37℃±1℃ 培养 24h 后，在 0～5℃ 下保藏，一般不超过一个月转种 1 次。怀疑有污染时，应以菌落形态、革兰染色与生化试验等方法进行鉴定。

2）菌悬液的制备。取菌种第三代至第八代的营养琼脂培养基斜面 18～24h 新鲜培养物，用 5.0mL 吸管吸取 3.0～5.0mL 的 0.03mol/L 磷酸盐缓冲液加入斜面试管内，反复吸吹，洗下菌苔。将洗下的菌液移至另一试管中，用振荡器混匀后，用 0.03mol/L 磷酸盐缓冲液稀释至适宜浓度（约为 10^5cfu/mL）。细菌繁殖体悬液应保存在 4℃ 冰箱内备用且保存不应超过 4h。

3）对照组样液的制备。称取对照样本 0.5g±0.05g 粉末放入三角烧瓶中，加入 95mL 含 0.1%吐温-80 的磷酸盐缓冲液，混匀后，再加入 5.0mL 预制菌悬液。

4）试验组样液的制备。称取试验样本 0.5g±0.05g 粉末放入三角烧瓶中，加入 95mL 含 0.1%吐温-80 的磷酸盐缓冲液，混匀后，再加入 5.0mL 预制菌悬液。

5）对照样本 "0" 接触时间活菌计数。振荡前，将对照样液经适当稀释，吸取 1.0mL 接种于灭菌平皿中，每样液平行接种 2 个平皿，倾注 45～55℃ 已溶化的营养琼脂培养基，待琼脂培养基凝固后翻转平板，将上述平板置于 37℃±1℃ 恒温培养箱中，做菌落计数。

6）振荡接触培养。将含对照样本和试验样本的三角烧瓶固定于恒温振荡培养箱的摇床上，在作用温度 37℃±1℃ 条件下，以 150r/min 速度，检测样品需要稀释后使用的材料振荡接触 1~4h，不需要稀释直接使用的材料振荡接触 4~24h。

7）振荡接触一定时间后活菌计数。振荡后的对照样液和试验样液经适当稀释后，分别取 1.0mL 的样液接种于灭菌平皿中，每样液平行接种 2 个平皿，倾注 45~55℃ 已溶化的营养琼脂培养基，待琼脂培养基凝固后翻转平板，将上述平板置于 37℃±1℃ 恒温培养箱中，做活菌培养计数。

8）阴性对照组。阴性对照组分别吸取试验同批次稀释液、培养基与试验样本一起放入 37℃±1℃ 恒温培养箱中培养，观察有无污染。

9）观察结果。对细菌培养 46~48h 后观察最终结果，对白色念珠菌培养 70~72h 后观察最终结果。

10）试验次数。以上试验重复 3 次。

（2）当试验材料为可制成有一定面积的材料或涂层，如塑料、陶瓷、漆膜、板材和金属等硬质材料时，采用贴膜法评价材料的抗菌性能，具体实验步骤如下。

1）菌种斜面的制备。与试验材料为纳米粉体时相同。

2）覆盖膜的制备。覆盖膜采用聚乙烯薄膜，尺寸为 40mm×40mm（±2mm），厚度为 0.05~0.10mm。若试验样本规格较小，可按其表面积减小该覆盖膜尺寸，以使菌悬液不溢出为适。

3）样品的预处理。取对照样品和测试样品，用乙醇溶液擦拭其表面，5min 后用无菌蒸馏水冲洗，自然干燥。若不适于消毒剂处理的样本，可根据样品特性直接用无菌蒸馏水冲洗或采用其他方法消毒，但不得影响其抗菌性能和干扰检测结果。

4）制备菌悬液。与试验材料为纳米粉体时相同。

5）接种菌液。将对照样品和测试样品分别放入灭菌平皿中，吸取 0.2~0.5mL 试验菌液分别滴加在对照样品和测试样品表面，每个样品做 3 个平行样。用灭菌镊子夹起覆盖膜分别盖在样品表面并且要铺平，不得有气泡，使菌液均匀接触样品，盖好平皿，在 37℃±1℃、相对湿度 90% 条件下接触培养 16~24h。若检验的样品采用的是光触媒类抗菌剂，应根据样品试验要求，在恒温培养箱中安装光源。

6）菌落计数。经接触培养 16~24h 的样品，分别加入 20mL 洗脱液，反复洗脱 3 次样品及覆盖膜，将洗脱液移入三角烧瓶中，摇匀后经适当稀释，每样液平行接种 2 个平皿，倾注 45~55℃ 已溶化的营养琼脂培养基，待琼脂培养基凝固后翻转平板，将上述平板置于 37℃±1℃ 恒温培养箱中，做活菌培养计数。

7）阴性对照组。与试验材料为纳米粉体时相同。

8）观察结果。与试验材料为纳米粉体时相同。

9）试验次数。与试验材料为纳米粉体时相同。

实验数据记录与处理

首先将记录的各平板菌落数乘以稀释倍数，分别得到对照样品组和试样样品组的实际回收菌落数；接着取平均值，得到平均回收菌落数；最后根据抗菌率公式得到试样样品的抗菌率：

$$R = \frac{A - B}{A} \times 100\%$$

式中　*R*——抗菌率,%;

　　　A——对照样品与受试菌接触一定时间后平均回收菌数;

　　　B——试验样品与受试菌接触一定时间后平均回收菌数。

实验注意事项

（1）微生物试验操作均应在生物安全柜中进行。

（2）菌液滴染样片时勿溢出片外。

（3）振荡前需将振荡摇床上的三角烧瓶固定牢,以免碰破。

（4）"0"接触时间对照组的菌落数应在 $1 \times 10^4 \sim 5 \times 10^4$ cfu/mL。阴性对照应无菌生长。

（5）对照样本不应有明显的抗菌作用。经振荡后对照组回收菌落数不应低于"0"接触时间回收菌落数的 10%,否则试验无效。

（6）同一对照样品的 3 个平行活菌数值要符合以下要求:

$$\frac{\text{最高对数值} - \text{最低对数值}}{\text{平均对数值}} \leqslant 0.3$$

思考题

（1）评价生物材料抗菌性能有哪些方法?

（2）对于纳米粉体材料,如何评价其生物抗菌性能?

参考文献

[1]　中国科学院抗菌材料检测中心,等. GB/T 21510—2008 纳米无机材料抗菌性能检测方法 [S]. 北京:中国标准出版社,2008.

[2]　朱文君. ZnO 抗菌性能及机理研究 [D]. 成都:西南交通大学,2010.

9 综合性/虚拟仿真/设计性/实验

本章教学目的是使学生了解科学研究的全过程，逐步掌握科学研究的思维和方法，培养发现问题、分析问题和解决问题的能力。学生在认真阅读实验指导书的基础上，根据已掌握的有关知识，设计实验方案，选择实验配方和实验条件，完成性能测试，并根据实验现象和实验结果，确定最佳配方和工艺条件，制备出符合使用性能要求的材料。

实验 9-1　Fe₃O₄纳米粉体的制备与表征

实验目的

（1）了解功能材料粉体的制备方法。

（2）了解纳米粉体的表征方法，掌握纳米激光粒度分析仪、X 射线衍射仪、扫描电子显微镜的工作原理，熟悉其结构及操作。

（3）了解影响 Fe_3O_4 纳米粉体性能的影响因素。

（4）掌握化学共沉淀法制备 Fe_3O_4 纳米粉体的方法。

实验原理

本实验主要内容包括：（1）纳米 Fe_3O_4 的制备；（2）纳米 Fe_3O_4 粉体的粒度分析；（3）纳米 Fe_3O_4 粉体的相组成分析；（4）纳米 Fe_3O_4 粉体的显微结构分析。

1. **纳米 Fe_3O_4 粉体的制备**

近年来，随着纳米技术的飞速发展，有关纳米 Fe_3O_4 的制备方法及其性能的研究受到广泛的重视。目前纳米 Fe_3O_4 的制备方法主要有机械球磨法、溶胶-凝胶法、热分解法、电弧蒸发法、微乳液法、水热法、化学共沉淀法等。

（1）机械球磨法。机械球磨法是在球磨机中加入粒度为几十微米的 Fe_3O_4 粗颗粒，通过钢球之间或钢球与研磨罐内壁之间的撞击，使 Fe_3O_4 产生强烈的塑性变形并破碎，进而粗颗粒细化，直到形成纳米颗粒。机械球磨法制备纳米材料的优点是重现性好、操作简单；缺点是生产周期长，此外，由于强烈的塑性变形，会造成 Fe_3O_4 颗粒晶粒有较大的晶格畸变。

（2）溶胶-胶法。此法利用金属醇盐的水解和聚合反应制备金属氧化物或金属氢氧化物的均匀溶胶，再浓缩成透明胶，经干燥、热处理得到氧化物超微粉。其中控制溶胶-胶化的主要参数有溶液的 pH 值、溶液浓度、反应温度和时间等。通过调节上述工艺条件，可以制备出粒径小、粒径分布均匀、化学活性大的单组分或多组分分子级混合物，以及可制备传统方法不能或难以制得的产物等。

（3）热分解法。热分解法得到的 Fe_3O_4 粒子较大，选择合适的铁盐、加适当的表面活性剂并且适当降低反应温度，可使得产物粒子减小。例如将 $FeCl_2 \cdot 4H_2O$ 溶于含有 PVA 的水溶液中，加入适量氨水形成复合物，复合物经 100℃ 干燥 12h，600℃ 分解后得到 40nm 左右的 Fe_3O_4 纳米粒子。

（4）电弧蒸发法。此法是在催化剂存在的条件下，运用电弧放电技术蒸发石墨等原料，然后再冷凝制得 Fe_3O_4 纳米粒子。碳纳米直流电弧等离子体法用于制备 Fe_3O_4 纳米粒子的最大优点是可以连续生产。

（5）水热合成法。其是在特制的密闭反应容器（高压釜）里，采用水溶液作为反应介质，通过反应容器加热，创造一个高温高压的反应环境，使得通常难溶或不溶的物质溶解并且重结晶。水热温度可控制在 100~250℃ 不等，水热合成 Fe_3O_4 的过程中结晶和晶体生长是一个极其复杂的过程，通过控制热液条件，如反应物的初始浓度、反应体系的 pH 值以及反应过程中的温度、升温速率、搅拌速率、反应时间及表面活性剂用量等因素都会对纳米粒子的粒径大小、形貌以及磁学性能产生很大影响。该方法的优点在于可直接生成高纯度的纳米 Fe_3O_4 磁粉，避免了一般液相合成方法需经过煅烧转化成氧化铁的步骤，从而极大地避免了形成硬团聚。但是由于水热法要求使用耐高温和耐高压的设备，因而在实际应用中可能会受到一定的限制。

（6）微乳液法。其是在表面活性剂的作用下，使两种互不相溶的溶剂形成一个均匀的乳液，从乳液中析出固相，在一个很微小的球形液滴中经成核、生长、团聚、热处理等过程后制备纳米颗粒。一般由表面活性剂、助表面活性剂（多为醇类）、油（为碳氢化合物）以及水（或电解质水溶液）组成微乳液，它是一个透明、各向同性的热力学稳定体系。微乳液法分为两种类型，一种是油包水型；另一种是水包油型。胶束的形状主要受表面活性剂的形状及其极性基团的影响，这为制备各种形貌的纳米粒子提供了可能。采用微乳液法制备纳米氧化铁的优点在于，实验设备简单、能耗较低、操作比较容易，可以使纳米颗粒的成核和生长过程均匀进行，所得的纳米粒子粒径分布窄而且易于实现高纯化；但是该方法也存在不足，由于微乳液法合成的纳米氧化铁粒子溶于有机溶剂，因此在医学领域的应用受到很大的限制。

（7）共沉淀法。该法是指在含两种或两种以上阳离子的溶液中加入沉淀剂后所有离子完全沉淀的方法，它是大量快速制备超顺磁性纳米颗粒最为常用的方法。用共沉淀法制备纳米颗粒的基本特征有以下几点：1）在高饱和浓度下得到的沉淀生成物通常溶解度较低；2）成核过程是沉淀反应的关键步骤，大量的小颗粒在这个阶段形成；3）纳米颗粒熟化过程或是颗粒聚集过程将会显著影响颗粒的尺寸和形貌，以及产物的性质；4）超饱和浓度条件是化学反应进行的必要条件。此法通常是将 Fe^{2+}、Fe^{3+} 的可溶性盐配成溶液，按照一定的摩尔比例将 Fe^{2+} 和 Fe^{3+} 的两种溶液混合，然后在不断搅拌的情况下加入碱液，将混合液中的 Fe^{2+} 和 Fe^{3+} 共同沉淀出来，得到 Fe_3O_4 沉淀，反应物经离心或磁分离、洗涤、干燥得到纳米 Fe_3O_4。

反应方程式：

$$Fe^{2+} + 2Fe^{3+} + 8OH^- \Longrightarrow Fe_3O_4\downarrow + 4H_2O \tag{9-1-1}$$

共沉淀法制备的纳米颗粒一般为球形，通过对反应条件（如 Fe^{2+} 和 Fe^{3+} 的摩尔比、pH、搅拌速度、反应温度等）的控制，可以得到粒径不同、磁性不等的纳米颗粒。共沉淀法的最大优点是成本低、操作简单、反应时短、适合工业化生产，但是，在共沉淀法形

成 Fe_3O_4 纳米颗粒的过程中，由于反应速度较快，爆发性的成核后伴随缓慢的晶体生长过程，使得成核与结晶过程难以分离，导致 Fe_3O_4 纳米颗粒间存在严重的团聚现象，产物粒径分布范围较宽。

以上制备纳米 Fe_3O_4 的方法各有利弊，但是化学共沉淀法用得最多，而且此方法制备简单，反应可以在较为温和的条件下进行，便于操作，所用的原材料为廉价的无机盐，若从节约能源这点来看，化学共沉淀法是最佳选择。

2. 粉体的表征

（1）粒度分析。激光粒度仪是根据颗粒能使激光产生散射这一物理现象测试粒度分布的。由于激光具有很好的单色性和极强的方向性，所以一束平行的激光在没有阻碍的无限空间中将会照射到无限远的地方，并且在传播过程中很少有发散的现象。当光束遇到颗粒阻挡时，一部分光将发生散射现象。散射光的传播方向将与主光束的传播方向形成一个夹角 θ。散射理论和实验结果都告诉我们，散射角 θ 的大小与颗粒的大小有关，颗粒越大，产生的散射光的 θ 角就越小；颗粒越小，产生的散射光的 θ 角就越大。散射光 I_1 是由较大颗粒引起的；散射光 I_2 是由较小颗粒引起的。进一步研究表明，散射光的强度代表该粒径颗粒的数量。这样，在不同的角度上测量散射光的强度，就可以得到样品的粒度分布了。

激光粒度分析仪的原理：光在传播中，波前受到与波长尺度相当的隙孔或颗粒的限制，以受限波前处各元波为源的发射在空间干涉而产生衍射和散射，衍射和散射的光能的空间（角度）分布与光波波长和隙孔或颗粒的尺度有关。用激光作光源，光为波长一定的单色光后，衍射和散射的光能的空间（角度）分布就只与粒径有关。对颗粒群的衍射，各颗粒级的多少决定着对应各特定角处获得的光能量的大小，各特定角光能量在总光能量中的比例，应反映各颗粒级的分布丰度。按照这一思路可以建立表征粒度级丰度与各特定角处获取的光能量的数学物理模型，进而研制仪器，测量光能，由特定角度测得的光能与总光能的比较推出颗粒群相应粒径级的丰度比例量。激光粒度仪工作原理图如图 9-1-1 所示。

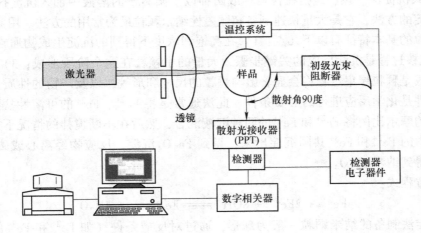

图 9-1-1　激光粒度分析仪的工作原理

（2）X 射线衍射分析：

1）X 射线衍射分析的基本原理。1895 年，德国物理学家伦琴研究阴极射线管时发现一种有穿透力的肉眼看不见的射线，称为 X 射线（也叫伦琴射线）。1912 年德国物理学家劳厄以晶体为衍射光栅，发现了 X 射线的衍射现象，证实了 X 射线的本质是一种电磁波。它的波长很短，大约与晶体内呈周期排列的原子间距为同一数量级，在 10^{-8}cm 左右。X 射线的波长范围为 0.001～10nm，波长较短的为硬 X 射线，能量较高，穿透性较强；波长较长的为软 X 射线，能量较低，穿透性弱。晶体分析中所用 X 射线只在 0.05～0.25nm 这个范围，与晶体点阵面间距大致相当，在此范围内原子的三维周期排列正好作为光缆。

在劳厄实验的基础上，英国物理学家布拉格父子在 1912 年首次利用 X 射线衍射方法测定了 NaCl 的晶体结构，并推导出著名的布拉格方程，推导过程如下。

如图 9-1-2 所示，一束波长为 λ 的 X 射线以 θ 角投射到面间距为 d 的一组平行原子面上。从中任选 P_1 和 P_2 两个相邻原子面，作原子面的法线与两个原子面相交于 A、B。过 A、B 绘出代表 P_1 和 P_2 原子面的入射线和反射线。由图 9-1-2 可以看出，经 P_1 和 P_2 两个

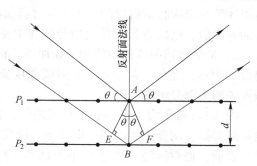

图 9-1-2   布拉格方程推导示意图

原子面反射的反射波光程差为 $\delta=EB+BF=2d\sin\theta$，干涉加强的条件为：

$$2d\sin\theta = n\lambda \tag{9-1-2}$$

式中 n——整数，称为反射级数（也称为衍射级数）；

$\qquad$ θ——入射线或反射线与反射面的夹角，称为掠射角，又称半衍射角或布拉格角，

$\qquad$ 2θ 称为衍射角。

式（9-1-2）是 X 射线在晶体中产生衍射必须满足的基本条件，它反映了衍射线方向与晶体结构之间的关系。

由布拉格方程可知，X 射线在晶体中的衍射，实质上是晶体中各原子相干散射波之间互相干涉的结果。但因衍射线方向恰好相当于原子面对入射线的反射，所以才借用镜面反射规律来描述 X 射线的衍射几何规律。但应强调的是，X 射线从原子面反射和可见光的镜面反射不同，前者是有选择地反射，其发生的条件为布拉格方程，因此，将 X 射线的晶面反射称为选择反射。

式（9-1-2）中的 n 称为衍射级数，$n=1$ 时产生一级衍射。由 $2d\sin\theta = n\lambda$ 可得，$\sin\theta = \dfrac{n\lambda}{2d} \leqslant 1$，所以 $n \leqslant \dfrac{2d}{\lambda}$。它给出了一组晶面可能产生衍射的级数。又因为 n 必须为正整数，即 $n \geqslant 1$，所以只有 $d \geqslant \dfrac{\lambda}{2}$ 的晶面才有可能产生衍射。同时，当 n 不同时，$\sin\theta$ 值不同，将使得同一组晶面可能存在不同的 θ 值，造成分析的不便，因此，为了应用方便，将布拉格方程改写为 $2\left(\dfrac{d}{n}\right)\sin\theta = \lambda$，令 $d^* = \dfrac{d}{n}$，则 $2d^*\sin\theta = \lambda$。即面间距为 d 的 n 级衍射相当于面间距为 d/n 面网的一级衍射。因而，此时的布拉格方程便略去了 n，具

有较为简单的形式。在使用布拉格方程时，通常不写 d^* ，而以 d_{HKL} 表示，其通用形式为：

$$2d_{HKL}\sin\theta = \lambda \tag{9-1-3}$$

利用 X 射线在晶体中衍射显示的图像特征分析晶体结构及与结构有关的问题称为 X 射线衍射分析。X 射线衍射分析为布拉格方程最重要的应用之一，即用已知波长的 X 射线去照射晶体，通过衍射角的测量求得晶体中各晶面的面间距 d_{HKL}。

获取物质衍射图样的方法按使用的设备可分为两大类：照相法和衍射仪法。20 世纪 50 年代之前的 X 射线衍射分析绝大部分用底片来记录衍射信息（即照相法）。衍射仪法是用计数管来接收衍射线的，由于与计算机相结合，具有高稳定、高分辨率、多功能和全自动等性能，已成为 X 射线衍射分析的主要检测手段。

2）X 射线衍射仪的结构和工作原理。衍射仪是进行 X 射线衍射分析的重要设备，主要由 X 射线发生器、测角仪、X 射线强度测量系统以及衍射仪控制与衍射仪数据采集处理系统四大部分组成。

图 9-1-3 所示为 X 射线衍射仪光路图。它是由高压发生器提供一个给定的高压到 X 射线管的两极，阴极产生的阴极电子流碰撞到阳极时产生 X 射线。X 射线经 S、M 后照射到样品表面，衍射线经 F 到达石墨单色器，然后进入检测器，经放大并转换为电信号，经计算机处理为数字信息。测量过程中，样品台载着样品按一定的步径和速度转过一定的角度 θ，检测器伴随着转过衍射角 2θ，这种驱动方式为 θ-2θ 联动方式。

计算机记录下样品转动过程中每一步的衍射强度数据（I）和检测器位置（2θ），并以 2θ 为横坐标、强度 I 为纵坐标绘制出衍射谱图，如图 9-1-4 所示。

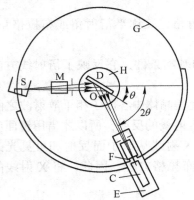

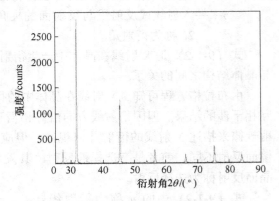

图 9-1-3　X 射线衍射仪光路图

C—计数器；D—样品；E—支架；
F—接收（狭缝）光栏；G—大转盘（测角仪圆）；
H—样品台；M—入射光栏；
O—测角仪中心；S—管靶焦斑

图 9-1-4　NaCl 衍射图谱

3）X 射线衍射物相分析的基本原理。根据晶体对 X 射线的衍射特征——衍射线的方向及强度来鉴定结晶物质之物相的方法，就是 X 射线物相分析法。

每种物相均有自己特定的结构参数，因而表现出不同的衍射特征，即衍射线的数目、峰位和强度。即使该物相存在于混合物中，也不会改变其衍射图谱。尽管物相种类繁多，却没有两种衍射图谱完全相同的物相。因此，将被测物质的 X 射线衍射谱线对应的 d 值及计数器测出的 X 射线相对强度 $I_{相对}$ 与已知物相特有的 X 射线衍射 d 值及 $I_{相对}$ 进行对比即可确定被测物质的物相组成。

物相定性分析使用的已知物相的衍射数据均已编辑成卡片出版，即 PDF 卡片。1938 年 J. D. Hanawalt 等人首先发起以 $d-I$ 数据代替衍射花样，制备衍射数据卡片的工作。1941 年美国材料试验协会（ASTM）出版了约 1300 张衍射数据卡片（ASTM 卡片）。1969 年成立了粉末衍射标准联合委员会（JCPDS），由其负责编辑和出版的粉末衍射卡片称为 PDF 卡片。目前由国际衍射资料中心（ICDD）和粉末衍射标准联合委员会（JCPDS）联合出版，也称为 JCPDS 卡片。

4）点阵常数的测定。任何晶体物质在一定状态下都有确定的点阵常数。当外界条件（如温度、成分和应力）改变时，点阵常数也会相应地变化。因此，测定点阵常数对于研究相变过程、晶体缺陷和应力状态具有十分重要的意义。

X 射线测定结晶物质的点阵常数是一种间接方法，它直接测量的是某一衍射线条对应的 θ 角，然后通过晶面间距公式、布拉格公式计算出点阵常数。无机材料研究中，主要利用粉晶衍射数据来测量点阵常数。

对于立方晶系物质，将其晶面间距公式 $d_{HKL} = a/\sqrt{H^2 + K^2 + L^2}$ 代入布拉格方程得：

$$\sin^2\theta = \frac{\lambda^2}{4a^2}(H^2 + K^2 + L^2)，\quad 令\ H^2+K^2+L^2 = m$$

在同一样品的衍射数据中，对任意衍射峰，λ、α 为定值，各衍射线条的

$$\sin^2\theta_1 : \sin^2\theta_2 : \cdots = m_1 : m_2 : \cdots$$

$\sin^2\theta$ 值测定后，即可得到 m 的比值（顺序比），得出对应各条衍射线的干涉指数，各干涉指数关系见表 9-1-1。

表 9-1-1　干涉指数对应关系

$H^2+K^2+L^2$	1	2	3	4	5	6	8	9	10	11	12	⋯
HKL	100	110	111	200	210	211	220	221	310	311	222	⋯

不同结构类型的晶体，其系统消光规律不同，产生衍射晶面的 m 顺序比不同。由结构因子计算可知：

简单立方：$m_1 : m_2 : \cdots = 1 : 2 : 3 : 4 : 5 : 6 : 8 : 9 : 10 : \cdots$

体心立方：$m_1 : m_2 : \cdots = 1 : 2 : 3 : 4 : 5 : 6 : 7 : 8 : 9 : 10 : \cdots$

面心立方：$m_1 : m_2 : \cdots = 1 : 1.33 : 2.66 : 3.67 : 4 : 5.33 : 6.33 : 6.67 : 8 : 9 : \cdots$

金刚石立方：$m_1 : m_2 : \cdots = 1 : 2.66 : 3.67 : 5.33 : 6.33 : 8 : 9 : 10.67 : 11.67 : \cdots$

通过衍射线条的测量，计算同一物相各衍射线条的 m 顺序比，即可确定该物相晶体结构类型及各衍射线条的干涉指数。

由 d_{HKL} 及 $H^2+K^2+L^2$ 值即可求出点阵常数 a。

$$a = d_{HKL}\sqrt{H^2 + K^2 + L^2} = \frac{\lambda}{2\sin\theta}\sqrt{H^2 + K^2 + L^2} \tag{9-1-4}$$

　　理论上，每条衍射线计算的 a 应相等，但由于实验误差而不相等，通常以 $\cos^2\theta$ 为横坐标、a 为纵坐标画直线，外推到 $\cos^2\theta = 0$ 处计算出点阵常数 a。

　　（3）扫描电子显微分析：

　　1）扫描电子显微镜工作原理。从电子枪阴极发射的电子经高压电场加速后，再经过 2~3 组电磁透镜汇聚成直径很小（一般为几个纳米）的电子束，在末级透镜（又称为物镜）上方扫描线圈的作用下，电子束在试样表面做光栅扫描。高能入射电子束与固体试样相互作用会产生各种物理信号，这些信号的强度分布随试样表面的形貌、成分、晶体取向、电磁特性等特征而改变，用相应探测器将各自收集到的信息按顺序、成比率地转换成视频信号，再传送到同步扫描的显像管并调制其亮度，就可以得到一个反映试样表面信息特征的图像。

　　2）扫描电子显微镜的电子信号。高能入射电子束照射到固体样品表面上与样品表面相互作用，产生的物理信号有二次电子、背散射电子、吸收电子、透射电子、俄歇电子及特征 X 射线等，如图 9-1-5 所示。扫描电子显微镜中用来成像的信号主要是二次电子，其次是背散射电子和吸收电子；用来分析成分的信号主要是特征 X 射线和吸收电子。

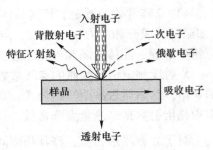

图 9-1-5　电子束与固体样品
作用时产生的信号

　　①二次电子是在入射电子作用下被轰击出来并离开样品表面的样品原子的核外电子。由于原子核和外层价电子间的结合能很小，因此，外层的电子较容易与原子脱离，使原子电离。当能量很高的入射电子射入样品时，可以产生许多自由电子，其中90%来自于外层价电子。二次电子来自表层 5~10nm 深度范围，能量较低，大部分只有几电子伏，一般不超过 50eV。二次电子对样品表面状态十分敏感，因此能有效地反映样品表面的形貌，其产额与原子序数间没有明显的依赖关系，因此不能进行成分分析。

　　②背散射电子是指被固体样品中的原子核或核外电子反弹回来的一部分入射电子。分为弹性背散射电子（指被样品表面原子核反弹回来的电子，能量可达数千至数万电子伏）和非弹性背散射电子（指在样品中经过一系列散射后最终由原子核反弹的或由核外电子反弹的电子，能量分布范围很宽，数十至数千电子伏）。背散射电子来自样品表面几百纳米深度范围，能量高，其产额随原子序数增大而增多，可用作形貌分析、成分分析以及结构分析。

　　③吸收电子是入射电子进入样品后，经多次非弹性散射能量损失殆尽，最后被样品吸收的那一部分电子。吸收电子信号调制成图像，其衬度恰好和背散射电子信号调制图像衬度互补，也就是说吸收电子能产生原子序数衬度，因而可用来进行定性的微区成分分析。

　　④透射电子。如果样品足够薄，则会有一部分入射电子穿过样品成为透射电子。透射电子信号由微区的厚度、成分、晶体结构及位向等决定。

　　⑤特征 X 射线指原子的内层电子受到激发后，在能级跃迁过程中直接释放的具有特征能量和特征波长的一种电磁波辐射。

　　特征 X 射线的波长和原子序数间的关系服从莫塞莱定律：

$$\lambda = \frac{K}{(Z - \sigma)^2} \tag{9-1-5}$$

式中　Z——原子序数；

　K, σ——常数。

　　如果用 X 射线探测器测到了样品微区中存在某一特征波长，就可以判定该微区中存在的相应元素，据此可进行成分分析。

　　⑥俄歇电子。如果原子内层电子在能级跃迁过程中释放出来的能量并不以 X 射线的形式发射出去，而是用这部分能量把空位层的另一个电子发射出去（或空位层的外层电子发射出去），这一个被电离的电子称为俄歇电子。每种原子都有自己的特定壳层能量，所以它们的俄歇电子能量也各有特征值。俄歇电子能量值很低，大约在 50~1500eV，来自样品表面 1~2nm 范围。其平均自由程很小（小于 1nm），较深区域产生的俄歇电子向表面运动时必然会因碰撞损失能量而失去特征值的特点。因此，只有在距表面 1nm 左右范围内逸出的俄歇电子才具有特征能量，因此它适合做表面分析。

　　当入射电子束轰击样品表面时，固体样品中除产生上述 6 种信号外，还会产生如阴极荧光、电子束感生效应等信号，这些信号经过调制后也可以用于专门的分析。

　　3）扫描电子显微镜的组成及结构。扫描电子显微镜由电子光学系统、扫描系统、信号检测放大系统、图像显示与记录系统、真空系统、电源及控制系统组成。其结构图如图 9-1-6所示。

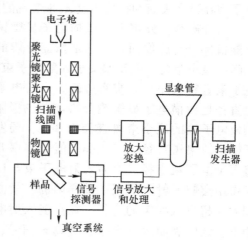

　　①电子光学系统包括电子枪、电磁聚光镜、物镜、样品室等部件，其作用是将电子枪发射的电子束聚焦成亮度高、直径小的入射束来轰击样品表面以产生各种物理信号。样品室的作用是放置样品和安置信号探测器。

　　电磁聚光镜的功能是把电子枪的束斑逐级聚焦缩小，照射到样品上的电子束光斑越小，其分辨率就越高。扫描电子显微镜通常有三组聚光镜，前两组是强透镜，主要作用是缩小束

图 9-1-6　扫描电子显微镜结构原理

斑；第三组是弱透镜，焦距长，便于在样品室和聚光镜之间装入各种信号探测器。为了降低电子束的发散程度，每级聚光镜都装有光阑，为了消除像散，装有消像散器。

　　样品台能进行三维空间的移动、倾斜和转动，方便对样品特定位置进行分析。

　　②扫描系统是扫描电子显微镜的特殊部件，由扫描发生器和扫描线圈组成，其作用一是使入射电子束在样品表面扫描，并使显像管电子束在荧光屏上作同步扫描；二是改变入射束在样品表面的扫描振幅，从而改变放大倍数。

　　③信号检测放大系统。其作用是检测样品在入射电子作用下产生的物理信号，然后经视频放大，作为显像系统室温调制信号。扫描电子显微镜应用的信号可分为电子信号（二次电子、背散射电子、透射电子、吸收电子）、特征 X 射线信号、可见光信号（阴极荧光）等。特征 X 射线用 X 射线谱仪检测，可见光信号用可见光收集器收集，其他电子

信号用电子收集器收集。

④图像显示和记录系统。这一系统的作用是将信号收集器输出的信号成比例地转换为阴极射线显像管电子束强度的变化，这样就在荧光屏上得到一幅与样品扫描点产生的某一种物理讯号成比例的亮度变化的扫描像，供观察和照相记录。

⑤真空系统和电源系统。从电子枪到样品表面之间的整个电子路径都必须保持真空状态，这样电子才不会与空气分子碰撞，并被吸收。使用涡轮分子泵，可以获得样品室所需的真空。

电源系统的作用是为扫描电子显微镜各子系统提供满足要求的高、低压电源，由一系列变压器、稳压器及相应的安全控制线路组成。

4）扫描电子显微镜的主要性能：

①放大倍数。当入射电子束作光栅扫描时，若电子束在样品表面扫描的幅度为 A_S，在荧光屏上阴极射线同步扫描的幅度为 A_C，则扫描电子显微镜的放大倍数为 M：

$$M = \frac{A_C}{A_S} \tag{9-1-6}$$

由于扫描电子显微镜的荧光屏尺寸是固定不变的，因此，放大倍率的变化是通过改变电子束在试样表面的扫描幅度 A_S 来实现的。

②分辨率。分辨率是扫描电子显微镜主要性能指标，对成像而言，它是指能分辨的两点之间的最小距离，主要取决于入射电子束直径，电子束直径愈小，分辨率愈高。入射电子束束斑直径是扫描电子显微镜分辨本领的极限，热阴极电子枪的最小束斑直径为 3nm，场发射电子枪可使束斑直径小于 1nm。但分辨率并不直接等于电子束直径，因为入射电子束与试样相互作用会使入射电子束在试样内的有效激发范围大大超过入射束的直径。在高能入射电子作用下，试样表面激发产生各种物理信号，用来调制荧光屏亮度的信号不同，则分辨率就不同。电子进入样品后，作用区是一梨形区，如图 9-1-7 所示，激发的信号产生于不同深度。

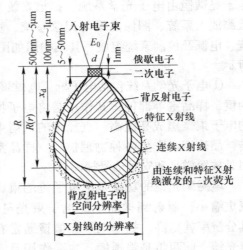

图 9-1-7　入射电子在样品中的扩展

俄歇电子和二次电子本身能量较低，平均自由程很短，只能在样品的浅层表面内逸出。入射电子束进入浅层表面时，尚未向横向扩展开来，可以认为在样品上方检测到的俄歇电子和二次电子主要来自直径与扫描束斑相当的圆柱体内。这两种电子的分辨率就相当于束斑的直径。入射电子进入样品较深部位时，已经有了相当宽度的横向扩展，从这个范围内激发出来的背散射电子能量较高，它们可以从样品的较深部位处弹射出表面，横向扩展后的作用体积大小就是背散射电子的成像单元，所以背散射电子像分辨率要比二次电子像低，一般为 50~200nm。扫描电子显微镜的分辨率用二次电子像的分辨率表示。

样品原子序数愈大，电子束进入样品表面的横向扩展愈大，分辨率愈低。电子束射入重元素样品中时，作用体积不呈梨状，而是半球状。电子束进入表面后立即向横向扩展。即使电子束束斑很细小，也不能达到较高的分辨率，此时二次电子的分辨率和背散射电子的分辨率之间的差距明显变小。电子束的束斑大小、调制信号的类型以及检测部位的原子序数是扫描电子显微镜分辨率的三大因素。此外，影响分辨率的因素还有信噪比、杂散电磁场、机械振动等。噪声干扰造成图像模糊；磁场的存在改变了二次电子运动轨迹，降低图像质量；机械振动引起电子束斑漂移，这些因素的影响都降低了图像分辨率。

③景深。景深是指透镜对高低不平的试样各部位能同时聚焦成像的一个能力范围。扫描电子显微镜的景深取决于分辨率 d_0 和电子束入射半角 α_c。入射半角是控制景深的主要因素，它取决于末级透镜的光阑直径和工作距离，如图 9-1-8 所示。

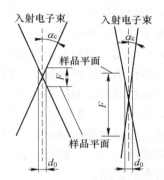

扫描电子显微镜的景深 F 为

$$F = \frac{d_0}{\tan\alpha_c} \tag{9-1-7}$$

因为 α_c 角很小（约 10^{-3} rad），所以式（9-1-7）可写作

$$F = \frac{d_0}{\alpha_c} \tag{9-1-8}$$

图 9-1-8　景深与电子束入射
半角 α_c 的依赖关系

扫描电子显微镜以景深大而著名，表 9-1-2 给出了不同放大倍数下，扫描电子显微镜的分辨本领和相应的景深值。

表 9-1-2　扫描电子显微镜和光学显微镜的景深（$\alpha_c = 10^{-3}$ rad）

放大倍数 M	分辨率 $d_0/\mu m$	景深 $F/\mu m$	
		扫描电子显微镜	光学显微镜
20	5	5000	5
100	1	1000	2
1000	0.1	100	0.7
5000	0.02	20	—
10000	0.01	10	—

5）扫描电子显微镜的图像衬度。扫描电子显微镜的图像衬度的形成主要是基于样品微区表面形貌、原子序数、晶体结构、表面电场和磁场等方面存在差异。入射电子与之相互作用后产生的特征信号的强度就存在差异，进而图像就有一定衬度。常见的图像衬度主要是表面形貌衬度和原子序数衬度。

表面形貌衬度：利用样品表面形貌比较敏感的物理信号作为显像管的调制信号，所得到的图像衬度称为表面形貌衬度，二次电子信号对样品表面变化比较敏感，与原子序数没有明确的关系，其像分辨本领也比较高，所以通常用它来获得表面形貌图像。背散射电子信号也可以来显示样品表面形貌，但它对形貌变化不那么敏感，尤其是背向收集器的那些区域产生的背散射电子不能到达收集器，在图像上形成阴影，遮盖了那里的细节。

　　原子序数衬度：又称为化学成分衬度，它是利用对样品微区原子序数或化学成分变化敏感的物理信号作为调制信号得到一种显示微区化学成分差别的像衬度，比如背散射电子衬度，背散射电子信号随原子序数的增大而增大，样品表面上平均原子序数较大的区域，在图像上显示较亮的衬度。因此，可以根据背散射电子像衬度来判断相应区域原子序数的相对高低。吸收电子像衬度与背散射电子像和二次电子像互补。

　　扫描电子显微镜的发展一方面主要是在二次电子像分辨率上取得了较大的进展，比如目前采用钨灯丝电子枪的扫描电子显微镜分辨率最高可达 3.5nm，场发射电子枪的扫描电子显微镜分辨率最高可达 1nm；另一方面有代表性的进展主要是对样品测试环境方面做出的拓展，增加了扫描电子显微镜低真空、低电压及环境扫描模式，而且样品室里可以加装高温样品台和动态拉伸装置，可以在环境模式下实时观察样品在加热或发生形变直至破坏过程中全过程的显微结构变化。另外，现代扫描电子显微镜常配备能谱仪（EDS）、波谱仪（WDS）、电子背散射衍射仪（EBSD）等附件，形成分析型扫描电子显微镜，可以实现形貌、成分及晶体的物相、取向、织构等一体化分析。总之，目前的扫描电子显微镜正朝着体积精巧化、功能综合化、操作简便化的分析研究型方向发展，将会在材料研究领域发挥更大的作用。

实验仪器设备及材料

　　（1）主要仪器设备：温度可控磁力搅拌器、高速离心机、冷冻干燥机、纳米激光粒度分析仪、X 射线衍射仪、扫描电子显微镜。

　　（2）实验原料。本实验所用化学试剂均为分析纯试剂：$FeCl_2 \cdot 4H_2O$、$FeCl_3 \cdot 6H_2O$、NaOH、蒸馏水。

实验步骤

　　（1）Fe_3O_4 纳米粉体制备：

　　1）根据方程式计算出所需试剂用量，用电子天平称量备用。

　　2）将称量好的 $FeCl_3 \cdot 6H_2O$ 和 $FeCl_2 \cdot 4H_2O$ 放进烧瓶中，加入去离子水，将烧瓶置于磁力搅拌器中，打开磁力搅拌器，搅拌至铁盐完全溶解，此时溶液呈黄色。

　　3）慢慢加入 NaOH 溶液，溶液变成黑色，之后将反应容器移入 80℃恒温水浴晶化约 30min。（恒温晶化过程一直搅拌）

　　4）反应完成后，从磁力搅拌器中取出烧瓶，将反应体系冷至室温，用高速离心机将沉淀分离，再用去离子水冲洗数遍。

　　5）之后将沉淀移入培养皿中，用保鲜膜封好，在保鲜膜上扎一些小而密集的通气孔。将培养皿放入冷冻干燥机的冷阱中预冻 2h，之后取出在真空中干燥 30h。施加外磁场，收集所得的 Fe_3O_4 纳米粉体。

　　注：为了对比制备的纳米粉体各项性能，可以分别按 Fe^{2+}：Fe^{3+}＝1：1.8/1：1.6/1：1.4/1：1.2进行试验，计算各种试剂用量的方法如：当 Fe^{2+}：Fe^{3+}＝1：1.8 时，将50mL 浓度为 0.025mol/L 的 $FeCl_3 \cdot 6H_2O$ 和浓度为 0.014mol/L 的 $FeCl_2 \cdot 4H_2O$ 溶液混合，再加入 50mL NaOH 溶液至系统 pH＝11。

　　（2）用冷冻干燥机将制备的粉体冻干，操作步骤如下：

1）预冻准备，物料均匀置于托盘中，物料厚度最好不超过 10mm，将装有物料的托盘放置于冻干架上，放入冷阱中，将物料温度传感器置于物料中合适位置，并固定好，盖上冷阱盖板。

2）预冻物料，打开总电源开关，进入操作选择屏界面，点击日常使用键，进入运行状态屏界面，然后点击压缩机键，对物料进行预冻，预冻时间可根据具体需要调节。

注意：物料的预冻温度必须低于其共晶点温度，一般约低于 3~5℃。

3）预冻结束后，拔出放水进气阀，将冻干架从冷阱腔中提出，置于活动硬质塑料圆盘上，将有机玻璃罩罩好。

注意：对冻干架操作时，必须佩戴棉纱防冻手套，避免冻伤。

4）冻干操作，点击真空泵键进行抽真空，点击真空计键，待真空度达到极限时，自动进入冻干工艺程序，干燥时间按具体需要调节。

注意：冻干过程中，需要查看真空度时才打开真空计，不查看时关闭真空计，这样可延长真空计使用寿命。

5）关机操作，打开放水进气阀（将放水进气阀接头装入阀接口，并轻压管口），使空气（或其他惰性气体）缓慢进入冷阱腔，待内外气压平衡后关闭真空泵。依次关闭真空计、压缩机。取下有机玻璃罩，将物料取出保存。

注意：进气时，气体必须缓慢进入腔内，避免充气过快而损坏真空管。

6）点击化霜键，待化霜结束后，清理冷阱内的冰块、水分和杂质，妥善保养设备。

（3）纳米 Fe_3O_4 粉体的表征：

1）采用激光粒度分析仪表征粉体的粒度分布情况。操作步骤如下：

①打开仪器第一档电源（背面最左端），预热激光源 0.5h 以上。然后打开第二档电源开关，粒度仪准备就绪，可以进行测量。

②打开计算机，点击 NANOPHOX Sensor Control 图标，打开软件控制界面。在 Signal Test 界面下，点 Online 按钮，在水浴池有水、没有样品的情况下，检查 Count Rate 值，如果小于 1，说明恒温水浴池非常洁净，可以将盛有样品的样品盒放入样品池中进行样品测量；如果高于 1，则需要对恒温水浴池进行清洁。

③分别设定样品属性、介质属性、测量条件以及输出设置、用户参数等。

④点击测量按钮，进行样品测量，测量完成后，输出测量的粒径结果、图形。

⑤仪器使用完毕，关闭计算机，关闭仪器开关第二档，清理样品池和实验台。

2）采用 X 射线衍射仪表征粉体的相组成。操作步骤如下：

①样品制备。在粉晶衍射仪法中，样品制备上的差异对衍射结果所产生的影响要比粉晶照相法中大很多。因此，制备符合要求的样品是粉晶衍射仪技术中重要的一环。衍射仪采用平板状样品，样品板为一表面平整光滑的矩形铝板或玻璃板，其上开有一矩形窗孔或不穿透的凹槽，粉末样品就是放入样品板的凹槽内进行测定的，制样步骤如下：

a. 将被测试样在玛瑙研钵中研成 $10\mu m$ 左右的细粉。

b. 将适量研磨好的细粉填入凹槽，并用平整光滑的玻璃板将其压平压实。

c. 将样品板凹槽外的多余粉末用棉签擦去。

②实验参数选择：

a. 狭缝：狭缝的大小对衍射强度和分辨率都有影响。大狭缝可得到较大的衍射强度，但降低了分辨率；小狭缝提高分辨率但损失强度。一般如需要提高强度适宜选大些的狭缝，需要高分辨率时宜选小些的狭缝，尤其是接收狭缝对分辨率影响更大。每台衍射仪都配有各种狭缝以供选用。

b. 扫描角度范围：不同样品其衍射峰的角度范围不同，已知样品根据样品的衍射峰选择合适的角度范围，未知样品一般选择 $5°\sim70°$。

c. 扫描速度：扫描中采用的扫描速度，它是指计数器转动的角速度。慢速扫描可使计数器在某衍射角度范围内停留的时间更长，接收的脉冲数目更多，使衍射数据更加可靠。但需要花费较长的时间。对于精细的测量应当采用慢扫描。物相的预检或常规定性分析可采用快速扫描。在实际应用中可根据测量需要选用不同的扫描速度。

③样品测量：

a. 接通总电源，开启循环水冷机，开启衍射仪总电源。

b. 打开计算机。

c. 在衍射仪主机面板上点击"POWER ON"及"XRAY ON"，再缓慢升高电压、电流至 30kV、4mA。

d. 按主机上"DOOR"，将制备好的样品板插入衍射仪样品台，缓而轻地关闭好防护门。

e. 打开样品测量软件"Standard Measurement"，输入样品信息，设置合适的衍射条件，点击"Execute measurement"图标，仪器开始自检，等出现提示框"Please change to 10mm!!"时点击"ok"，仪器开始自动扫描并保存数据。

f. 测试结束后，缓慢降低管电流、管电压至 2mA、20kV，在衍射仪主机面板上点击"XRAY OFF"及"POWER OFF"，再关闭主机电源，30min 后关闭循环水冷机及总电源。

3）采用扫描电子显微镜表征粉体的显微结构。操作步骤如下：

①扫描电子显微镜基本情况认识：对照实物，熟悉扫描电子显微镜的基本构造和基本参数，加深对其工作原理的理解。

②样品制备：粉末状制样方法是先在小载物台上铺一层导电胶带，然后用牙签挑取一定量的样品均匀地洒在导电胶带上，用洗耳球吹去多余未粘住颗粒，将制备好的样品放在样品架上待用；丝状样品需先用剪刀剪成小段，然后将其粘在导电胶带上，用镊子轻轻按压两端，确保固定牢靠；块状样品（用于原子序数衬度观察的样品需将表面预先抛光）先用双面胶带将样品固定在小载物台上，然后将导电胶带剪成细条，从样品表面边缘引至底座。需要注意的是实验中所有的样品必须预先进行干燥处理，如果有些样品吸湿性比较强，可在样品制备完毕后放在红外灯下进行简单烘干处理，完毕后待冷却再进行下一步实验。

③喷金：对于导电性不良的样品需要对其表面进行预处理。将样品置于小型离子溅射仪中，拧紧阀门，设定好时间后开启电源，启动真空泵，待空腔内真空度达到要求后，按启动按钮开始喷金，喷金结束后取出样品，将溅射仪恢复至负压状态，关闭电源。

④开机：依次打开配电柜、电镜主机、扫描电子显微镜工作机、辅助计算机、能谱工作机，并进入仪器操作系统。

⑤放样：打开样品室门，将制备好的样品依次放在样品室内样品台的相应位置上，关闭样品室门，启动真空系统，待真空度达到要求后，将样品台推至合适的工作距离处

（10mm 线的位置），设定加速电压和束斑，打开高压开关。

⑥样品分析：

a. 表面形貌衬度观察：一般仪器的缺省探测器即为二次电子探测器，可用于观察材料表面形貌。以粉末状样品为例，首先从最小倍数逐步放大，选择颗粒分散比较均匀、导电良好的区域逐步放大，改变束斑大小和扫描速率，在感兴趣区"高倍聚焦，低倍成像"，输入样品名称，保存图像，这样就完成了一个区域的形貌衬度观察和相应的图片的采集。其他区域或样品的形貌衬度观察方法与此方法相同。

b. 原子序数衬度观察：在探测器菜单下选择背散射电子探测器，将待测样品移动至镜筒正下方，图像采集方法与形貌衬度观察相同，得到的是一张明暗对比明显的背散射电子照片。

c. 微区成分分析：在原子序数衬度观察过程中，打开能谱仪软件，分别选择样品上比较明亮和比较灰暗的区域进行能谱分析，调节束斑至合适大小，采集该区域能谱谱线并进行计算和保存，就可以得到关于该区域的元素分析谱图和元素相对含量。

d. 退样：完成样品分析后，关闭高压开关，将样品退回到初始高度，等待 5min 后关闭真空系统，待泄压完毕后取出样品，关闭样品室门。

e. 关机：退出扫描电子显微镜和能谱仪软件操作系统，依次关闭扫描电子显微镜主机、扫描电子显微镜工作机、辅助计算机、能谱工作机、配电柜等。整理现场，结束实验。

实验数据记录与分析

（1）实验数据记录与处理参考格式见表 9-1-3。

表 9-1-3

阳极靶材质	电压/kV	电流/mA	波长 $\lambda/\text{Å}$	扫描范围 $2\theta/(°)$	实验日期	实验者	
衍射峰序号	$2\theta_i$	$\sin^2\theta_i$	$\dfrac{\sin^2\theta_i}{\sin^2\theta_1}$	m_i	HKL	a_i	$\cos^2\theta_i$
1							
2							
3							
⋮							

注：1Å=0.1nm。

（2）数据分析：

1）试样的累积粒度分布曲线。

2）利用 jade 软件对所测样品进行物相定性分析，并打印物相鉴定结果。

3）提交清晰的扫描电子显微镜图像及能谱分析结果并注明实验条件，对其进行分析。

实验注意事项

（1）NaOH 有强腐蚀性，使用时应避免接触皮肤和眼睛等。

（2）待测样品必须具有代表性。

（3）在打开 X 射线衍射仪主机开关前一定要检查循环水是否正常工作；打开 X 射线衍射仪防护门时必须先按"DOOR"开门，禁止强制拉开防护门；关闭防护门时一定要缓而轻，并听到"咯噔"的声音确保门已关好，仪器才能正常测试。

思考题

（1）化学共沉淀法制备 Fe_3O_4 纳米粉体的优缺点是什么？

（2）简述 Fe^{2+} 与 Fe^{3+} 的比例对粉体粒度的影响。

（3）简述实验温度条件对 Fe_3O_4 纳米粉体性能的影响。

（4）简述粉体干燥方式对 Fe_3O_4 纳米粉体性能的影响。

（5）简述 X 射线衍射法物相定性分析过程及注意的问题。

（6）扫描电子显微镜对样品的要求是什么？

（7）据上课内容并结合各自特点，说明二次电子像和背散射电子像对制样有何要求，试对比这些图像的衬度特点。

参考文献

[1] 蒋阳，陶珍东. 粉体工程 [M]. 武汉：武汉理工大学出版社，2008.

[2] 周仕学，张鸣林. 粉体工程导论 [M]. 北京：科学出版社，2010.

[3] 林永华. 电力用煤 [M]. 北京：中国电力出版社，2011.

[4] 黄新友. 无机非金属材料专业综合实验与课程实验 [M]. 北京：化学工业出版社，2008.

[5] 树棠. 金属 X 射线衍射与电子显微分析技术 [M]. 北京：冶金工业出版社，2008.

[6] 周永强，吴泽，孙国忠. 无机非金属材料专业实验 [M]. 哈尔滨：哈尔滨工业大学出版社，2002.

[7] 祁景玉. 现代分析测试技术 [M]. 上海：同济大学出版社，2006.

[8] 王培铭，许乾慰. 材料研究方法 [M]. 北京：科学出版社，2005.

[9] 韩立，段迎超. 仪器分析 [M]. 吉林大学出版社，2014.

[10] 吴立新，陈方玉. 现代扫描电镜的发展及其在材料科学中的应用 [J]. 综述与评论，2005，43（6）：36~40.

[11] 屠一锋，严吉林，龙玉梅，等. 现代仪器分析 [M]. 北京：科学出版社，2011.

实验 9-2　多孔材料的制备与性能表征

实验目的

（1）掌握多孔吸声材料制备的方法与相关表征方法。

（2）了解驻波管法测量吸声材料吸声系数的实验原理。

（3）掌握驻波管法测量吸声系数的测试方法及数据处理方法。

（4）了解密度、气孔率、吸水率及孔径分布的测试方法。

（5）了解噪声危害及其治理方法。

实验原理

本实验主要内容是：（1）多孔陶瓷的制备；（2）吸声系数和噪声系数测试；（3）密度、气孔率、吸水率的测试。

1. 多孔陶瓷的制备

噪声污染是四大环境污染（空气污染、水污染、噪声污染、电磁污染）之一。20 世纪末，发达国家在空气污染和水污染方面有了很大的改善，但在噪声污染方面改善不大。噪声治理可通过隔声屏障和吸声屏障来解决，隔声屏障是采用声学结构将噪声源与治理区域隔开来降低噪声的危害，吸声屏障是利用声学结构将噪声吸收，从而降低噪声源声场中的环境噪声。工程上具有吸声作用并有工程应用价值的材料称为多孔吸声材料。

多孔材料是指显微结构上包含固相和气孔的一种复相材料。其孔隙大小既可以在介观尺寸上，也可以在显微结构层次上或宏观层次上。就其孔隙形状而言，既可以是规则形状也可以是无规则形状，即既可以是孤立闭气孔，也可以是相互连通的开口气孔。多孔材料要具有吸声性能，必须具备两个条件：一是具有大量的孔隙，二是孔与孔之间必须相互连通。当声波入射到多孔材料表面后，一部分声波经多孔材料表面反射，另一部分声波透射进入多孔材料。进入多孔材料的这部分声波引起多孔吸声材料内部空气振动，多孔材料中空气与孔壁的摩擦和黏滞阻力等，将一部分声能转化为热能。此外，声波在多孔材料内部经过多次反射后进一步衰减，当进入多孔材料内部的声波再返回时，声波能量已经衰减很多，大部分的能量被多孔吸声材料损耗和吸收。

多孔材料的制备方法有烧结法和免烧结法两种。烧结法是将各种组分按照要求进行配料，经适当成型后于高温条件下进行烧结，使坯体形成具有预期孔径、孔形要求的烧结体。免烧结法是多种原料在胶凝材料组分的作用下，通过水化反应，使各种组分胶结在一起，形成具有合理孔径的多孔材料。

（1）孔的形成方法：

1）添加成孔剂工艺：陶瓷粗粒黏结、堆积形成多孔结构，颗粒靠黏结剂或自身黏合成型。这种多孔材料的气孔率一般较低，为 20%~30% 左右。为了提高气孔率，可在原料中加入成孔剂（porous former），如碳粒、碳粉、纤维、木屑等烧成时可以烧去的物质；也有用难熔化、易溶解的无机盐类作为成孔剂，它们能在烧结后的溶剂侵蚀作用下除去。此外，可以通过粉体粒度配比和成孔剂等控制孔径及其他性能，这样制得的多孔陶瓷气孔率可达 75%左右，孔径可在 10μm~1mm 之间。

2）有机泡沫浸渍工艺：有机泡沫浸渍法是用有机泡沫浸渍陶瓷浆料，干燥后烧掉有机泡沫获得多孔陶瓷的一种方法。该方法适于制备高气孔率、开口气孔的多孔陶瓷，这种方法制备的泡沫陶瓷是目前最主要的多孔陶瓷之一。

3）发泡工艺：可以在制备好的料浆中加入发泡剂，如碳酸盐和酸等，发泡剂通过化学反应能够产生大量细小气泡，烧结时通过在熔融体内产生放气反应而得到多孔结构，这种发泡工艺的气孔率可达 95%以上。与泡沫浸渍工艺相比，发泡工艺更容易控制制品的形状、成分和密度，并且可制备各种孔径大小和形状的多孔陶瓷，特别适于生产闭气孔的陶瓷制品。

4）溶胶-凝胶工艺：主要利用凝胶化过程中胶体粒子的堆积以及凝胶（热等）处理过程中留下小气孔，形成可控多孔结构。这种方法大多数产生纳米级气孔，属于中孔或微孔范围，这是上述方法难以做到的，实际上这也是现在最受科学家重视的一个领域。溶胶-凝胶法主要用来制备微孔陶瓷材料，特别是微孔陶瓷薄膜。

5）利用分子键构成气孔：如分子筛，它是微孔材料也是中孔材料，像沸石、柱状磷酸锌等都属于这类材料。

以上简述了一些气孔结构的形成过程。有时材料中需要的不仅仅是一种气孔，例如作为催化载体材料或吸附剂，同时需要大孔和小孔两种气孔，小孔提供巨大的比表面，而大孔形成互相连通结构，即控制气孔分布，这可以通过使用不同的成孔剂来实现；有时则需要气孔有一定形状，或具有可再加工性；而作为流体过滤器的多孔陶瓷，其气孔特性要求还应根据流体在多孔体内运动的相关基础研究来决定，这些都需要针对具体情况加以特别考虑。如果多孔陶瓷材料还要具备其他的性能，尤其是骨架性能，则还需从这种综合陶瓷材料的制备考虑。

（2）多孔陶瓷的配方设计：

1）骨料：骨料为多孔陶瓷的主要原料，在整个配方中其质量占 70%~80%，在坯体中起到骨架的作用，一般选择强度高、弹性模量大的材料。

2）黏结剂：一般选用瓷釉、黏土、高岭土、水玻璃、磷酸铝、石蜡、PVA、CMC 等材料，其主要作用是使骨料黏结在一起，以便于成型。

3）成孔剂：一般采用可燃尽的物质，如木屑、稻壳、煤粒、塑料粉等。物质在烧成过程中因为发生化学反应或者燃烧挥发而除去，从而在坯体中留下气孔。

（3）多孔陶瓷的成型方法见表 9-2-1。

表 9-2-1 多孔陶瓷的成型方法

成型方法	优　点	缺　点	适用范围
模压	模具简单；尺寸精度高；操作方便，生产率高	气孔分布不均匀；制品尺寸受限制；制品形状受限制	尺寸不大的管状、片状、块状制品
挤压	能制取细而长的管材；气孔沿长度方向分布均匀；生产率高，可连续生产	需加入较多的增塑剂；泥料制备麻烦；对原材料的粒度要求高	细而长的管材、棒材，某些异形截面管材
轧制	能制取长而细的带材及箔材	制品形状简单；粗粉末难加工	各种厚度的带材，多层过滤器

成型方法	优　点	缺　点	适用范围
等静压	气孔分布均匀；适于大尺寸制品	尺寸公差大；生产率低	大尺寸管材及异形制品
注射	可制形状复杂的制品；气孔沿长度方向分布均匀	需加入较多的塑化剂；制品尺寸大小受限制	各种形状复杂的小件制品
料浆浇注	能制形状复杂的制品；设备简单	生产率低；原料受限制	复杂形状制品，多层过滤器

（4）烧成。使用不同的制备方法和制备工艺，就会有不同的烧成制度，具体应该根据材料的性能而定。

2. 声学性能测试原理

内容略，参照第 6 章。

3. 密度、气孔率、吸水率的测试

密度的物理意义是指单位体积物质的质量。试样中固体材料的质量与其总体积之比称为体积密度，体积密度表示制品的密实程度。试样中所有和大气相通的气孔即开口气孔的体积与其总体积之比称为显气孔率，显气孔率不仅反映材料的致密程度，而且反映其制造工艺是否合理，是评定高温陶瓷制品的一项重要指标。试样中所有开口气孔所吸收的水的质量与干燥试样的质量之比称为吸水率。试样的开口气孔越多，吸取水的能力就越强，吸水率和显气孔率一起能更加准确地表示材料的致密程度。在材料烧结过程中，随着晶界的不断移动，伴随着液相和固相传质的进行，大多数气孔会逐渐缩小甚至消失，达到良好烧结的标准就是气孔率小、吸水率小、体积密度大（试样密度接近理论密度值）。

体积密度、显气孔率和吸水率的测定是基于阿基米德原理，即称量试样的质量，再用液体静力称量法测定其体积，计算出体积密度、显气孔率和吸水率。具体方法是测定干燥试样质量（m_1）、被浸液充分饱和的试样悬浮在液体中的质量（m_2）和饱和试样在空气中的质量（m_3），则体积密度、显气孔率和吸水率的计算公式如下。

体积密度 D_b：

$$D_b = \frac{m_1 \times D_1}{m_3 - m_2} \tag{9-2-1}$$

显气孔率 $P_a(\%)$：

$$P_a = \frac{m_3 - m_1}{m_3 - m_2} \times 100 \tag{9-2-2}$$

吸水率 $W_a(\%)$：

$$W_a = \frac{m_3 - m_1}{m_1} \times 100 \tag{9-2-3}$$

式中　m_1——干燥试样的质量，g；

m_2——饱和试样悬浮在液体中的质量，g；

m_3——饱和试样在空气中的质量，g；

D_1——试验温度下浸液体的密度，g/cm^3。

对测定密度和气孔率所使用的液体的要求是：密度要小于被测的粉体；对粉体或材料的润湿性好；不与试样发生反应，也不使试样溶解或膨胀。

最常用的浸液有水、乙醇和煤油等。水在常温下的体积密度可以查附录。

本实验采用添加成孔剂，模压方法制备毛坯，然后再进行烧结的方法。

实验材料及设备

1. 实验材料

石膏、玻璃纤维、发泡剂、缓凝剂、减水剂、水泥等。

2. 实验仪器

吸声系数测试仪、噪声系数测试仪、密度测试仪、天平、研钵、捣打磨具、木槌、高温炉、量筒、烧杯、模具等。

实验步骤

1. 多孔陶瓷制备

本实验采用免烧法制备多孔材料。

（1）配料：

1）按配方组成称取石膏、水泥、玻璃纤维、外加剂，将其混合均匀；用托盘天平按表 9-2-2 称取总质量为 25g 的原料。

表 9-2-2 原料配方组成

物质	氧化铝	MgO	CMC	煤粒	水
质量百分比	60%	8%	15%	17%	10%~15%固体料

2）取发泡剂加入适量水中搅拌，待泡沫丰富时倒入混合物，搅拌得到泡沫浆体。

3）将稳定的泡沫浆体浇注成型。

4）脱模、养护。

（2）制备。将称好的原料依次放入陶瓷研钵中，搅拌均匀后，取一定量放入模具中挤压，并用木槌轻打模具上盖，然后去掉模具，将制好的毛坯取出。

（3）烧成。将毛坯置于烘箱中在 100℃ 下预处理 30min，然后再放入高温炉中，按表 9-2-3 的升温制度进行烧结，即可获得多孔陶瓷。将获得的多孔陶瓷编号放好，以备后续实验"多孔陶瓷的密度及吸水率的测定"使用。

表 9-2-3 制品烧结的升温制度

温度区间/℃	室温~400	400~1100	1200~1300	1300
升温速率/℃·h^{-1}	100	200~300	100	保温 1h

2. 吸声系数测试

参照实验 6-1。

3. 密度、气孔率测试

（1）用超声波清洗机清洗块状样品，在 110℃（或在许可的更高温度）下烘干至恒重，然后置于干燥器中冷却至室温，称取试样质量。用电子天平称量试样干燥后的质量（m_1），精确至 0.01g。

（2）试样浸渍：把试样放入容器内，并置于抽真空装置中，抽真空至其剩余压力小于 2500Pa。试样在此真空度下保持 5min，然后在 5min 内缓慢地注入浸液（工业用水或工业纯有机液体），直至试样完全淹没。再保持抽真空 5min，将容器取出在空气中静置 30min，使试样充分饱和。

（3）饱和试样悬浮在液体中的质量（m_2）测定：将饱和试样迅速移至带溢流管容器的浸液中，当浸液完全淹没试样后，将试样吊在天平的挂钩上称量，精确至 0.01g。

（4）饱和试样在空气中的质量（m_3）测定：从浸液中取出试样，用饱和液体的毛巾小心地擦去试样表面多余的液体（但不能把气孔中的液体吸出）。迅速称量饱和试样在空气中的质量，精确至 0.01g。

（5）浸液密度测定：用比重计测定实验温度下的浸液密度（D_1），精确至 0.001g/cm³。如果是自来水，在 15~30℃ 之间可认为是 1.0g/cm³。

数据记录与处理

自制表格记录数据。

思考题

（1）常用的吸声材料有哪些种类，它们各有什么特点，它们的制备方法如何？

（2）根据实验原理思考如何提高材料的吸声性能。

（3）什么是吸声系数，测量吸声系数有哪些方法？

参考文献

[1] 周静 . 功能材料制备及物理性能分析 [M]. 武汉：武汉理工大学出版社，2012.

[2] 陈永 . 多孔陶瓷的制备与表征 [M]. 合肥：中国科学技术大学出版社，2010.

实验9-3　溶胶-凝胶包覆法制备庞磁电阻材料及其磁性能测试

实验目的

(1) 了解溶胶-凝胶法的基本原理。

(2) 掌握液相包覆的基本原理及核–壳结构的应用。

(3) 学会测量软磁材料的磁滞回线、基本磁化曲线、磁导率曲线。

实验原理

本实验的主要内容包括：(1) 采用湿化学法制备 $La_{1-x}Ag_xMnO_3$（LAMO）体系粉末，考察合成条件对产物结构和形貌的影响；(2) 采用液相包覆法制备 LAMO-ZnO 复合体系粉末；(3) 测试材料的磁滞回线，分析磁滞回线的各项参数，并探讨其意义。

本实验采用的溶胶-凝胶法实质上是金属螯合凝胶法，其基本过程是在制备前驱液时加入螯合剂，如柠檬酸或 EDTA（ethylene diamine tetra acclicacid），通过可溶性螯合物的形成减少前驱液中的自由离子，通过一系列实验条件，如溶液 pH 值、温度和浓度等的控制，移去溶剂后形成凝胶。但柠檬酸作为络合剂并不适合所有金属离子，且所形成的络合物凝胶非常容易潮解。

水解反应

$$M(OH)(OR)_{n-1} + M(OR)_n \longrightarrow (RO)_{n-1}MOM(OH)(OR)_{n-1} + M(OR)_n + ROH$$
$$(OR)_{n-1}(OH)M + (OH)M(OR)_{n-1} \longrightarrow (RO)_{n-1}MOM(OH)(OR)_{n-1} + M(OR)_n + H_2O$$

聚合反应

无机盐在水中的化学现象很复杂，可通过水解反应和缩聚反应生成许多分子产物。根据水解程度的不同，金属阳离子可能与三种配位体 (H_2O)、(OH^-) 和 (O^{2-}) 结合。决定水解程度的重要因素包括阳离子的电价和溶液的 pH 值。水解后的产物通过羟基桥（M-OH-M）或氧桥（M-O-M）发生缩聚进而聚合，但许多情况下水解反应比缩聚反应快得多，往往形成沉淀而无法形成稳定的凝胶。

成功合成稳定的凝胶的关键是要减慢水合或水-氢氧配合物的水解率，制备出稳定的前驱体液。在溶液中加入有机螯合剂 A^{m-} 替换金属水化物中的配位水分子，生成新的前驱体液，其化学活性得到显著的改变，反应如下：

$$[M(H_2O)_n]^{z+} + \alpha A^{m-} \rightleftharpoons [M(H_2O)_\omega(A)_\alpha]^{(z+\alpha m)} + (n-\omega)H_2O$$

式中，$n \gg \omega$，$(n-\omega) = h\alpha$；h 为金属离子 M 与一个配体 A 中任何原子形成配位键的

数目。

金属离子螯合的一个目的，是为了防止配位水分子在去质子反应中快速水解，从而使前驱体液保持稳定：

$$[M(H_2O)_\omega(A)_\alpha]^{(z+\alpha m)} + H_2O \rightleftharpoons [M(OH)(H_2O)_{\omega-1}(A)_\alpha]^{(z-\alpha m-1)} + H_2O^+$$

典型的例子是 Fe^{3+} 的水解，加入柠檬酸螯合剂后水解平衡常数 K_h 由 10^{-3} 降低到 10^{-25}。另外，加入柠檬酸螯合剂还能减小配位水分子的正自由电荷，从而使前驱体液在 pH 值较高的条件下也不会出现氢氧化物沉淀，扩大了溶液稳定条件的范围。

磁滞回线的测量原理如图 9-3-1 所示，图中 A 为环状磁性材料；N_1、N_2 分别为绕在其上的初、次级线圈的匝数；M 为互感器；R_0 是取样电阻，电阻值为 1Ω；电子积分器用于测量 B，由运算放大器等构成；K_1 为电流换向开关；K_2 为选择测量开关；K_3 为复位按钮开关；E 为可调电源。

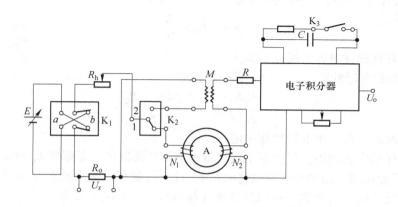

图 9-3-1 磁滞回线测量原理

（1）磁化场 H 的测量。磁化场 H 可以表示为：

$$H = \frac{N_1 I_0}{L}$$

式中 I_0——通过初级线圈的磁化电流；

L——环型磁性材料的平均周长。

H 的变化是通过改变 I_0 实现的，因此 H 的测量就转换成了 I_0 的测量。但是计算机不能直接采集 I_0 的信号，需通过采样电阻 R_0 将 I_0 转化成与 H 成正比的电压信号 U_x。于是：

$$H = \frac{N_1 U_x}{LR_0}$$

（2）B 的测量。本实验中通过电子积分器测量 B。

电子积分器是一种实现积分运算的电路，通过对连续变化的感应电动势进行累加来测量随时间变化的磁场。电子积分器由运算放大器、R、C 组成。电子积分器的输出电压 U_0 表示为：

$$U_0 = -\frac{1}{RC}\int U_i \mathrm{d}t - U_c$$

式中　U_i——积分器的输入电压；

　　　U_c——积分器在 0 时刻的输出电压，U_c 可以通过在测量之前对电容 C 放电使之为 0，这样上式就简化成

$$U_0 = -\frac{1}{RC}\int U_i \mathrm{d}t$$

由上式可见积分器的输出电压 U_0 正比于输入电压 U_i 对时间的积分。式中的负号表示 U_0 与 U_i 反位相。

在图 9-3-1 所示的测量电路中，单调地改变流过 N_1 中的电流 I_0，样品内部的磁场 H 发生变化，此时在 N_2 中将产生感应电动势 ε，ε 的大小为：

$$\varepsilon = -N_2 S \frac{\mathrm{d}B}{\mathrm{d}t}$$

式中　S——环状磁性材料的横截面积。

将 N_2 接到积分器的输入端，对 ε 积分，得到：

$$U_0 = \frac{N_2 S}{RC}\int \mathrm{d}B = \frac{N_2 S (B - B_0)}{\tau}$$

式中　τ——时间常数，由电路参数决定；

　　　B_0——样品中的剩磁，只要在正式测量之前将样品退磁，即可使 $B_0 = 0$。

实验中只要单调、缓慢地改变磁化电流 I，计算机就可以同步画出 H–B 关系相对应的 U_0、U_x 的曲线，U_x、U_0 的大小可以分别从计算机所绘的曲线上求得。

（3）τ 的确定。τ 的大小可以用互感器 M 测定。实验时 K_2 选择"2"。用互感器替代样品线圈。改变流过 M 的电流 I，则 M 产生的电动势 ε_1 为

$$\varepsilon_1 = -M \frac{\mathrm{d}I}{\mathrm{d}t}$$

对 ε 进行积分，积分器的输出电压 U_{OM} 为：

$$U_{OM} = \frac{M U_{XM}}{\tau R_0}$$

由此可得

$$\tau = \frac{M U_{XM}}{R_0 U_{OM}}$$

当电流 I 从 0 逐渐增加到互感器的额定电流值时，计算机将绘出一条直线，则 B 为

$$B = \frac{M U_{XM} U_0}{N_2 S R_0 U_{OM}}$$

实验材料及仪器

1. 材料

柠檬酸、$La(NO_3)_3$、$Ag(NO_3)_2$、$Mn(NO_3)_3$、5%PVA 溶液（黏结剂）。实验原料的

纯度、生产厂家见表 9-3-1。

表 9-3-1　实验原料

原　料	纯度	含量/%	生产厂家
$La(NO_3)_3$	A. R	≥99. 99	上海化学试剂公司
$Ag(NO_3)_2$	A. R	≥99. 5	上海试剂二厂
$Mn(NO_3)_3$	A. R	≥98. 5	上海化学试剂公司

2. 实验仪器及设备

电子天平、电炉、1000L 烧杯、玻璃棒、马弗炉、研钵、坩埚、模具、压力机、镊子、小刀、万用电表、静态磁特性参数测量仪、直流电源、计算机。

实验步骤

1. 粉末制备

溶胶-凝胶法的工艺流程如图 9-3-2 所示。具体制备过程如下：

（1）将化学纯的 La_2O_3、$AgNO_3$、$Mn(NO_3)_2$ 按名义化学反应式进行配料，得到名义化学组分的初始原料化合物。

（2）配好后的原材料加入适量的硝酸和去离子水，充分混合反应后得到硝酸盐混合溶液；称量所需柠檬酸，微加热使柠檬酸全部溶解，配制成所需的柠檬酸溶液；将配制好的柠檬酸溶液逐滴滴入放置在磁力搅拌器上搅拌的混合液中。

（3）将适量的乙二醇同样逐滴滴入不断搅拌中的 90℃ 的混合溶液中 5h，以加速柠檬酸盐和乙二醇的聚合过程。

（4）在 300℃ 下加热直至获得灰黑色的粉末，得到的粉末在 700℃ 下保温 0.5h，以使所有的有机物和可燃性物质反应完全，最终得到的粉末为黑灰色粉末。

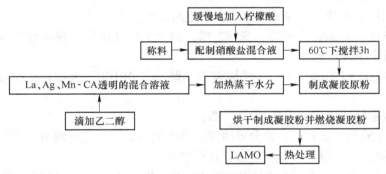

图 9-3-2　SoL-Gel LAMO 制备工艺流程

2. 复合体系的制备

复合体系的制备过程（包覆体为 ZnO）如下：

（1）制备好的 LAMO 粉末和适量的 $Zn(NO_3)_2$ 充分搅拌混合。然后，将一定量的尿素和少量的氨水缓慢地加入到 LAMO 和 $Zn(NO_3)_2$ 的混合液中。搅拌中的混合液在 90℃ 下保温，直至所有的水分蒸发。在此过程中，因共沉淀而缓慢生成 $Zn(OH)_2$。

（2）将上述过程得到的混合产物在 900℃下处理 1h，以使 $Zn(OH)_2$ 分解并使所得产物中的有机物分解完全。

（3）将热处理后的粉末在 10MPa 的压力下压制成型，并在 1150℃下常压保温 4h 后随炉冷却至室温。这样就获得了名义组分为 $(1-x)$LAMO$+x$ZnO 的复合体系。

3. 陶瓷的制备

（1）研磨及造粒：将合成粉料用研钵仔细研磨，注意一定要将合成粉料研磨均匀，这对陶瓷制品的性能有很大的影响。待合成粉料研磨均匀后，加入适量的 PVA 溶液，再次研磨至 PVA 均匀分布于合成粉料中。

（2）成型（压条）：将粉料进行成型加工，成型压力约为 60~80kN。脱模时要谨慎，压制出来的条状样品不能出现明显的裂纹。

（3）排胶：将压制的样品进行排胶处理，以 100℃/h 的升温速率升到 600℃，保温 2h，然后关闭炉子，自然冷却后取出条状样品。

（4）烧结：将经排胶处理的样品放入坩埚中，以 300℃/h 的升温速率升到 1150℃，保温 2h，然后关闭炉子，自然冷却后得到的样品即为 $(1-x)$LAMO$+x$ZnO 陶瓷。

（5）镀电极：采用压铟粒的方法制备电极。取长为 2cm 左右的铜丝，小心地将两边的绝缘层去掉；取直径为 1mm 左右的铟粒压在样品上（按照四探针的原理进行等距排列），在其上放置处理好的铜丝，再同样地压上铟粒，用万用电表检查其接触点的良好性。

4. 磁性能的测试

（1）测量样品质量、内外径尺寸后绕组。

（2）"DRIVE"（电源输出端）红、黑端分别连环样磁化绕组的两端；环样测量绕组的两端分别连电源 "SENSE" 的红、黑端。

（3）开机：开（TYU-2000D）电源，打开电脑，预热 30min。

（4）双击测量软件图标，进入测量程序。

（5）按下 "APC/STOP" 键。

（6）输入样品参数；填好记录菜单；设定测试点。

（7）测量前，电源输出调零：选 X2 挡，调 "V" 电位器，使电压显示为零，再将 "X2/X20" 挡弹起（释放）。

（8）"FLUX METER（B）" 漂移调节：调节 "DRIFT" 电位器，使显示变化尽可能慢。

（9）量程选择：磁通一般选 "X2" 挡。

（10）测量前点击量程框，积分器清零；点要测参数图标进行测量。

（11）测量完毕，双击屏幕右下白框进行打印。

（12）关机：弹起（释放）"APC/STOP" 键；关测量程序；关电源；关电脑。

（13）注意：在测量过程中，如 "OFFSET" 灯亮，则弹起（释放）"APC/STOP" 键，关测量程序，关电源。

实验注意事项

（1）镀电极时样品不要进行任何处理，否则电极很难压上。

（2）测量时，请将电流控制在 0.8A 以内，否则会引起过热而无法操作。

思考题

(1) 溶胶-凝胶法的基本原理是什么？

(2) 核–壳结构的优缺点是什么？

(3) 测量初始磁化曲线时为何没有出现 B-H 的饱和区？

(4) 实验中为何多次强调要单调地改变电流，否则会出现什么样的结果？

(5) 为什么将交流电压由额定值逐渐减小到0能使磁性材料退磁？

参考文献

[1] 周静. 功能材料制备及物理性能分析 [M]. 武汉：武汉理工大学出版社，2012.

[2] 周志刚. 铁氧体磁性材料 [M]. 北京：科学出版社，1981.

实验 9-4　固体氧化物燃料电池制备及性能表征

实验目的

（1）掌握燃料电池的工作原理和结构组成。

（2）熟悉燃料电池的制备工艺。

（3）了解电子负载和电化学分析仪的构造和使用。

（4）理解影响燃料电池性能的主要因素。

实验内容和原理

新能源是国民经济和社会发展的命脉，是社会可持续发展的重要因素。燃料电池是一种把燃料和电池结合在一起的装置，具有效率高、环境友好等优点，因而近年来受到越来越多的关注。燃料电池的推广应用将有助于降低对化石燃料的依赖程度，减少二氧化碳、氮氧化物等有害气体的排放，提高电力安全水平。在燃料电池的科研和生产中，燃料电池功率和阻抗等是燃料电池最基本的性能。本实验的主要内容：（1）固体氧化物燃料电池（SOFC）的制备；（2）固体氧化物燃料电池输出性能测试；（3）固体氧化物燃料电池交流阻抗测试。

SOFC 由 2 个多孔电极（即阴极和阳极）以及夹在电极之间的致密电解质层组成，电极必须有合适的孔隙率使燃料和氧化剂（空气、氧气等）以及反应生产的 H_2O 和 CO_2 在电池工作过程中顺利通过。SOFC 可以选择氧离子传导（O-SOFC）或者质子传导（H-SOFC），这取决于所选择的电解质类型。电解质的电子电导率需要小到可以忽略不计，以避免发生电压损失及短路的可能性。对于 O-SOFC，空气中的氧气吸附在阴极表面得到电子被还原成氧离子，氧离子通过电解质层传输到阳极侧，而燃料则在阳极处被氧化产生电子，通过外电路传输到阴极侧。当燃料气为氢气时，对应的电化学反应为：

$$\text{阳极：} \qquad H_2 + O^{2-} \longrightarrow H_2O + 2e^- \qquad\qquad (9\text{-}4\text{-}1)$$

$$\text{阴极：} \qquad \frac{1}{2}O + 2e^- \longrightarrow O^{2-} \qquad\qquad (9\text{-}4\text{-}2)$$

对于 H-SOFC，在阳极发生水和氢气的质子化反应，氢离子经过电解质传输到阴极侧，与阴极催化生成的氧离子反应生成水。当以湿润 H_2 作为燃料气时，对应的电化学反应为：

$$\text{阳极：} \qquad H_2 + 2O_O^x \longrightarrow 2OH_O^{\cdot} + 2e^- \qquad\qquad (9\text{-}4\text{-}3)$$

$$\text{阴极：} \qquad \frac{1}{2}O_2 + 2e^- + 2OH_O^{\cdot} \longrightarrow H_2O + 2O_O^x \qquad\qquad (9\text{-}4\text{-}4)$$

SOFC 的工作效率取决于电极和电解质材料以及它们的结构（如孔隙率等），阳极作为 SOFC 重要组成部分，为燃料气发生电化学氧化提供反应空间位点，在探索不同阳极材料和优化制备方法方面受到了大量关注。阳极的电导率和每种组成相的组成、空间分布和粒径有关。首先应该明确阳极材料需要具有的主要特征：（1）适当的热膨胀系数，与电解质相匹配；（2）适当的导电性；（3）抗积炭能力高；（4）韧性和机械强度高；（5）在工作温度的还原气氛下与相邻组分良好的化学相容性；（6）足够的三相界面（TPBs）；（7）催化活性高；（8）足够的孔隙率，用于燃料气供应和反应产物释放；（9）电子电导可以满足工作状态时的电子传输。SOFC 阳极材料通常为金属 NiO、淀粉与电解质相互混合的复合材料，这是因为 Ni 具有很高的导电率，良好的催化活性和较好的化学稳定性，并且成本较低，加入淀粉在高温下燃烧后形成孔洞，提高阳极基的孔隙率。

SOFC 的内阻由欧姆电阻（R_0）、极化电阻（R_P）和浓度电阻（来源于浓差极化）三种电阻组成。阴极的反应速率决定了 R_P，高效 SOFC 阴极应该具备以下特性；（1）高电导率，包括电子电导率和离子电导率；（2）阴极的热膨胀系数与电解质或连接材料匹配度高；（3）与电解质及互连材料具有良好的化学相容性，包括制备和工作条件下均不发生反应；（4）足够的孔隙度，允许 O_2 气体从阴极快速扩散到 TPBs；（5）在制造和工作过程中，在氧化气氛下具有良好的稳定性；（6）氧化还原反应催化活性高，有利于降低 O_2 在阴极侧吸附解离和接受电子等反应的活化能。

固体氧化物燃料电池的输出性能测试由燃料电池、加热系统和测试系统三部分组成。加热系统由管式气体加热炉进行加热，用热电偶及控温仪表进行控温，以保证实验时的恒定温度。测试系统由精密电子负载和连接导线构成。氢气流量均由气体流量计显示，电池的开路电压、负载电流用精密电子负载测量，输出电压用电子负载控制。固体氧化物燃料电池的输出性能就等于电池的电压和负载电流的乘积。

SOFC 的典型 *I-V* 曲线一般可分为三段：

第一段：活化极化损失。活化极化一般发生在低电流高电压区域。电流密度很小时曲线呈下凹状，电池电压随电流的增加下降很快，此区域对应于电极反应物的活化。在燃料电池的运行过程中，阴、阳电极有电化学反应发生，当反应速率较低时，导致活化极化。活化极化电势是由于电化学反应速率较低造成的，因此降低活化极化电势主要通过以下两个途径：（1）提高电极的催化活性；（2）提高电池操作温度。

第二段：欧姆极化损失。欧姆极化发生在中电流区，在中等电流密度时，曲线类似于直线。电池内阻是电池过电位的限制因素，欧姆损失随电流密度的增大而增大。对于阳极电极支撑的电池来说，由于电极的电阻较小，电极内阻等于电解质电阻和电极接触电阻之和。降低欧姆极化损失有两个方法：（1）降低电解质内阻，即减少电解质厚度或采用高电导率的电解质材料；（2）优化电极接触，使电流更容易在电池和外电路中流动。

第三段：浓差极化损失。浓差极化发生在高电流区。在电流密度很高时，电压随电流密度增大下降很快，曲线呈上凸状。这个过程受扩散控制，电流的进一步增加完全取决于反应物向反应活性区的扩散速率和反应产物离开反应活性区的快慢。减少浓差极化损失一般都是通过加大燃料供给和优化电极结构来实现。

单电池的开路电压（OCV）与理论值相比，表明电解质层的致密度。因为如果电解质层不致密，它将不能有效阻隔燃料气体与氧化性气体，从而造成开路电压急剧下降。其 OCV 比理论值略低是由于在高温下电解质会产生少量的电子电导，从而降低了离子迁移数，导致开路电压有一定的下降。

在开路状态下的交流阻抗曲线中，一般来说阻抗曲线的高频区与实轴的交点表示的是电池的欧姆阻抗，它包括电解质的离子电阻、电极的电子电阻以及电极接触电阻。由于电极电导主要是电子电导，因此多数情况下电极电子电阻和接触电阻都可以忽略，所以高频截距一般都认为是电解质的面电阻（R_a）。阻抗谱的低频区与实轴的交点一般认为是电池的总阻抗，即电解质的总体电阻与界面极化电阻之和，而低频阻抗截距和高频阻抗截距之差就是电池的极化阻抗（R_p）。

实验仪器设备及材料

实验仪器设备：压片模具、自制燃料电池测试装置、烘箱、电子负载、电化学工作站。

实验材料：电解质粉、阴极粉、NiO 粉、淀粉、乙基纤维素、松油醇、无水乙醇、导电银胶、银丝。

实验步骤

1. 电池制备

（1）原料制备：

1）电解质制备。将按化学计量比称取的药品放入烧杯中，加入适量浓硝酸和去离子水搅拌溶解，再加入 1.5 倍金属摩尔质量的柠檬酸，加入氨水调节溶液 pH 值为 8。水浴加热溶液，匀速搅拌蒸发溶液中的水分，待溶液变为凝胶状后，在电炉上高温加热凝胶，凝胶自燃得到前驱体粉末，将粉末移入中温炉中去除有机物杂质，得到电解质粉，装袋干燥保存。

2）阴极浆料制备。制粉方法与电解质粉制备步骤相同，将制得的阴极粉、电解质粉、乙基纤维素、松油醇按照 7∶3∶1∶9（质量比）混合，搅拌成黏稠糊状，得到阴极浆料，装入试样瓶中保存。

3）阳极粉制备。将 NiO 粉和电解质粉按照 6∶4（质量比）混合后再加入 20% 质量比的淀粉均匀混合后与适量无水乙醇搅拌研磨，放入烘箱中烘烤挥发无水乙醇，得到干燥的阳极基粉，装袋干燥保存。

（2）电池制备。

1）阳极基半电池制备。使用模具将一定量的阳极粉和极少量的电解质粉使用"共压法"在压机上压制半电池胚体，将压制的原胚放入高温炉中煅烧，得到阳极基半电池。

2）SOFC 电池制备。采用"丝网印刷法"将阴极浆料涂敷至制备的阳极基半电池上（电解质侧的表面中心位置 1cm²），将单电池生胚放入烘箱中烘烤，最后放入中温炉中烧结得到固体氧化物燃料电池。

2. 电池的测试

电池的电化学性能测试是在实验室自制的燃料电池性能测量装置上进行的。

（1）将单电池用导电银胶封装在氧化铝陶瓷管的一端，阴极暴露在空气之中。然后在阴极均匀地涂上一层银浆集流，从阴、阳极各引出一根银丝作为电流线，采用导电胶粘住，放在烘箱中烘干。

（2）将烘干的燃料电池放在管式炉内，打开氮气阀门，打开流量计，先通入氮气以排尽氧化铝管内的空气，采用氮气把管道中的空气排空，另外检查电池密封处不漏气。然后通入湿润的氢气作为燃料气体（约 3%H_2O），空气作为氧化性气体，将电池由室温缓慢地升至要测试的温度。

（3）连接电子负载，待开路电压稳定开始测量单电池在不同温度下的 $V\text{-}I$ 曲线。单电池的电池输出性能用电子负载（IT8511）进行检测，测试单电池在不同负载时电池的电压和电流。

（4）电池的交流阻抗测量是由电化学工作站在开路状态下进行检测，阻抗的频率范围为 $0.1\text{Hz} \sim 100\text{kHz}$。

实验注意事项

（1）本实验涉及氢气，应充分了解氢气的安全性，并对实验安全隐患进行科学合理规避。

（2）在使用相关试剂前，应检查试剂是否有吸潮等现象，如有请找指导老师更换。

思考题

（1）本实验中影响燃料电池电化学性能的因素有哪些？
（2）燃料电池的理论开路电压怎么计算？

参考文献

［1］吕强，杨春利，陈红，等. Ni-BaCe$_{0.7}$Y$_{0.3-x}$Ta$_x$O$_{3-\delta}$（$x=0$，0.05，0.1）金属陶瓷氢分离膜的氢渗透性能［J］. 材料导报，2020，34（12）：49~53.

［2］Xm A，Cy A，Hong C A，et al. Hydrogen permeation and chemical stability of Ni-BaCe$_{0.7}$In$_{0.2}$Ta$_{0.1}$O$_{3-\delta}$ cermet membrane［J］. Separation and Purification Technology，2020，236：116276.

［3］Zhang S，Lei B，Lei Z，et al. Fabrication of cathode supported solid oxide fuel cell by multi-layer tape casting and co-firing method［J］. International Journal of Hydrogen Energy，2009，34（18）：7789~7794.

［4］Tao Z，Lei B，Fang S，et al. A stable La$_{1.95}$Ca$_{0.05}$Ce$_2$O$_{78}$ as the electrolyte for intermediate-temperature solid oxide fuel cells［J］. Journal of Power Sources，2011，196（14）：5840~5843.

实验 9-5　磁控溅射法制备透明导电玻璃及其红外辐射性能表征

实验目的

（1）掌握磁控溅射法制膜的基本原理。

（2）了解磁控溅射沉积系统的结构、操作过程及使用范围。

（3）熟悉磁控溅射镀膜工艺参数对膜性能的影响因素。

实验原理

溅射属于物理气相沉积（PDV）的一种。它是入射粒子和靶的碰撞过程。入射粒子在靶中经历复杂的散射过程，和靶原子碰撞，把部分动量传给靶原子，此靶原子又和其他靶原子碰撞，形成级联过程。在这种级联过程中某些靶材表面附近的靶原子获得向外运动的足够动量，离开靶材被溅射出来。但这种简单的溅射方法溅射效率不高。为了提高溅射效率，引入了磁场，形成了磁控溅射技术。

磁控溅射的工作原理是指电子在电场 E 的作用下，在飞向基片过程中与 Ar 原子发生碰撞，使其电离产生出 Ar^+ 离子和新的电子；新电子飞向基片，Ar^+ 离子在电场作用下加速飞向阴极靶，并以高能量轰击靶表面，使靶材发生溅射。在溅射粒子中，中性的靶原子或者分子沉积在基片上形成薄膜，而产生的二次电子会受到电场和磁场的作用，产生 E（电场）$\times B$（磁场）所指的方向漂移，简称 $E \times B$ 漂移，其运动轨迹近似于一条摆线。若为环形磁场，则电子就以近似摆线形式在靶表面做圆周运动，它们的运动路径不仅很长，而且被束缚在靠近靶表面的等离子体区域内，并且在该区域中电离出大量的 Ar^+ 离子来轰击靶材，从而实现了高的沉积速率。随着碰撞次数的增加，二次电子的能量消耗殆尽，逐渐远离靶表面，并在电场 E 的作用下最终沉积在基片上。由于该电子的能量很低，传递给基片的能量很小，致使基片升温较低，从而实现了低温溅射。磁控溅射原理如图 9-5-1 所示。

磁控溅射的特点是成膜速率高、基片温度低、膜的黏附性好，可实现大面积镀膜。磁控溅射的制备条件通常是，加速电压：300～800V，磁场约：50～300G，气压：1～10mTorr，电流密度：4～60mA/cm²，功率密度：1～40W/cm²，对于不同的材料最大沉积速率范围从 100～1000nm/min。磁控溅射在技术上可以分为直流（DC）磁控溅射、射频（RF）磁控溅射。直流磁控溅射的特点是在阳极基片和阴极靶之间加一个直流电压，阳离子在电场的作用下轰击靶材，它的溅射速率一般都比较大。但是直流溅射一般只能用于金属靶材，因为如果是绝缘体靶材，则由于阳粒子在靶表面积累，造成所谓的"靶中毒"，溅射率越来越低。射频磁控溅射中，射频电源的频率通常在 5～30MHz。射频磁控溅射相对于直流磁控溅射的主要优点是，它不要求作为电极的靶材是导电的。因此，理论上利用射频磁控溅射可以溅射沉积任何材料。由于磁性材料对磁场的屏蔽作用，溅射沉积时它们会减弱或改变靶表面的磁场分布，影响溅射效率。因此，磁性材料的靶材需要特别加工成薄片，尽量减少对磁场的影响。

发射率是材料热物性的基本参数之一。随着红外技术、辐射传热学、辐射测量、太阳能研究、材料科学以及军事目标稳身技术的发展，发射率越来越受到重视。新型发射率测量仪是采用反射率法的测试原理，即通过采用主动黑体辐射源测定待测物表面的法向反射率，进而测出其在特定红外波段的法向发射率的仪器。它能测量常温样品在 $3 \sim 5\mu m$、$8 \sim 14\mu m$ 和 $1 \sim 22\mu m$ 三个波段的发射率。当有特殊需要时，它可通过专用的控温装置在 $-100 \sim 600{}^\circ C$ 任何温度范围内加热或冷却样品，从而对样品进行发射率变温测量。红外发射率测试仪如图 9-5-2 所示。

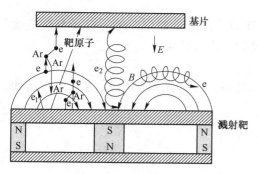

图 9-5-1　磁控溅射原理

图 9-5-2　红外发射率测试仪

实验仪器设备及原料

（1）实验仪器设备：MSP-300C 磁控溅射沉积系统、双波段发射率测试仪。

（2）实验原料：Cu 靶、铝掺杂氧化锌（AZO）靶、普通玻璃、酒精等。

实验步骤

1. 薄膜制备

（1）开机过程：

1）开机前提：先确认溅射室顶盖已经关闭到位以及溅射室充气阀关闭。

2）开启机械泵，此时泵口阀 V_{RP} 同时开启，打开分子泵前级预抽阀 V_{TMB}，机械泵运转正常后（确认分子泵冷却水已经通入），点击图中的分子泵图标，将其打开。在分子泵的电源控制面板上显示"转速追踪中…"，当频率到 200Hz 时，转速和频率将会被正常显示。

3）溅射室抽低真空过程：

①分子泵可以正常显示后，先判断溅射室内的真空度是否小于 2Pa。

如果溅射室内真空度小于等于 2Pa，插板阀两面的压力差很小，可以直接打开插板阀，直接抽高真空。

如果溅射室内真空度大于 2Pa 或更大，则插板阀两面的压力将会很大，不易打开；若强行打开，则插板阀有可能不能完全打开，影响抽真空，严重时插板阀会损坏。

②将溅射室抽至低真空，溅射室的低真空是通过溅射室的预抽实现的。

关闭 V_{TMB} 阀，打开 V_{PR} 预抽阀，观察溅射室真空度，使溅射室的真空度达到 2Pa。若长时间后，真空度仍未达到 2Pa，则关闭阀 V_{PRC} 阀，打开 V_{TMB} 分子泵前级阀，以免分子泵长时间过载，此时应检查相应管道及真空室是否漏气，或溅射室上盖是否盖好，V_{PRC} 预抽阀是否打开，或真空计是否打开，是否有故障（此状态可通过观察真空计测量值来判断）。

4）溅射室抽高真空。当真空度达到 2Pa 后，应关闭 V_{PR} 阀，打开 V_{TMB} 阀，打开插板阀 V_G，将溅射室抽至高真空，真空度可通过真空计测量。

（2）关机步骤：

1）关机前，将溅射室抽至高真空状态。

2）关闭测量室内的插板阀和预抽阀，关闭分子泵，点击"确定"后，分子泵减速运转，等待分子泵的转速到 0 后，关闭分子泵的前级阀以及机械泵。

磁控溅射镀膜实例：

在工艺实验之前，应将溅射室抽至高真空的状态，并关闭所用气瓶的总阀，先抽管路。

工艺要求：

流量计 1 流量（Ar）：40sccm；

直流电源功率 DC：200W；

预溅射时间：30s；

溅射时间：1800s；

转速：20r/min；

靶 1 工作；

温度：300℃。

（1）准备：打开直流电源开关，等待溅射室真空度抽至本底真空（本底真空即为实验前的高真空度，一般 $\leqslant 10^{-4}$Pa，本底真空越高对实验就越有利）。真空抽到后，关闭真空计电源。

选择转盘的状态，可以在计算机上设置转速，如 18r/min。

（2）温度设置：在主操作界面的 TH 的 PV 处设置 300，然后点击界面上的"加热"按钮，这时画面上工作台变色，加热开始，等待温度达到设定的值。

注：1）当加热达到设置值时，加热电源自动关闭，之后温度未达到设定值时，加热电源会自动开启。2）为了保护加热器，避免误操作，温度设定值的上限为 800℃，若特殊要求需加热到 800℃以上时，可直接在温控仪处修改。

（3）流量设置：打开进气总阀 V_{pg}，设定 Ar 流量为 40sccm，点击 Ar 流量块的 SV 处，在流量设置值处输入 40，然后确定，则 40sccm 的 Ar 进入溅射室。等待 1~2min 使气体在反应室内稳定。

注：若流量块的设定值和实际值不符，报警器会报警，应检查气瓶是否已打开或其他原因，如流量块、流量计的通信等。当流量块的设定值和实际值一致时，报警会自动停止。

（4）压力设置：SV 处设定所需启辉压力为 3Pa，压力调节会自动将溅射室内的压力调至设定值，当 PV 和 SV 值一致时，压力调节完毕，在 RF-T 相应的时间窗口内输入工作时间，然后将电源设置 50W，溅射室内启辉后，再在恒压处输入要求的压力，设备会自己调节至需要的压力。

注：

1）压力调节阀打开时，SV 处显示 100；压力调节阀关闭时，SV 处显示 0。

2）若实验的压力很小（小于 2Pa），达不到溅射室内的启辉条件，需要设定启辉压力（5Pa），然后设定电源功率 50W，使溅射室内启辉，然后再设定工作的压力以及工作的功率。

3）若系统正在调节压力状态，这时退出系统重新启动，则压力调节即插板阀的 SV 处显示的是插板阀的位置状态，而不是设定的压力。

（5）电源切换设置：此设备为 3 个电源控制 3 个靶的制作方法，所以如果想相互交换电源必须手动换电源。

（6）功率设置：自动加载模式：在 RF-T 相应的时间窗口内输入溅射及预溅射时间，在 RF 的 SV 窗口内输入功率值，此时真空室便自动启辉开始溅射。射频电源要调节到自动匹配处，这样设备可以自己调节达到最好的匹配最小的反射功率。预溅射时间到后，打开靶对应的挡板，即开始溅射，时间到后功率自动为 0，这时可关闭挡板。

注：在实验结束时，也可以不减功率（≤300W 时），直接将电源关闭，再次使用时，电源打开后功率就直接加载上了。

手动加载模式：打开射频电源 RF，按电源控制面板上的开关打开，顺时针方向旋转板压旋钮，使溅射室启辉，调整所需功率，开始手动计时。

（7）溅射完毕：

1）自动加载模式：当溅射时间倒计时为 0 时，电源自动关闭，此时溅射停止；手动加载模式：逆时针方向旋转电源的板压旋扭，使输出功率为 0，关闭直流电源开关。

2）将挡板关闭，然后将 Ar 流量设置为 0，关闭进气阀 V_{pg}，将转盘停止旋转。

3）将 Vg 压力调节阀即插板阀打开，用分子泵抽真空室一段时间（约 5~10min），目的是将真空室内的残余气体抽干净。

4）若实验时，工艺选择了样片加热，实验完毕后，将加热停止，需要将转盘旋转一段时间，温度降下来后，再将转盘停止旋转，这样既可以加快降温速度，也可以保护旋转机构。

2. 薄膜红外辐射性能表征

（1）打开仪器电源开关，温度设置为 250℃，预热 1h。

（2）仪器校正：如测量 8~14μm 光谱的发射率，在镜头上装 8~14μm 滤光片，把镀铝的补偿参考板置于测试头正下方托盘上，并将铝参考板边上的划线位置点对准测量头部直杆的中心位置，按 DR 键，显示 X 值，再按 MR 键，那么 $950-X=Y$，调节 MR 键下面的旋钮至 Y 值，按 E 键，显示发射率约为 0.05。换成铜参考板，重复上述放置过程，按 MR 键，显示 X' 值，再按 MD 键，那么 $480-X'=Y'$，调节 MR 键下面的旋钮至 Y' 值，按 E 键，显示发射率约 0.520。反复 N 次（3 次以上），调到和两块参考板背面的值接近，仪器校正好。

（3）样品测试：将被测样品置于测量托盘上，等待 3s 后按 E 键，即可读出试样的发射率值。

（4）测试完毕后，取下镜头，关闭仪器电源，整理试验台。

实验注意事项

1. 制膜过程中

（1）开机注意事项：

1）开分子泵前，先将循环水机打开。若无循环水，分子泵将不能制冷，一段时间后分子泵温度过高会自动报警，这时应立即关闭分子泵（插板阀关闭，机械泵工作），等待分子泵冷却一段时间，再将冷却循环水打开。

2）分子泵工作时，不允许停机械泵。

3）若设备长时间不使用，应将溅射室保持在真空状态下。

（2）关机注意事项：

1）等待分子泵停稳后，再关闭分子泵前级阀和机械泵。

2）关闭机械泵后，关闭计算机，关闭总电源以及水和气，做到断电、断水和断气。

2. 红外发射率测试中

（1）托盘与测量头部的相应高度已在出厂前调好，不要轻易变动。

（2）光学镜头、滤光片、参考样避免灰尘、油渍、汗渍等污染。

（3）装、取滤光片和试样时轻拿轻放，避免产生损坏。

（4）若测 $1 \sim 22\mu m$ 波段发射率值，不装滤光片，重复（2）～（3）步骤即可。

（5）若测 $3 \sim 5\mu m$ 波段发射率值，装上 $3 \sim 5\mu m$ 滤光片，按步骤（2）重新设置黑体温度为300℃，功率限制增至50%左右，待温度稳定后，重复（2）～（3）步骤即可。

思考题

（1）简述磁控溅射镀膜的优缺点。

（2）简述影响膜质量的因素。

（3）简述影响薄膜的红外发射率的因素。

参考文献

[1] Zhu Dongmei, Li Kun, Luo Fa, et al. Preparation and infrared emissivity of ZnO：Al（AZO）thin films [J]. Applied Surface Science, 2009, 255（12）：6145~6148.

[2] Sun Kewei, Tang Xiufeng, Yang Chunli, et al. Preparation and performance of low-emissivity Al-doped ZnO films for energy-saving glass [J]. Ceramics International, 2018, 44（16）19597~19602.

实验 9-6　淬冷法相平衡/淬冷法制备无机氧化物薄膜及其电化学性能分析

I　淬冷法研究相平衡

实验目的

（1）掌握淬冷法研究相平衡的一般原理。

（2）了解淬冷法相平衡仪的基本构造，熟悉淬冷法相平衡仪的使用方法。

（3）验证 Na_2O-SiO_2 系统相图，分析淬冷法研究相平衡实验方法的优缺点。

实验原理

相图是研制、开发、设计新材料的理论基础，也是各种材料制备、加工工艺制定和使用条件参考的重要理论依据。相图是相平衡的直观表现，它是在实验结果的基础上绘制的。凝聚系统（不含气相或气相可以忽略的系统）相平衡的研究方法有两种：动态法和静态法。动态法是通过实验，观察系统中的物质在加热或冷却过程所发生的热效应，从而确定系统状态，常用的有加热或冷却曲线法和差热分析法。静态法（淬冷法）是在室温下研究高温相平衡状态，即将不同组成的试样在一系列预定的温度下长时间加热、保温，使系统在一定温度及压力下达到确定平衡，然后将试样足够快地淬冷到室温，由于相变来不及进行，因而冷却后的试样就保存了高温下的平衡状态。把所得的淬冷试样进行显微镜或 X 射线物相分析，就可以确定相的数目及其性质随组成、淬冷温度而改变的关系，将测定结果记入图中对应的位置上，即可绘制出相图。

从热力学角度来看，任何物系都有其稳定存在的热力学条件，当外界条件发生变化时，物系的状态也随之发生变化。这种变化能否发生以及能否达到对应条件下的平衡状态，取决于物系的结构调整速率和加热或冷却速率以及保温时间的长短。

由于绝大多数硅酸盐熔融物黏度高、结晶慢，系统很难达到平衡，采用动态方法误差较大，因此，常采用静态法（淬冷法）来研究高黏度系统的相平衡。

当采用淬冷法研究同一组成的试样在不同温度下的相组成时，样品的均匀性对试验结果的准确性影响较大。将试样装入铂金装料斗中，在淬火炉内保持恒定的温度，在达到平衡后把试样以尽可能快的速度投入低温液体中（水浴、油浴或汞浴），以保持高温时的平衡结构状态，再在室温下用显微镜进行观察。若淬冷样品中全为各向同性的玻璃相，则可以断定物系原来所处的温度（T_1）在液相线以上。若在温度（T_2）时，淬冷样品中既有玻璃相又有晶相，则液相线温度就处于 T_1 和 T_2 之间。若淬冷样品全为晶相，则物系原来所处的温度（T_3）在固相线以下。

淬冷法测定相变温度的准确度相当高，但必须经过一系列的试验，先由温度间隔范围较宽作起，然后逐渐缩小温度间隔，从而得到精确的结果。除了同一组成的物质在不同温度下的试验外，还要以不同组成的物质在不同温度下反复进行试验，因此，测试工作量相当大。

本实验采用 $Na_2O:SiO_2 = 1:2$ 摩尔比的样品，通过测定其在不同温度（700℃、874℃、950℃）下的相平衡状态来验证 Na_2O-SiO_2 系统相图，从而掌握淬冷法研究相平衡的实验方法。实验结果与分析可参考如图 9-6-1 所示的系统相图。

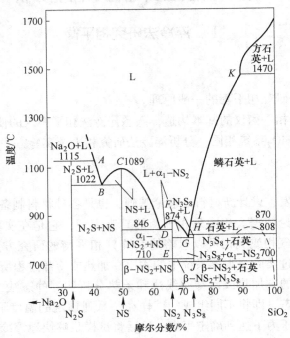

图 9-6-1　Na_2O-SiO_2 系统相图

实验仪器设备与材料

（1）WZF 型淬冷法相平衡实验仪。

淬冷法相平衡实验仪示意图如图 9-6-2 所示，主要由控制箱及仪器主体两部分组成。

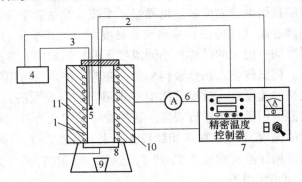

图 9-6-2　淬冷法相平衡实验仪示意图

1—高温炉电炉丝；2—镍铬镍铝热电偶；3—熔断装置；4—熔断开关；5—铂金装料斗；
6—电流表；7—温度控制箱；8—电炉底盖；9—水浴杯；10—高温炉；11—高温炉保温层

1）控制箱用于控制炉温及料斗熔断操作。温度控制由数字控制仪表自动进行。熔断装置是把铂装料斗挂在一根细铜丝上，铜丝挂在连着电插头的 2 个铁钩之间，欲淬冷时，将电插头接触电源，使发生短路的铜丝熔断，样品掉入水浴杯中淬冷。

2）仪器主体由升降台、电炉、样品、挂钩、热电偶等部分组成。

（2）LWT300LPT 型偏光显微镜。

实验步骤

（1）试样制备。

1）将 Na_2CO_3 和 SiO_2 进行配料（Na_2CO_3 高温下分解生成 Na_2O），按 $Na_2O:2SiO_2$ 摩尔组成计算 Na_2CO_3 和 SiO_2 的质量分数，配料并混合均匀。

2）将配合料用坩埚加热到 1000℃ 左右（如果融化不好，可以稍微高一些），保温 40min 左右，将坩埚取出，迅速将熔化的玻璃倒入冷水中急冷，把碎玻璃烘干即为制得的试样。

（2）把少量试样（0.01～0.02g）装入铂金坩埚内，再用细铜丝把铂金装料斗挂在熔断装置上（注意两挂钩不能相碰）。

（3）接通电源，设定好恒温温度，启动电炉升温，达到恒温温度后把试样放入高温炉内，盖好炉盖，保温 30min。

（4）将水浴杯放至炉底，打开高温炉下盖，按下温度控制箱上"淬冷"按钮（注意，稍一接触即可），使试样落入炉下水浴杯中淬冷。

（5）用其他坩埚重新装样，分别进行不同温度下的淬冷实验，淬冷完毕，手动调节控制旋钮至电流表读数为零，关机，关闭总电源。

（6）取出铂金坩埚，烘干，取出试样，在研钵内破碎成粉末（注意，不能研磨）。

（7）取出粉末，放到载玻片上，盖上盖玻片，盖玻片四周滴加浸油，使样品浸入油中，作成浸油试片。

（8）在偏光显微镜下观察不同温度淬冷后的样品，确定相的组成，并与相图（图 9-6-1）相比较。

（9）实验完毕，整理实验仪器，记录观察结果。

实验数据记录与处理

记录偏光显微镜观察结果，验证 $Na_2O\text{-}SiO_2$ 系统相图。如果有结晶相析出，结合 $Na_2O\text{-}SiO_2$ 系统相图确定其结晶晶型。

实验注意事项

（1）试样制备时原料要混合均匀，保证加热温度和保温时间，使充分融化以得到组成均匀的样品。

（2）熔断装置上的两挂钩不能相碰，否则熔断将不能正常进行。

（3）不能研磨淬冷后的试样，过细的试样不利于显微观察。

思考题

（1）用淬冷法如何确定相图中的液相线和固相线？

（2）用淬冷法研究相平衡有什么优缺点？

参考文献

[1] 马爱琼，任耘，段峰. 无机非金属材料科学基础［M］. 北京：冶金工业出版社，2010.

[2] 王涛，赵淑金. 无机非金属材料实验［M］. 北京：化学工业出版社，2011.

[3] 周永强，吴泽，孙国忠. 无机非金属材料专业实验［M］. 哈尔滨：哈尔滨工业大学出版社，2002.

Ⅱ　淬冷法制备无机氧化物薄膜及其电化学性能分析

实验目的

（1）了解淬冷法制备 V_2O_5 溶胶的基本原理及特点。

（2）掌握溶胶–凝胶法制备薄膜的基本方法。

（3）了解循环伏安特性的测量目的，掌握循环伏安特性测量的基本原理。

（4）了解薄膜的电致变色机理。

实验原理

1. V_2O_5 溶胶的合成方法及原理

本实验采用熔融淬冷法制备 V_2O_5 溶胶。合成工艺过程如图 9-6-3 所示，即称取一定量的分析纯 V_2O_5 粉末，置于坩埚中。在高温炉中升温至 800℃，保温 10min，使其充分熔融；然后将其急淬于冷水中，并快速搅拌均匀；再在电炉上加热使其充分溶解，用滤纸将溶液过滤两次；最后将过滤后的溶液静置 1d。经过静置后，形成棕红色 V_2O_5 溶胶，该溶胶的稳定性较强，可以放置数月甚至几年。

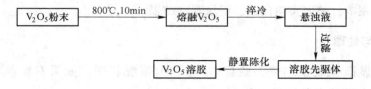

图 9-6-3　V_2O_5 溶胶的合成步骤

（1）溶胶形成过程及原理。晶态 V_2O_5 熔融淬冷于水后，形成 $[VO(OH)_3]^0$ 的中性先驱体。由于溶剂 H_2O 中 OH 基团的强电负性，使得 $[VO(OH)_3]^0$ 先驱体发生配位扩充，表示如下：

$$[VO(OH)_3]^0 + 2H_2O \longrightarrow [VO(OH)_3(OH_2)_2]^0$$

钒原子由此变为 6 配位，沿着 Z 轴与短的 V＝O 双键相反的方向与一个水分子配位，另一个水分子在赤道平面内与一个 OH 基团相对，V—O 键在 X 轴和 Y 轴方向并不相当。因此，缩凝沿 H_2O—V—OH 方向上通过氢氧桥键合快速地进行，因为此处存在 OH 基团和一个易脱去的 H_2O 分子，从而导致氢氧桥键合的链状聚合体的形成。

$$H_2O\!-\!V\!-\!\overset{\delta^-}{O}H + H_2O\!-\!\overset{\delta^+}{V}\!-\!OH \longrightarrow H_2O\!-\!V\!-\!OH\!-\!V\!-\!OH + H_2O$$

缓慢的氧化-氢氧桥键合（oxolation）反应将不稳定的桥变成稳定的桥，从而形成双链。由最后的 OH 基团参与的进一步氧化-氢氧桥键合将这些双键联结在一起，从而形成长纤维状链，如图 9-6-4 所示。在水溶液中发现有快速的结合-分离平衡，这主要取决于钒的浓度，因此在进行稀释实验时要特别注意。几种不同的浓缩物处于平衡体系之中，如图 9-6-4 所示，小的齐聚物→高聚体→溶胶。

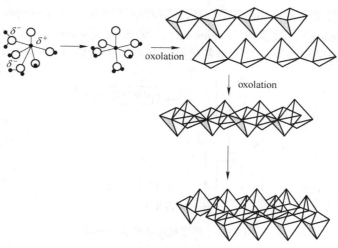

图 9-6-4　V_2O_5 溶胶的形成过程

（2）V_2O_5 溶胶形成的影响因素。V_2O_5 粉末不溶于水，但熔融的 V_2O_5 淬冷于水时会迅速膨胀扩散，并与水发生剧烈反应，生成多种形式的机酸 $H_xV_yO_z$。具体的产物非常复杂，不仅与酸度有关，而且与浓度有关。如图 9-6-5 所示为溶胶中物质种类与溶胶浓度以及 pH 值的关系。当 pH<2 且 V 原子浓度 c>10^{-2} 时，容易得到稳定的 V_2O_5 溶胶。

2. V_2O_5 薄膜制备方法

无机氧化物薄膜的制备方法很多，主要可分为两大类：物理方法，如蒸镀法、溅射法等；化学方法，如化学气相沉积法（CVD）、喷雾热解法、溶胶-凝

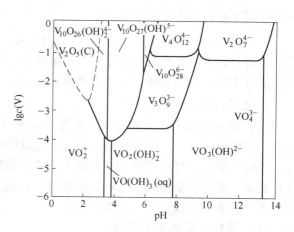

图 9-6-5　溶胶中的物质种类与溶胶浓度以及 pH 值的关系

胶法等，其中溶胶-凝胶工艺近年来尤为引人注目。与其他方法相比，溶胶-凝胶工艺制备薄膜具有以下优点：

（1）工艺设备简单，不需要任何真空条件或其他昂贵的设备，便于应用推广。

（2）工艺过程温度低，这对于那些含有易挥发组分或在高温下易发生相分离的多元

体系来说非常重要。

（3）很容易大面积地在各种不同形状（如平板状、圆棒状、圆管内壁、球状、纤维状等）、不同材料（如金属、玻璃、陶瓷、高分子材料等）的基底上制备薄膜，甚至可以在粉末材料的颗粒表面制备一层包覆膜，对于其他的传统工艺来说这是难以做到的。

（4）容易制得均匀的多元氧化物膜，易于定量掺杂，可以有效地控制薄膜的成分及微观结构。

（5）用料少，成本较低。

（6）溶胶-凝胶法通常采用的成膜工艺有溶胶电泳沉积法（electrophoresis deposition）、浸渍提拉法（dipping）、旋涂法（spinning）、喷涂法（spraying）以及简单的刷涂法（painting）。本实验采用浸渍提拉法制备薄膜，其实验装置如图 9-6-6 所示。

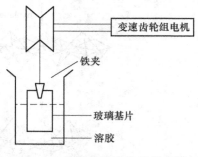

图 9-6-6　浸渍提拉法装置示意图

有实验证明，在浸渍提拉法制备薄膜工艺中，当温度和湿度恒定，膜厚 d 与竖直移动的提拉速率 v 之间的近似关系为：

$$d = kv^{\frac{2}{3}}$$

式中比例常数 k 包含所有影响厚度的其他特性，如溶液的黏滞性、表面张力和蒸气压。因此，提拉速率是控制薄膜厚度的重要参数之一。

3. 电化学性能测试原理

（1）恒电位仪工作原理及使用范围。MCP-1 型恒电位仪由扫描信号发生器、阻抗转换器、零阻电流计、I_r 补偿电路、电流、电位检测电路、过载显示等部分组成，其具有频率响应快、稳定性好、可靠性强等优点，其主要用于测定控制电位或控制电流的阴、阳极极化曲线，循环伏安曲线，常规极谱分析，自腐蚀电位等，测试结果在仪器面板上显示，配用 X-Y 函数记录仪记录实验曲线。

（2）循环伏安法基本原理。

Li+嵌入-脱出循环伏安特性是阴极材料的重要特性，它是判断阴极材料性能优劣的关键指标。因此，本实验采用电化学中的基本测量方法——循环伏安法进行测试。

循环伏安法是在面积恒定的工作电极上加上对称的三角波扫描电压（图 9-6-7），记录 I-E 曲线，也称为循环伏安图（图 9-6-8）。三角波的前半部分是阴极扫描过程，电极上发生还原反应，电流响应是峰形的阴极波，而三角波的后半部分是阳极扫描过程，电极上发生氧化反应，电流响应是峰形的阳极波。因此一次三角波电压扫描，电极上完成一个还原-氧化的循环，故称为循环伏安法。

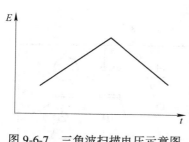

图 9-6-7 三角波扫描电压示意图

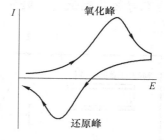

图 9-6-8 循环伏安曲线示意图

循环伏安法是研究电极反应机理的有效手段，从循环伏安曲线上可获得用于判断电极反应可逆性的重要依据。如从阳极峰、阴极峰的峰高以及峰位可以评价电极反应的可逆性。

实验材料及设备

1. 实验材料

用于制备溶胶的 V_2O_5 为上海化学试剂厂生产的分析纯化学粉末试剂（99.5%），相对分子质量为 181.88，熔点为 690℃。NaOH、H_2O_2、蒸馏水、异丙醇、0.5M 的 $LiClO_4/PC$ 溶液。配制电解液时，$LiClO_4$ 需提前在 80℃ 下于真空干燥箱内干燥 24h，PC 需经回流处理。

2. 实验设备

高温炉、坩埚、玻璃棒、循环水式真空泵、恒温提拉机、电位仪、$X\text{-}Y$ 函数记录仪、N5000 紫外可见分光光度计，参比电极为甘汞电极，对电极为铂电极，制备在 ITO 上的薄膜为工作电极。

实验步骤

1. 熔融淬冷法制备 V_2O_5 溶胶

称取 20g 分析纯 V_2O_5 粉末，置于坩埚中，在高温炉中升温至 800℃，保温 10min，使其充分熔融。然后迅速将其急淬于冷水中，并快速搅拌均匀；然后在电炉上加热使其充分溶解，用真空抽滤装置将溶液抽滤 2 次。最后将抽滤后的溶液静置 1 周，得到深红色的 V_2O_5 溶胶。

2. V_2O_5 薄膜的制备

采用浸渍提拉法，用恒温提拉机装置进行薄膜制备。先将装有 V_2O_5 溶胶的烧杯放在装置底座上，然后将经"蒸馏水洗→NaOH/H_2O_2 混合洗液→蒸馏水洗→异丙醇洗→蒸馏水洗→晾干"的 ITO 导电玻璃夹在铁夹上，再将洁净的基片慢慢浸入 V_2O_5 溶胶中，静置 2~3min 以达到表面吸附平衡。然后，以 10^4mm/min 的速度匀速提拉基片，得到的薄膜先在空气中室温干燥，然后将其放入真空烘箱用 150℃ 热处理 24h 后自然冷却到室温，即可得到表面均匀、无裂纹和孔洞的 V_2O_5 薄膜。如果要得到更厚的薄膜，可以重复以上的操作过程。

3. 电化学性能测试（实验装置见图 9-6-9）

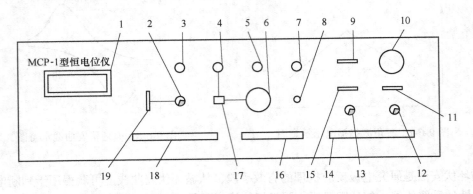

图 9-6-9   MCP-1 型恒电位仪前面板示意图

1——液晶显示屏；2—给定；3—过载；4—补偿；5—正扫；6—Ir 补偿；7—反扫；
8—调零；9—自动扫、停、零；10—扫描速度；11—扫描倍乘；12—下限；13—上限；
14—电流量程；15—上限停、循环、下限停；16—测量选择；17—通断；
18—显示量程、工作、电解槽、恒电流、起始、假负载、恒电位；19—正、零、负

（1）薄膜发生电致变色现象的电化学过程。调节 13 为 "0V"，调节 12 为 "-1V" 或其他电压，9 拨至 "0" 位置，15 拨至 "下限停"，11 拨至 "×10"，10 调节 1 圈，则仪器扫描速率为 10mV/s×10＝100mV/s，19 置 "0"，17 置 "断"，18 置 "×1" "电解槽" "恒电位"（三挡自锁开关弹出分别为起始、假负载、恒电位），14 置 "1mA/V"；取 0.5M 的 $LiClO_4/PC$ 溶液于电解杯中，打开仪器电源，E 输出接记录仪 "X" 轴，I 输出接记录仪的 "Y" 轴；18 置 "电解槽"，9 拨至 "扫"，仪器开始工作，这时 X-Y 记录仪即可记录波形。同时将在不同电压下极化的薄膜取出，测试薄膜的光学性能。

（2）薄膜电致变色性能的表征。采用 N5000 紫外可见分光光度计测试在不同电压下极化的薄膜的吸光度和透过率。具体的操作步骤如下：

1）打开设备电源，进行系统自检。

2）预热 20min，按下主机 "ENTER" 键。

3）用数据线连接电脑和设备，插入软件狗，打开 UV Professional 软件，将空白比色皿拉入光路，右键打开波长曲线，设置波长、坐标参数，并选定测试模式，建立系统基线，之后右键归零。

4）将装有参比液的比色皿拉入光路，点击右键开始测试，获得所需曲线。

5）测量完成后按【SAVE】键，把文件存储为 txt 或 cvs 格式（简单的表格格式用 EXCEL 打开）。

6）断开连接数据线，关机及关闭电源。

（3）薄膜循环可逆性的研究。调节 13 为 "1V"，调节 12 为 "-1V"，9 拨至 "0" 位置，15 拨至 "循环"，11 拨至 "×10"，10 调节 1 圈，则仪器扫描速率为 10mV/s×10＝100mV/s（可以改变扫描速率），19 置 "0"，17 置 "断"（弹出为断），18 置 "×l" "工作" "电解槽" "恒电位"（三挡自锁开关弹出分别为起始、假负载、恒电位），14 置 "1mA/V"；取 0.5M 的 $LiClQ/PC$ 溶液于电解杯中，打开仪器电源，E 输出接记录仪 "X"

轴，I 输出接记录仪的"Y"轴，18 置"电解槽"，9 拨至"扫"位置，仪器开始工作，这时 X-Y 记录仪即可记录波形。

（4）X-Y 记录仪的使用：

1）连接电源：

①将笔架轻移至仪表右端，检查记录面板是否清洁，如有污垢或灰尘可用药棉蘸上少许酒精轻轻擦除。面板切忌重压或搁置重物。

②记录仪背部电源开关置"断"。

③扫描控制单元面板上所有开关置"OFF"。

④测量单元之 MEAS 开关置"ZERO"。

2）输入信号线的连接：

①MEAS 开关置"OFF"。

②信号源的输出不能接至"G"端；（+）和（-）之间或（+）和（G）之间输入信号的峰值应小于 500V，输入信号不应为高频信号。

③记录纸的放置：

①打开电源开关，SERVO 开关置"OFF"。

②取下压条，将 Y 形大梁移至左边。

③将记录纸放在记录面板上。

④以记录纸有效幅面的右下角符号"。"为基准，对准记录面板上 2 个定位光点的右光点。

⑤在记录纸零、满刻度线外侧 3mm 以外压上压条。

4）记录笔的安装：

①装笔前，将 SERVO 开关置"OFF"。

②将笔架移至记录区域中央。

③取下笔帽，将笔体底部 2 个圆形凸台插入笔架上对应。

④用手上下拨动笔，以检查安装是否可靠。

⑤笔架较长的是 Y_2，笔架较短的是 Y_1。

测量步骤：

①将 SERVO 开关置"ON"，伺服系统立即处于工作状态，并全速移动至平衡位置。

②POSITION 的设置：调节测量单元上的 POSITION 旋钮，将记录笔设置在 X 轴 5cm 处。

③灵敏度设置：将 RANGE 开关设置"100mV/cm"。

④P_1（P_2）开关置"DOWN"，使记录笔落下。

⑤开始测量，将 MEAS 开关置"MEAS"，记录仪即开始测量和记录。

实验数据记录与分析

（1）用函数记录仪记录 V_2O_5 薄膜在 -1V 电压下电化学极化的曲线，分析氧化峰、还原峰的位置。

（2）用紫外可见分光光度计测试 V_2O_5 薄膜在初始态和着色态（-1V）的透射光谱，并分析实验结果。

（3）用函数记录仪记录 V_2O_5 薄膜多次循环的循环伏安曲线。在循环伏安实验中，可观察到薄膜颜色发生了从黄色到绿色的可逆变化。图 9-6-10 所示的循环伏安曲线中列出了第 1~50 次循环的曲线。各次循环曲线所围成的面积 A_i，代表第 i 次循环的嵌锂量。以首次循环曲线的面积 A_1 为基准，$Q_i = A_i/A_1$ 就可以用来表示第 i 次循环的效率。从图 9-6-10 中可以看出，随着循环次数的增加，薄膜的循环效率降低，这主要是因为一些 Li^+ 进入了 V_2O_5 主体结构中或者和其中的一些键发生了作用力，因而不能脱出完全而导致循环效率降低；同时循环伏安曲线的氧化、还原峰值随循环次数的增多而减少，氧化峰和还原峰均向正电压方向移动。

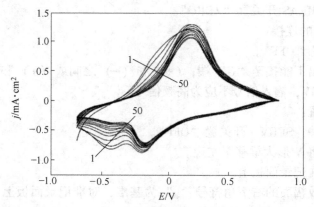

图 9-6-10 V_2O_5 薄膜的循环伏安曲线

实验注意事项

（1）实验所用试剂含酸类，请实验前应做好相应的安全防护措施。

（2）在使用相关试剂前，应检查试剂是否有吸潮等现象，如有请找指导老师更换。

（3）压条不能弯曲；不能使用有折痕的记录纸，否则即使抬笔，Y 形大梁运动也会使记录纸移动，影响记录结果。

思考题

（1）简述 V_2O_5 溶胶形成的影响因素。

（2）浸渍提拉法制备薄膜的最主要的工艺参数有哪些？

（3）ITO 导电玻璃的成分是什么，玻璃的清洗对制备薄膜的质量有什么影响？

（4）请说明扫描速率对测试结果的影响。

（5）记录循环伏安特性测试中的氧化峰、还原峰的位置以及变色时对应的电位，分析两者之间的关系。

（6）分析 V_2O_5 薄膜的电致变色过程以及电致变色的透过率最大对比度。

参考文献

周静. 功能材料制备及物理性能分析［M］. 武汉：武汉理工大学出版社，2012.

实验 9-7　钙钛矿太阳能电池组装及性能测试

实验目的

（1）掌握钙钛矿太阳能电池的结构及工作原理。

（2）掌握钙钛矿太阳能电池的主要性能及测试方法。

（3）了解钙钛矿太阳能电池光电转换特性及环境稳定性能之间的关系。

实验原理

1. 钙钛矿太阳能电池

以正向电池为例，图 9-7-1 所示为钙钛矿电池的各部分组成、能级和工作机理。钙钛矿电池器件主要由阳极（FTO 导电玻璃）、电子传输层（TiO_2）、光活性层（$MAPbI_3$）、空穴传输层（Spiro-MeOTAD）和阴极（金属电极，Ag）组成。其中，电子传输层和空穴传输层与光活性层直接接触。当光照射到电池表面进入到钙钛矿层时，钙钛矿价带中的电子被激发到导带，电子和空穴由此分离，电子通过电子传输层迁移到导电玻璃 FTO 中，空穴通过空穴传输层迁移到阴极 Ag 薄膜中，通过在阳、阴极外接电路，形成电池回路。电子传输层对电子有导电性并且能够阻挡空穴；同时，通过空穴传输层允许无阻抗地传输空穴，并阻挡电子。

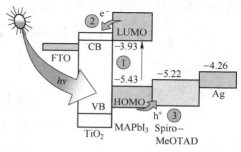

图 9-7-1　钙钛矿电池的组成、能级和工作机理

钙钛矿活性层吸收光并产生激子，并在界面处通过两个过程进行载流子分离，即将光生电子注入 TiO_2 纳米颗粒（式（9-7-1）），将空穴注入 Spiro（式（9-7-2））。此外，电荷分离反应与其他反应存在动力学竞争，如激子湮灭导致光致发光（式（9-7-3）），钙钛矿中的载流子复合（式（9-7-4）），以及载流子在不同界面处的复合（式（9-7-5）与（式 9-7-6）），这些过程如下所示。

电子注入：

$$e^-_{perovskite} + TiO_2 \longrightarrow e^-_{TiO_2} \tag{9-7-1}$$

空穴注入：

$$h^+_{perovskite} + Spiro \longrightarrow Spiro^+ \tag{9-7-2}$$

发光：

$$e^-_{perovskite} + h^+_{perovskite} \longrightarrow h\nu \tag{9-7-3}$$

载流子在钙钛矿中复合：

$$e^-_{perovskite} + h^+_{perovskite} \longrightarrow \nabla \tag{9-7-4}$$

载流子在界面处复合：

$$e^-_{TiO_2} + h^+_{perovskite} \longrightarrow \nabla \tag{9-7-5}$$

$$e^-_{\text{perovskite}} + \text{Spiro}^+ \longrightarrow \nabla \tag{9-7-6}$$

2. 伏安特性曲线测试

在太阳能电池的表征与测试技术中，伏安特性曲线（*I-V* 测试）是最基本、最重要、最直接的测试方式。*I-V* 测试系统能够得到器件参数，包括 V_{OC}、J_{SC}、FF 和 PCE，这 4 个参数是衡量电池性能直接的标准。测试系统主要包括以下几个组成部分：太阳光模拟器、数字源表、样品架、电脑和标准电池。太阳光模拟器是一种模拟太阳光的设备，可按 4 种方式分类：测试面积、国际电工委员会等级、光源脉冲时间和光源种类。数字源表可紧密结合精密电压源和电流源同时进行测量。基本的操作流程为：打开太阳光模拟器，通过透镜聚焦和滤光片过滤产生模拟太阳光；开灯预热 30min 后，用标准太阳能电池标定太阳光强，一般为一个标准太阳；然后将样品置于光束中央处，并与数字源表相连；启动电学测试，由电脑记录响应信号。暗电流的测试步骤相同，只是测试过程中在暗态中进行。图 9-7-2 所示为 *I-V* 测试系统工作示意图。

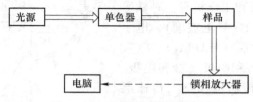

图 9-7-2   *I-V* 测试系统示意图

3. 外量子效率

待光源稳定以后，启动单色器，将光源调制成连续变化的单色光。单色光首先照射到样品架的标准电池上，获得各个波段光的强度；然后将待测电池安装到样品架上，测试待测电池的光电信号响应。通过锁相放大器将信号放大，最终由电脑计算出待测电池的光谱响应。

4. 电化学阻抗谱测试

电化学阻抗谱（electrochemical impedance spectroscopy）简称 EIS。EIS 通过给电化学系统施加不同频率的交流正弦电势波，然后观察和测试电化学系统的交流电势和输出电流的比值，该响应结果称为系统阻抗。阻抗测试原理示意图如图 9-7-3 所示，通过波形发生器输出振幅较小的正弦电势信号，然后经过恒电位仪，将电信号施加到测试系统上，输出的电流/交流电势信号通过 i/E 转换器，再利用频谱分析仪或锁相放大器，输出对应频率的阻抗、相位角、阻抗模量等，此方法也被称为电化学阻抗谱法。

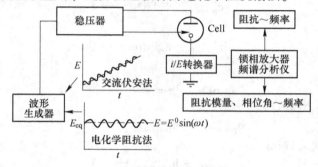

图 9-7-3   阻抗测试原理示意图

实验仪器、试剂与材料

（1）仪器。超声机、紫外臭氧仪、旋涂仪、热板、手套箱、热蒸镀仪、IPCE 测试系统、CHI660E 型电化学工作站、*I-V* 测试系统。

（2）试剂与材料见表 9-7-1。

表 9-7-1 部分药品的名称、参数与供应商

序号	药品名称及简写	参 数	供 应 商
1	FTO 玻璃	方阻 12.00Ω/cm²	武汉格奥科教仪器有限公司
2	碘化铅，PbI_2	99.90%	厦门惟华光能有限公司
3	硝酸铅 $Pb(NO_3)_2$	99.99%	Sigma-Aldrich
4	碘甲胺 CH_3NH_3I，MAI	99.90%	厦门惟华光能有限公司
5	Spiro-OMeTAD	99.80%	西安宝莱特光电科技有限公司
6	双三氟甲磺酰（Li-TFSI）	99.00%	阿拉丁试剂公司
7	四叔丁基吡啶（TBP）	96.00%	阿拉丁试剂公司
8	乙腈 C_2H_3N，ACN	99.80%	阿拉丁试剂公司

实验步骤

1. 电池的制备

（1）基片清洗。将切割成 1.5cm×1.5cm 的 FTO 玻璃（12Ω/cm²），用稀释的 HCl 水溶液和 Zn 粉末蚀刻图案化，然后用丙酮、乙醇和去离子水在热溶液中依次超声处理后，用 N_2 将 FTO 玻璃片吹干待用。

（2）电池器件组装。把 FTO 玻璃基底放入 70℃的 40mM $TiCl_4$ 水溶液中，静置 30min，紧接着取出，分别用乙醇和去离子水清洗，然后在 125℃ 干燥 30min。将钛酸四丁酯（471mg）和二乙醇胺（109mg）与乙醇（10mL）混合后静置 24h，将混合溶液在 FTO 玻璃基底上以 3000r/min 旋涂 30s，该薄膜作为 TiO_2 前驱体层，然后将该薄膜放入 500℃的马弗炉中退火 30min。把配置好的 $MAPbI_3$ 前驱体溶液滴在含有 TiO_2 致密层的基底上，静置 5s，然后通过匀胶机将基片以 1000r/min 旋转 5s，再以 3000r/min 旋转 30s，在旋转结束前，滴入 100～200μL 的氯苯；取出薄膜，迅速放在100℃的热板上退火 30min，退火后待基底冷却；将配置好的 Spiro-OMeTAD 溶液滴在 $MAPbI_3$ 薄膜上面，以 3000r/min 旋转 30s。Spiro-OMeTAD 溶液的配制方法是将 Spiro-OMeTAD（72.3mg）放入 1mL 氯苯中溶解，然后加入 28.8μL 的 TBP 和 17.5μL 的 Li-TFSi 溶液（520mg/mL），过夜混合。最后将含有空穴传输层的衬底放置在真空镀膜机中蒸镀金属 Ag，Ag 电极的厚度约 80nm，电池的有效面积约为 0.07cm²。具体的 PSC 制作过程如图 9-7-4 所示。

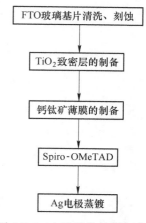

图 9-7-4 电池器件的制备流程

2. 电池性能测试

测试步骤参照第 7 章。

实验数据记录

$I\text{-}V$ 效率、开路电压、短路电流、填充因子、外量子效率、串联电阻、并联电阻。

实验注意事项

（1）FTO 玻璃必须清洗干净，否则电池无效率。

（2）MAPbI$_3$ 薄膜厚度 200~300nm 之间，太薄或者太厚都容易造成电池性能下降。

思考题

（1）本实验中影响钙钛矿太阳能电池光电转换效率的因素有哪些？

（2）载流子传输层需具备哪些物理特性？

参考文献

［1］刘恩科，朱秉升，罗晋升 . 半导体物理 ［M］. 北京：电子工业出版社，2011.

［2］熊绍珍，朱美芳 . 太阳能电池基础与应用 ［M］. 北京：科学出版社，2009.

实验 9-8 锂离子电池安全性能测试虚拟仿真实验

实验目的

（1）了解锂离子电池的主要结构和特点，掌握锂离子电池的工作原理。

（2）掌握锂电池的制备工艺，以及制备过程中主要设备的运用。

（3）掌握不同锂离子电池材料的结构特点、热稳定性能对电池安全性产生的决定性影响。

（4）学会分析锂电池材料在不同热失控条件下的分解过程，从而掌握锂电池安全性能的内在物理和电化学机制。

（5）能够将电池组成、结构、制备工艺和安全性能之间的关系较好地用于锂离子电池的工程设计及安全优化。

实验原理

1. 锂离子电池的工作原理

参照第 7 章。

2. 锂离子电池材料的选择

电池可以根据产品的需要制作成不同形貌、不同大小，但其内部基本组成结构相同。电池材料主要由正极材料、正极集流体、负极材料、负极集流体、隔膜、电解液、外包装以及各种绝缘、安全装置组成（图 9-8-1）。其中，正极材料多选择插锂电位较高，且在空气中能稳定存在的嵌锂过渡金属氧化物。主要包括橄榄石结构的 $LiMPO_4$（M = Co、Ni、Mn、Fe 等）（图 9-8-2）、尖晶石结构的 $LiMn_2O_4$（图 9-8-3）、层状结构的 $LiMO_2$（M = Co、Ni、Mn 等）（图 9-8-4）等化合物。负极材料多选择电位接近于金属锂的可嵌锂物质，主要包括焦炭、石墨、中间相碳微球等碳素材料，以及锂过渡金属氮化物、硅基材料、钛酸锂等。锂离子电池所用的电解液主要为含有锂盐的有机体系，常见的电解质包括液态电解质和固态电解质。隔膜材料主要为聚烯烃系树脂，常见的是单层或多层的聚丙烯（PP）和聚乙烯（PE）微孔膜。不同的材料具有不同的结构与性能，因此，在滥用条件下电极与溶剂的反应和分解过程差异很大，导致制备的电池的安全性有很大差异。因此电池电化学体系的选择对电池的安全性能有重大意义。

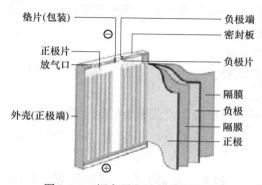

图 9-8-1 锂离子电池的结构组成

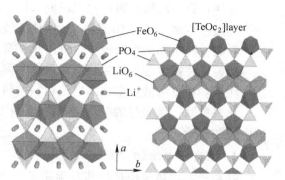

图 9-8-2 $LiFePO_4$晶体结构示意图

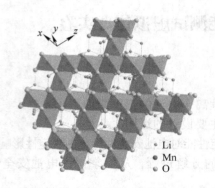

图 9-8-3　$LiMn_2O_4$晶体结构示意图

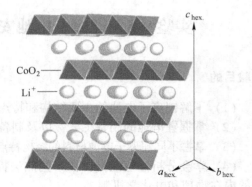

图 9-8-4　$LiCoO_2$晶体结构示意图

3. 锂离子电池的组装

锂离子电池制备工艺对电池组的容量、循环寿命、安全性能等都有极大影响。不同类型的锂电池具有不同的制备工艺，锂电池的组装工艺主要包括混料、涂布、辊压、分切、焊接、卷绕、封装、注液、化成检测等过程（图 9-8-5）。

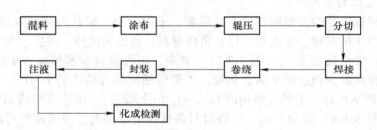

图 9-8-5　锂离子电池组装工艺流程

混料：将正极或者负极粉料以及其他配料混合均匀，并调制成浆。

涂布：将浆料间歇、均匀地涂覆在传送集流体的表面，烘干，分别制成正负极的极片卷。

辊压：将涂布后的极片进一步压实，达到合适的密度和厚度，提高电池的能量密度。

分切：将冷压后的极片卷先裁成大片，然后分成所需的小条正负极极片。

焊接：将多个 Al、Ni 极耳一起焊接成为裸电芯。

卷绕：将小条正负极极片、隔离膜卷绕组合成裸电芯。

封装：将裸电芯包上包装，对顶部和侧边进行封装。

注液：将电解液真空注入电池包装材料内。

化成检测：将做好的电池充电活化，产生电压，负极表面生成有效的钝化膜，同时测试电池的容量。

4. 锂离子电池的热失控

锂离子电池热失控是指其在滥用条件下（加热、过充、短路、穿刺、挤压等）电池内部发生不可控的放热化学反应，导致内部温度升高、压力增加、喷射有机电解液及分解产物的过程。电池内部的化学反应是十分复杂的，随着电池材料的成分组成和化学性质的变化而变化，热失控的发生必然伴随着温度的急剧升高。锂离子电池燃烧或爆炸的根本原因是热失控导致温度急剧升高，最终达到着火点而发生燃烧，或因反应产生大量气体，内部气压超过外壳能承受的压力导致爆炸。

锂离子电池的失效往往是由于一系列连续的放热反应，如固体电解质（SEI）的分解，隔膜的融化和正、负极材料与电解液反应等，如图 9-8-6 所示。

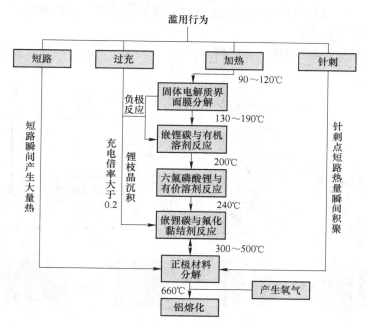

图 9-8-6　锂离子电池的热失控过程

5. 锂离子电池安全问题原因

锂离子电池多次发生燃烧安全事故，从外部原因分析，过充、过放、电池短路、热冲击、针刺等会导致锂离子电池安全问题；从内部原因分析，造成液态锂离子电池安全问题主要有如下几点：

（1）负极析锂。由于嵌入负极材料内部动力学较慢的原因，在低温过充或大电流充电情况下，金属锂会直接析出在负极表面，可能导致锂枝晶，造成微短路，高活性的金属锂与液体电解质直接发生还原反应，损失活性锂，增加内阻，影响电池性能。随着循环不断进行，锂枝晶会进一步增加，进而刺破隔膜，导致电池短路、漏液甚至发生爆炸。

（2）正极材料释氧及结构破坏。当正极充电至较高电压时，其处于高氧化态，晶格中的氧容易失去电子以游离氧的形式析出，游离氧会与电解液发生氧化反应，放出大量的热，而且低着火点的有机电解液在氧的存在和温度升高的情况下极不安全，从而电池极易发生燃烧、爆炸。

（3）电解液分解和反应。液态锂离子电池的电解液为锂盐与有机溶剂的混合溶液，其中商用的锂盐为六氟磷酸锂，该材料在高温下易发生热分解，并会与微量的水以及有机溶剂之间进行热化学反应。电解液有机溶剂为碳酸酯类，这类溶剂沸点、闪点较低，在高温下容易与锂盐释放的 PF5 反应，易被氧化。当有锂、氧存在时，会发生一系列放热副反应，直接影响电池性能，甚至导致电池起火爆炸。

（4）隔膜均匀性差及收缩破裂。当锂枝晶刺穿隔膜或温度较高时隔膜发生收缩破裂，就会使电池正负极发生短路，情况严重时会造成安全事故。

（5）高温失效。高温可以来自外部原因，也可以来自内部的短路、电化学与化学放热反应、大电流焦耳热。在高温下，会导致电池内部出现一系列不良反应，如 SEI 膜分解，高活性的正、负极材料与电解液发生反应，锂盐自分解，正极释氧，电解液反应等，这些反应有可能导致热失控。

锂电池总体热失控原因如图 9-8-7 所示。

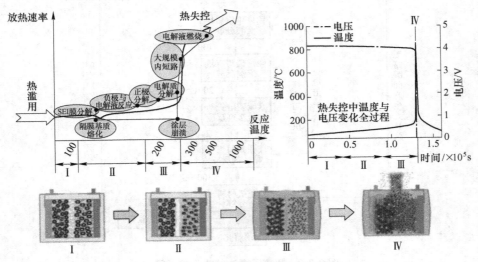

图 9-8-7　锂离子电池的安全问题原因

实验仪器设备与材料

1. **实验仪器设备（装置或软件等）**

锂离子电池制备设备：搅拌器、涂布机、辊压机、分切机、焊接机、卷绕机、封装机、注液机、化成检测设备。

锂离子电池安全性能测试设备：针刺安全性测试设备、过充安全性测试设备、加热安全性测试设备和外部短路安全性测试设备。

2. **实验材料（或预设参数等）**

实验过程中所用耗材主要为锂电池负极材料、正极材料、电解液、隔膜材料、外包装材料和电池保护装置。实验参量及其选择范围见表 9-8-1。

表 9-8-1　实验参量及其选择范围

实验参量	选择范围	说　明
负极活性材料	石墨/钛酸锂	点击选择

续表9-8-1

实验参量	选择范围	说　明
正极活性材料	钴酸锂/锰酸锂/磷酸铁锂/NCM523	点击选择
电解液	液态电解液/固态电解液	点击选择
隔膜材料	无隔膜/单层 PE	点击选择
电池外包装	硬壳包装/铝塑包装	点击选择
电池容量	$3000mA \cdot h/153A \cdot h$	点击选择
锂电池的保护装置	安全保护装置/无选择	点击选择

实验步骤

本实验包含"实验简介""预习测试""虚拟实验""实验报告"四个实验环节，每个实验环节及其对应的设备操作均由学生在电脑上进行，按照系统提示，使用鼠标进行点选操作，具体过程如图 9-8-8 所示。

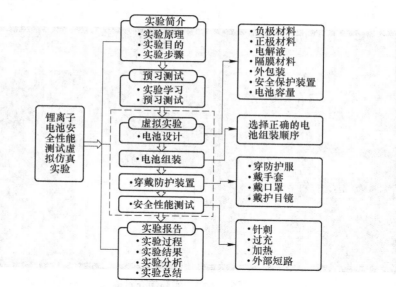

图 9-8-8　锂离子电池安全性能测试虚拟仿真实验流程

1. **实验网站的访问**

在浏览器中输入本虚拟仿真实验项目的网址（http：//202.200.158.199：80/resource/lithiumbattery），可远程访问并直接在浏览器中打开本实验项目，如图 9-8-9 所示，采用评审账号登录进入，点右上角全屏模式，即可进入实验。

2. **实验简介环节**

登录实验后，学生通过"实验简介"学习本实验的基本内容，包括实验背景、实验原理、实验目的和实验步骤，如图 9-8-10 所示。

3. **预习测试环节**

学生通过"预习测试"环节学习课程相关的知识，并通过测试考核对知识的掌握情

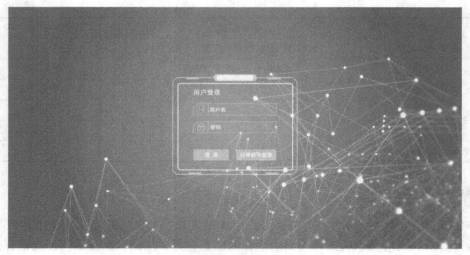

图 9-8-9　实验登录页面

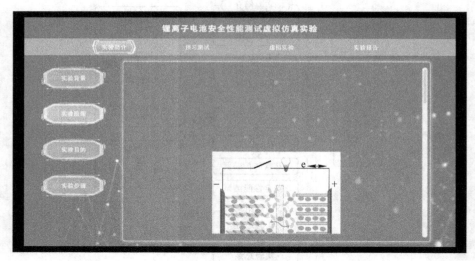

图 9-8-10　实验简介页面

况，只有通过"预习测试"环节考核才能进入"虚拟实验"环节，如图 9-8-11 所示。

4. 虚拟实验环节

"虚拟实验"环节包括"锂离子电池设计""锂离子电池组装""防护装置穿戴"和"锂离子电池安全性测试"四部分。学生可以按照系统提示，使用鼠标进行点选操作，自主对锂电池的各部分进行设计，并由系统自动记录实验操作的过程和参数值。电池参数设计完成后，学生根据系统提示进行电池的组装，设计组装后的电池可以进行针刺、外部短路、过充、加热 150℃ 条件下的锂电池安全性能测试，电脑会根据记录的电池参数给出电池安全性测试的结果，包括电池的外在变化和电池表面温度的变化。

5. 实验报告环节

完成实验后，要求学生撰写一份完整的实验报告，进入"实验报告"环节（图 9-8-12），

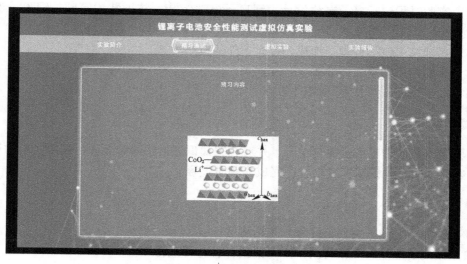

图 9-8-11 预习测试页面

学生根据所学知识自行进行总结，填写实验结果，最后完成实验总结和改进措施。学生只有通过本虚拟仿真项目的考核，才被允许进入线下锂离子电池的制备与性能测试，实现虚实的有机结合。

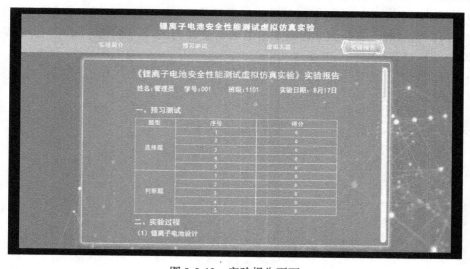

图 9-8-12 实验报告页面

实验数据记录与处理

（1）本虚拟仿真实验分别记录预习测试结果、实验过程和实验结果，并作为实验报告的一部分。在记录中，记录有预习测试结果、实验参数、设计结果、正确答案、评分标准以及电池安全测试结果，不仅可以使学生认识错误的原因，还可以使学生在查看实验报告时明确电池设计结果和电池安全性能的直接关系，便于学生自主学习和自主评价。

（2）实验过程包括离子电池设计、锂离子电池组装、防护装置穿戴、锂离子电池安全性能测试。

（3）实验结果包括针刺、加热、过充、外部短路测试。

（4）实验结果的描述、分析。

（5）改进措施、评价和建议。

实验注意事项

实验操作前应进行安全教育学习，并对相关知识进行预习和巩固。按照实验顺序依次完成各实验项目，并撰写实验报告，完成实验全过程。

思考题

（1）锂离子电池的主要组成部分包括哪些？

（2）锂离子电池的正极材料主要有哪些，各有哪些特点？

（3）锂离子电池的安全性与哪些因素有关？

参考文献

[1] 马玉林.电化学综合实验 [M].哈尔滨：哈尔滨工业大学出版社，2019：170~175.

[2] 刘德宝，陈艳丽.功能材料制备与性能表征实验教程 [M].北京：化学工业出版社，2019：291~295.

[3] 黄海江，喻献国，解晶莹.锂离子蓄电池安全性的测试与研究方法 [J].电源技术，2005（1）：52~56.

[4] 杨福贺.锂离子电池安全性检测实验平台的设计与实现 [D].成都：电子科技大学，2013.

实验 9-9　小型光伏电站设计

太阳能光伏发电系统从大类上可分为独立（离网）光伏发电系统和并网光伏发电系统两大类。其中，独立光伏发电系统又可分为直流光伏发电系统和交流光伏发电系统以及交直流混合光伏发电系统。而直流光伏发电系统又可分为有蓄电池和无蓄电池系统。并网光伏发电系统可分为有逆流光伏发电系统和无逆流光伏发电系统，并根据用途可分为有蓄电池和无蓄电池系统。

要建成一个高效、完善、可靠的光伏发电系统，需要进行一系列的科学设计，如系统的容量设计、电气设计和机械设计等，其中任何一个环节考虑不周，都可能导致系统无法满足正常工作的要求。

光伏发电系统的设计与计算涉及的影响因素较多，不仅与光伏电站所在地区的光照条件、地理位置、气候条件、空气质量有关，也与电器负荷功率、用电时间有关，还与需要确保供电的阴雨天数有关，其他尚与光伏组件的朝向、倾角、表面清洁度、环境温度等因素有关。

光伏发电系统的设计要本着合理性、实用性、高可靠性和高性价比（低成本）的原则，做到既能保证光伏系统的长期可靠运行，充分满足负载的用电需要；同时又能使系统的配置最合理、最经济，特别是确定使用最少的太阳能电池组件功率，协调整个系统工作的最大可靠性和系统成本之间的关系，在满足需要、保证质量的前提下节省投资，达到最好的经济效益。

本设计是面向功能材料专业开设的集中实践环节，目的是使学生掌握发电系统中各组成部分的作用原理，透彻了解太阳能发电系统的主要工作参数，并会对主要参数进行计算。能够分析光伏应用系统各部分之间的相互关联。通过进行太阳能光伏发电系统方面的设计初步训练，培养学生处理实际问题和逻辑思维的能力。要求学生能够进行小型太阳能光伏发电电站的简单设计，为学生将来从事太阳能光伏材料性能研究和系统工程应用奠定良好的基础。

1. 设计流程

各种光伏发电系统的总体设计因其用途不同、功率大小不同、使用环境和条件不同而异。显然，每一种光伏发电系统都要有针对性地独立设计。

光伏发电系统的总体设计包括容量设计、电气设计、机械结构设计、建筑设计、热力设计、防火防雷等安全设计、可靠性设计、包装运输设计、安装调试运行设计以及维修检测设计等。其设计流程如图 9-9-1 所示。

其中最具特色的是光伏发电系统的容量设计，它根据当地的太阳能辐照资源和使用要求，确定必要的太阳能电池方阵和蓄电池的规模容量。

2. 与设计相关的因素

（1）系统用电负载的特性。在设计太阳能光伏发电系统和进行系统设备的配置、选型之前，要充分了解用电负载的特性。其中电阻性负载如白炽灯泡、电子节能灯、电熨斗、电热水器等在使用中无冲击电流；而电感性负载和电力电子类负载如日光灯、电动机、电冰箱、电视机、水泵等启动时都有冲击电流，且冲击电流往往是其额定工作电流的

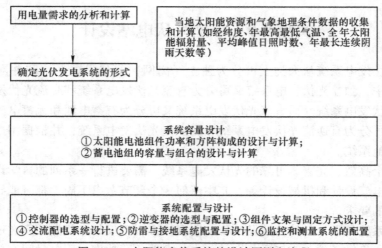

图 9-9-1   太阳能光伏系统的设计原则和流程

5~10 倍。因此，在容量设计和设备选型时，往往都要留下合理余量。

（2）当地地理条件、气象数据及太阳辐射能资源。任何太阳能光伏发电系统都必须因地制宜，因而需要提前取得当地地理条件、气象数据及太阳辐射能资源的基本数据。

月平均太阳辐射能可通过查阅当地气象资料、测量、计算等并修正后得到。

从气象站得到的资料一般只有水平面上的太阳总辐射量 H、直射辐射量 H_b 及散射辐射量 H_d，需换算到倾斜面上的太阳辐射量。

阵列安装面日照量 Q' 通常采用查询当地日照记录的方法进行计算：

$$Q' = Q \times K_{op} \times 1.16 \times \cos|(\theta - \beta - \delta)|$$

式中 Q——水平面的月平均日照量，cal[❶]$/(cm^2 \cdot d)$；

K_{op}——日照修正系数；

1.16——平均日照量单位由 $cal/(cm^2 \cdot d)$ 到 $mW \cdot h/(cm^2 \cdot d)$ 的变换系数；

θ——光伏阵列设置场所的纬度；

δ——太阳的月平均赤纬度，参照表 9-9-1；

β——太阳能电池阵列的倾斜度（相对于水平面）。

表 9-9-1   北半球太阳的月平均赤纬度

Jan	Feb	Mar	Apr	May	Jun	Jul	Aug	Sep	Oct	Nov	Dec
−21°	−13°	−2°	+10°	+15°	+23°	+21°	+14°	+3°	−9°	−18°	−23°

（3）确定方阵最佳倾角 β。在独立光伏发电系统中，由于受到蓄电池荷电状态等因素的限制，要综合考虑光伏组件方阵平面上太阳辐射量的连续性、均匀性和极大性。并网光伏发电系统等通常总是要求在全年中得到最大的太阳辐射量。

最理想的倾斜角是使太阳能电池年发电量尽可能大，而冬季和夏季发电量差异尽可能小时的倾斜角。一般取当地纬度或当地纬度加上几度作为当地太阳能电池组件安装的倾斜角。

---

❶   1cal = 4.1868J。

当然如果能够采用计算机辅助设计软件，可以进行太阳能电池倾斜角的优化计算，使两者能够兼顾就更好了，这对于高纬度地区尤为重要。

如果没有条件对倾斜角进行计算机优化设计，也可以根据当地纬度粗略确定太阳能电池的倾斜角：

纬度为 0~25°时，倾斜角等于纬度；

纬度为 26°~40°时，倾斜角等于纬度加 5°~10°；

纬度为 41~55°时，倾斜角等于纬度加上 10°~15°；

纬度为 55°以上时，倾斜角等于纬度加上 15°~20°；

表 9-9-2 给出了我国部分主要城市的斜面最佳辐射倾角。

表 9-9-2　我国部分主要城市的斜面最佳辐射倾角

城市	纬度 ϕ/(°)	最佳倾角/(°)	城市	纬度 ϕ/(°)	最佳倾角/(°)
哈尔滨	45.68	$\phi+3$	杭州	30.23	$\phi+3$
长春	43.90	$\phi+1$	南昌	28.67	$\phi+2$
沈阳	41.77	$\phi+1$	福州	26.08	$\phi+4$
北京	39.80	$\phi+4$	济南	36.68	$\phi+6$
天津	39.10	$\phi+5$	郑州	34.72	$\phi+7$
呼和浩特	40.78	$\phi+5$	武汉	30.63	$\phi+7$
太原	37.78	$\phi+5$	长沙	28.20	$\phi+6$
乌鲁木齐	43.78	$\phi+12$	广州	23.13	$\phi-7$
西宁	36.75	$\phi+1$	海口	20.03	$\phi+12$
兰州	36.05	$\phi+8$	南宁	22.82	$\phi+5$
银川	38.48	$\phi+2$	成都	30.67	$\phi+2$
西安	34.30	$\phi+14$	贵阳	26.58	$\phi+8$
上海	31.17	$\phi+3$	昆明	25.02	$\phi-8$
南京	32.00	$\phi+5$	拉萨	29.70	$\phi-8$
合肥	31.85	$\phi+9$			

（4）平均日照时数和峰值日照时数。日照时间是指太阳光在一天当中从日出到日落实际的照射时间。

日照时数是指在某个地点，一天当中太阳光达到一定的辐照度（一般以气象台测定的 120W/m² 为标准）时一直到小于此辐照度所经过的时间。日照时数小于日照时间。

平均日照时数是指某地的一年或若干年的日照时数总和的平均值。

峰值日照时数是将当地的太阳辐射量，折算成标准测试条件（辐照度 1000W/m²）下的时数。因此，在计算太阳能光伏发电系统的发电量时一般都采用平均峰值日照时数作为参考值。

峰值太阳小时数

$$T = H_t \times \frac{2.778}{10000}$$

式中　　　　　　　　H_t——光伏阵列安装地点的太阳能日辐射量，kJ/m²；

$2.778 \times 10^{-4}(\text{h} \cdot \text{m}^2/\text{kJ})$ ——将日辐射量换算为标准光强（1000W/m²）下的峰值太阳小时数的系数。

（5）设计时必须掌握的数据：

1）安装地区的日光辐射能量数据；

2）系统的负载功率；

3）系统输出电压的类型（直流还是交流）和数值；

4）系统每天需要工作的时间；

5）连续阴雨天气，系统需连续供电的天数；

6）两次连续阴雨天气间的最短间隔天数；

7）负载的性质（电阻性、电感性）；

8）启动电流数值；

3. 独立光伏系统的容量设计

目标：优化太阳能电池方阵容量和蓄电池组容量的相互关系，在保证独立光伏发电系统可靠工作的前提下，达到成本最低。

要求：首先对当地的太阳能辐照资源、地理及气象数据有尽量详细的了解，一般要求掌握日平均太阳辐照量、月平均太阳辐照量和连续阴雨天数。

方法：依据各部件的数理模型，通过计算可以拟合出太阳能电池方阵每小时发电量、蓄电池组充电量和负载工作情况，并预测在不同的供电可靠性要求下所需要的太阳能电池方阵及蓄电池组的容量。通过数值分析法，可以解析太阳能电池方阵容量及蓄电池组容量之间存在的相互关系，然后在特定的供电可靠性要求下，根据成本最低化的原则，确定二者各自的容量。

图 9-9-2 为独立光伏发电系统容量设计程序框图。

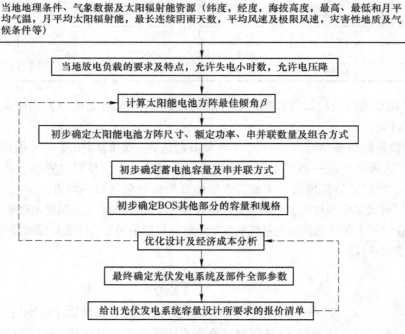

图 9-9-2　独立光伏发电系统容量设计程序框图

（1）光伏阵列容量设计。太阳能电池组件设计的基本思想就是满足年平均日负载的用电需求，包括电压和电流。

1）计算负载容量。负载 24h 消耗的电能容量 Q_L 可以用以下公式计算：

$$Q_L = \frac{W}{U}$$

式中　W——负载 24h 所能消耗的电能，$W \cdot h$；

　　　U——系统额定工作电压，V。

2）太阳能电池组件串联数 N_s：

$$N_s = \frac{U_R}{U_{OV}} = \frac{U_f + U_D + U_C}{U_{OV}}$$

式中　U_R——太阳能电池阵列输出最小电压；

　　　U_{OV}——太阳能电池组件的最佳工作电压；

　　　U_f——蓄电池组浮充电压，等于在最低温度下所选蓄电池单体的最大工作电压乘以串联的电池数，镉镍蓄电池和阀控铅酸蓄电池的单体浮充电压可分别按 1.4~1.6V 和 2.2V 考虑；

　　　U_D——二极管压降，一般取 0.7V；

　　　U_C——其他因素所引起的压降。

3）太阳能电池组件并联数 N_p：

①太阳能电池组件日发电量 Q_p：

$$Q_p = I_{oc} T K_{op} C_z$$

式中　I_{oc}——太阳能电池组件最佳工作电流；

　　　T——等效峰值太阳小时数；

　　　K_{op}——斜面修正系数；

　　　C_z——修正系数，主要为组合、衰减、灰尘、充电效率等的损失，一般取 0.8。

②两最长连续阴雨天之间的最短间隔天数 N_w，主要考虑要在此段时间内将亏损的蓄电池电量补充起来，需补充的蓄电池容量 B_{bc} 为

$$B_{bc} = A Q_L N_L$$

式中　A——安全系数，一般取 1.1~1.4；

　　　Q_L——负载日平均耗电量，为工作电流乘以日工作小时数；

　　　N_L——最长连续阴雨天数。

③太阳能电池组件并联数 N_p：

$$N_p = \frac{B_{bc} + Q_L N_w}{Q_p N_w} \cdot \eta_c \cdot F_c$$

式中　N_w——两最长连续阴雨天之间的最短间隔天数；

　　　η_c——蓄电池充电效率的温度修正系数，蓄电池充电效率受到环境温度的影响。

　　　F_c——太阳电池组件表面灰尘、脏物等其他因素引起损失的总修正系数（通常 1.05）。

4）太阳能电池阵列的功率计算：

$$P = P_0 N_s N_p$$

式中 P_0——太阳能电池组件的额定功率。

5）前后排间距设计。光伏阵列通常成排安装，一般要求在冬至影子最长时两排光伏阵列之间的距离要保证上午 9 点到下午 3 点之间前排不对后排造成遮挡。

太阳能电池方阵间距 D：

$$D = L\cos\beta, \quad L = -H/\tan\alpha$$

$$\alpha = \arcsin(\sin\phi\sin\delta + \cos\phi\cos\delta\cos\omega)$$

$$\beta = \arcsin(\cos\delta\sin\omega/\cos\alpha)$$

式中 ϕ——当地纬度；

      δ——太阳赤纬，冬至日的太阳赤纬为 $-23.5°$；

      ω——时角，上午 9：00 的时角为 45°；

      α——太阳高度角；

      β——太阳方位角。

冬至上午 9：00，纬度角 $\delta = -23.5°$，时角 $\omega = 45°$，

$$\alpha = \arcsin(0.648\cos\phi - 0.399\sin\phi)$$

$$\beta = \arcsin(0.917 \times 0.707/\cos\alpha)$$

求出太阳高度角和太阳方位角后，即可求出太阳光在方阵后面的投影长度 L，再将 L 折算到前后方阵之间的垂直距离 D：

$$D = L\cos\beta = H\cos\beta/\tan\alpha$$

$$= \frac{H\cos\beta}{\tan[\arcsin(0.648\cos\phi - 0.399\sin\phi)]}$$

6）阵列面积：

$$S = N_s N_p LZ(1 + 3\%)$$

式中 S——阵列总面积；

   L，Z——分别为组件外形长、宽尺寸；

   3%——阵列组件间的间隔余量。

7）其他应考虑的问题：

①考虑季节变化对光伏系统输出的影响，逐月进行设计计算。对于全年负载不变的情况，太阳电池组件的设计计算是基于辐照最低的月份。

如果负载的工作情况是变化的，即每个月份的负载对电力的需求是不一样的，那么在设计时采取的最好办法就是按照不同的季节或每个月份分别来进行计算，计算出的最大太阳电池组件数目就是所求的值。

②根据太阳电池组件电池片的串联数量选择合适的太阳电池组件。太阳电池组件的日输出与太阳电池组件中电池片的串联数量有关。太阳电池在光照下的电压会随着温度的升高而降低，从而导致太阳电池组件的电压会随温度的升高而降低。根据这一物理现象，太阳电池组件生产商根据太阳电池组件工作的不同气候条件，设计了不同的组件：36 片串联组件与 33 片串联组件。36 片太阳电池组件主要适用于高温环境应用，33 片串联的太阳电池组件最好用在温和气候条件下。

（2）蓄电池的容量设计。蓄电池的设计思想是保证在太阳光照连续低于平均值的情况下负载仍可以正常工作。

自给天数：系统在没有任何外来能源的情况下负载仍能正常工作的天数。系统设计者选择所需使用蓄电池容量大小的依据。

自给天数的确定：与两个因素有关——负载对电源的要求程度；光伏系统安装地点的气象条件及最大连续阴雨天数。

通常可以把光伏系统安装地点的最大连续阴雨天数作为系统设计中使用的自给天数，但还要综合考虑负载对电源的要求。

对于负载对电源要求不是很严格的光伏应用，在设计中通常取自给天数为 3~5 天。

对于负载要求很严格的光伏应用系统，在设计中通常取自给天数为 7~14 天。

蓄电池的容量 B_c 为：

$$B_c = \frac{AQ_L N_L T_0}{DOD}$$

式中　A——安全系数，一般取 1.1~1.4；

Q_L——负载日平均耗电量，为工作电流乘以日工作小时数；

N_L——最长连续阴雨天数。

T_0——蓄电池充电的温度修正系数，一般 0℃以上取 1，−10℃以上取 1.1，−10℃以下取 1.2；

DOD——蓄电池放电深度，一般铅酸蓄电池取 0.5~0.8，碱性镍镉蓄电池取 0.5~0.85。

$$串联蓄电池数 = \frac{负载标称电压}{蓄电池标称电压}$$

$$并联蓄电池数 = \frac{蓄电池总容量}{蓄电池标称容量}$$

并联蓄电池的个数理论上可以选择任何标称容量（额定容量）的单体蓄电池并联而成，但是在实际应用当中，要尽量减少并联数目。也就是说最好是选择大容量的蓄电池以减少所需的并联数目。这样做的目的就是为了尽量减少蓄电池之间不平衡造成的影响。一般来讲，建议并联的数目不要超过 4 组。

（3）控制器。光伏控制器要根据系统功率、系统直流工作电压、电池方阵输入路数、蓄电池组数、负载状况以及用户的特殊要求等确定光伏控制器的类型。

一般小功率光伏发电系统采用单路脉冲宽度调制型控制器，大功率光伏发电系统采用多路输入型控制器或带有通信功能和远程监测控制功能的职能控制器。

控制器选择时其额定工作电流必须同时大于太阳能电池组件或方阵的短路电流和负载的最大工作电流。

（4）逆变器。光伏逆变器选型时一般根据光伏发电系统设计确定的直流电压来选择逆变器的直流输入电压，根据负载类型确定逆变器的功率和相数，根据负载的冲击性决定负载的功率余量。

逆变器的持续功率应大于使用负载的功率，逆变器的最大冲击功率大于负载的启动功率。

选型时还要考虑为光伏发电系统将来的扩容留有一定的余量。

$$C_N = K(nP_G + P_C)$$

式中　C_N——逆变器容量；

$\quad\ K$——安全系数，一般取 1.2~1.5；

$\quad\ n$——感性负载启动时的浪涌电流为额定电流的倍数；

$\quad\ P_G$——系统中感性负载的功率；

$\quad\ P_C$——系统中纯电阻性负载的功率。

4. 并网光伏系统的设计

电网作为储能装置，不必像蓄电池那样受到容量的限制。因此，太阳电池方阵的安装倾角应该是全年能接收到最大太阳辐射量所对应的角度。

（1）根据阵列容量计算。根据准备安装的太阳电池方阵的容量进行设计，要找出全年能够得到最大发电量所对应的方阵最佳倾角，并且计算出系统各个月份的发电量及全年的总发电量。

首先可以根据当地的气象和地理资料，求出全年能接收到最大太阳辐射量所对应的角度，作为方阵最佳倾角。

根据已知方阵容量，求出方阵输出电流，再根据最佳倾角时方阵面上各个月份接收到的太阳辐射量，利用公式：

$$Q_g = NPH_t\eta_1\eta_2$$

即可得到各个月份系统的发电量。将 12 个月的发电量相加，就是全年并网光伏系统的发电量。

（2）根据负荷的大小计算。根据用户负载的用电量，在能量平衡的条件下确定所需的最小太阳电池方阵容量及其安装倾角。

同样根据当地的气象和地理资料，求出全年能接收到最大太阳辐射量所对应的角度，作为方阵最佳倾角。

任意选取某个方阵输出电流 I，算出各个月份的方阵发电盈亏量，如全年总的盈亏量为正，则减少电流 I；如全年总的盈亏量为负，则增加电流 I，重新进行计算，直到全年总的盈亏量为零，这时方阵的输出电流 I_m 即为所需的最佳电流。再与电压及安全系数相乘，就可得到所需要最小的太阳电池方阵容量。

5. 设计内容

（1）选择命题，查阅相关文献资料，根据命题要求制定合理的设计方案和工作计划。

（2）查阅当地地理条件、气象数据、太阳辐射能资源等数据。

（3）光伏阵列和蓄电池容量计算。

（4）太阳能电池组件、蓄电池、控制器和逆变器等选型与设计。

（5）成本及经济效益核算。

（6）绘制系统原理图和组件排布图。

（7）绘制基础排布图和组件安装图。

（8）撰写设计说明书。

6. 设计要求

（1）查阅当地地理条件、气象数据、太阳辐射能资源等数据。

（2）制订合理的设计方案，遵守科学、经济、适用的设计原则。

（3）正确计算负载容量、光伏阵列串并联数、蓄电池容量等参数。

（4）绘制系统原理图和组件排布图。

（5）绘制基础排布图和组件安装图。

（6）编制设计说明书一份。

附　　录

附表 1　水的部分物理性质

温度 $T/℃$	压力 p/Pa	密度 $\rho/kg \cdot m^{-3}$	动力黏性系数 $\mu/Pa \cdot s$	运动黏性系数 $\nu/m^2 \cdot s^{-1}$	温度 $T/℃$	压力 p/Pa	密度 $\rho/kg \cdot m^{-3}$	动力黏性系数 $\mu/Pa \cdot s$	运动黏性系数 $\nu/m^2 \cdot s^{-1}$
0	$1.013×10^5$	999.9	$1.789×10^{-3}$	$1.789×10^{-6}$	190	$12.55×10^5$	876.0	$0.144×10^{-3}$	$0.165×10^{-6}$
10	$1.013×10^5$	999.7	$1.305×10^{-3}$	$1.306×10^{-6}$	200	$15.55×10^5$	863.0	$0.136×10^{-3}$	$0.158×10^{-6}$
20	$1.013×10^5$	998.2	$1.005×10^{-3}$	$1.006×10^{-6}$	210	$19.08×10^5$	852.8	$0.130×10^{-3}$	$0.153×10^{-6}$
30	$1.013×10^5$	995.7	$0.801×10^{-3}$	$0.805×10^{-6}$	220	$23.20×10^5$	840.3	$0.125×10^{-3}$	$0.148×10^{-6}$
40	$1.013×10^5$	992.2	$0.653×10^{-3}$	$0.659×10^{-6}$	230	$27.98×10^5$	827.3	$0.120×10^{-3}$	$0.145×10^{-6}$
50	$1.013×10^5$	988.1	$0.549×10^{-3}$	$0.556×10^{-6}$	240	$33.48×10^5$	813.6	$0.115×10^{-3}$	$0.141×10^{-6}$
60	$1.013×10^5$	983.2	$0.470×10^{-3}$	$0.478×10^{-6}$	250	$39.78×10^5$	799.0	$0.110×10^{-3}$	$0.137×10^{-6}$
70	$1.013×10^5$	977.8	$0.406×10^{-3}$	$0.415×10^{-6}$	260	$46.95×10^5$	784.0	$0.106×10^{-3}$	$0.135×10^{-6}$
80	$1.013×10^5$	971.8	$0.335×10^{-3}$	$0.365×10^{-6}$	270	$55.06×10^5$	767.9	$0.102×10^{-3}$	$0.133×10^{-6}$
90	$1.013×10^5$	965.3	$0.315×10^{-3}$	$0.326×10^{-6}$	280	$64.20×10^5$	750.7	$0.0981×10^{-3}$	$0.131×10^{-6}$
100	$1.013×10^5$	958.4	$0.283×10^{-3}$	$0.295×10^{-6}$	290	$74.46×10^5$	732.3	$0.0942×10^{-3}$	$0.129×10^{-6}$
110	$1.433×10^5$	951.0	$0.259×10^{-3}$	$0.272×10^{-6}$	300	$85.92×10^5$	712.5	$0.0912×10^{-3}$	$0.128×10^{-6}$
120	$1.986×10^5$	943.1	$0.237×10^{-3}$	$0.252×10^{-6}$	310	$98.70×10^5$	691.1	$0.0883×10^{-3}$	$0.128×10^{-6}$
130	$2.702×10^5$	934.8	$0.218×10^{-3}$	$0.233×10^{-6}$	320	$112.90×10^5$	667.1	$0.0853×10^{-3}$	$0.128×10^{-6}$
140	$3.624×10^5$	926.1	$0.201×10^{-3}$	$0.217×10^{-6}$	330	$128.65×10^5$	640.2	$0.0814×10^{-3}$	$0.127×10^{-6}$
150	$4.761×10^5$	917.0	$0.186×10^{-3}$	$0.203×10^{-6}$	340	$146.09×10^5$	610.1	$0.0775×10^{-3}$	$0.127×10^{-6}$
160	$6.181×10^5$	907.4	$0.173×10^{-3}$	$0.191×10^{-6}$	350	$165.38×10^5$	574.4	$0.0726×10^{-3}$	$0.126×10^{-6}$
170	$7.924×10^5$	897.3	$0.163×10^{-3}$	$0.181×10^{-6}$	360	$186.75×10^5$	528.0	$0.0667×10^{-3}$	$0.126×10^{-6}$
180	$10.03×10^5$	886.9	$0.153×10^{-3}$	$0.173×10^{-6}$	370	$210.54×10^5$	450.5	$0.0569×10^{-3}$	$0.126×10^{-6}$

附表2 常用物理量及转换

1. 长度换算

1 米（m）= 10 分米（dm）= 100 厘米（cm）= 1000 毫米（mm）= 10^6 微米（μm）= 10^{12} 纳米（nm）= 10^{13} 埃（Å）

2. 密度换算

1 千克/米^3（kg/m^3）= 0.001 克/厘米^3（g/cm^3）

3. 常用物理常数

物理常数	符号	单位	最佳实验值	供计算用值
真空中光速	c	m/s	299792458±1.2	3.00×10^8
引力常数	G	N·m^2/kg^2	（6.6720±0.0041）×10^{-11}	6.67×10^{-11}
阿伏加德罗（Avogadro）常数	N_A	mol^{-1}	（6.022045±0.000031）×10^{23}	6.02×10^{23}
普适气体常数	R	J/(mol·K)	8.31441±0.00026	8.31
玻耳兹曼（Boltzmann）常数	k	J/K	（1.380662±0.000041）×10^{-23}	1.38×10^{-23}
理想气体摩尔体积	V_m	m^3/mol	（22.41383±0.00070）×10^{-3}	22.4×10^{-3}
基本电荷（元电荷）	e	C	（1.6021892±0.0000046）×10^{-19}	1.602×10^{-19}
原子质量单位	u	kg	（1.6605655±0.0000086）×10^{-27}	1.66×10^{-27}
电子静止单位	m_e	kg	（9.109534±0.000047）×10^{-31}	9.11×10^{-31}
电子荷质比	e/m_e	C/kg^2	（1.7588047±0.0000019）×10^{-11}	1.76×10^{-11}
质子静止质量	m_p	kg	（1.6726485±0.0000086）×10^{-27}	1.673×10^{-27}
中子静止质量	m_n	kg	（1.6749543±0.0000086）×10^{-27}	1.675×10^{-27}
法拉第常数	F	C/mol	（9.648456±0.000027）×10^4	96500
真空电容率	ε_0	F/m^2	（8.854187818±0.000000071）×10^{-12}	8.85×10^{-12}
真空磁导率	μ_0	H/m	（12.5663706144±0.0000000020）×10^{-7}	$4\pi \times 10^{-7}$
电子磁矩	μe	J/T	（9.284832±0.000036）×10^{-24}	9.28×10^{-24}
质子磁矩	μ_p	J/T	（1.4106171±0.0000055）×10^{-23}	1.41×10^{-23}
玻尔（Bohr）半径	α_0	m	（5.2917706±0.0000044）×10^{-11}	5.29×10^{-11}
玻尔（Bohr）磁子	μ_B	J/T	（9.274078±0.000036）×10^{-24}	9.27×10^{-24}
核磁子	μ_N	J/T	（5.059824±0.000020）×10^{-27}	5.05×10^{-27}
普朗克（Planck）常数	h	J·s	（6.626176±0.000036）×10^{-34}	6.63×10^{-34}
精细结构常数	a		7.2973506（60）×10^{-3}	
里德伯（Rydberg）常数	R	m^{-1}	1.097373177（83）×10^7	
电子康普顿（Compton）波长		m	2.4263089（40）×10^{-12}	
质子康普顿（Compton）波长		m	1.3214099（22）×10^{-15}	
质子电子质比	m_p/m_e		1836.1515	

附表3 材料的密度、导热系数和比热容

名称	密度 /kg·m⁻³	导热系数		比热容	
		W/(m·K)	kcal/(m·h·℃)	kJ/(kg·K)	kcal/(m·h·℃)
(1) 金属：					
钢	7850	45.3	39.0	0.46	0.11
不锈钢	7900	17	15	0.50	0.12
铸铁	7220	62.8	54.0	0.50	0.12
铜	8800	383.8	330.0	0.41	0.097
青铜	8000	64.0	55.0	0.38	0.091
黄铜	8600	85.5	73.5	0.38	0.09
铝	2670	203.5	175.0	0.92	0.22
镍	9000	58.2	50.0	0.46	0.11
铅	11400	34.9	30.0	0.13	0.031
(2) 塑料：					
酚醛	1250~1300	0.13~0.26	0.11~0.22	1.3~1.7	0.3~0.4
脲醛	1400~1500	0.30	0.26	1.3~1.7	0.3~0.4
聚氯乙烯	1380~1400	0.16	0.14	1.8	0.44
聚苯乙烯	1050~1070	0.08	0.07	1.3	0.32
低压聚乙烯	940	0.29	0.25	2.6	0.61
高压聚乙烯	920	0.26	0.22	2.2	0.53
有机玻璃	1180~1190	0.14~0.20	0.12~0.17		
(3) 建筑材料、绝缘材料、耐酸材料及其他：					
干砂	1500~1700	0.45~0.48	0.39~0.50	0.8	0.19
黏土	1600~1800	0.47~0.53	0.4~0.46	0.75(-20~20℃)	0.18(-20~20℃)
锅炉炉渣	700~1100	0.19~0.30	0.16~0.26		
黏土砖	1600~1900	0.47~0.67	0.4~0.58	0.92	0.22
耐火砖	1840	1.05 (800~1100℃)	0.9 (800~1100℃)	0.88~1.0	0.21~0.24
绝缘砖（多孔）	600~1400	0.16~0.37	0.14~0.32		
混凝土	2000~2400	1.3~1.55	1.1~1.33	0.84	0.20
松木	500~600	0.07~0.10	0.06~0.09	2.7 (0~100℃)	0.65 (0~100℃)
软木	100~300	0.041~0.064	0.035~0.055	0.96	0.23
石棉板	770	0.11	0.10	0.816	0.195
石棉水泥板	1600~1900	0.35	0.3		
玻璃	2500	0.74	0.64	0.67	0.16
耐酸陶瓷制品	2200~2300	0.93~1.0	0.8~0.9	0.75~0.80	0.18~0.19
耐酸砖和板	2100~2400				
耐酸搪瓷	2300~2700	0.99~1.04	0.89~0.9	0.84~1.26	0.2~0.3
橡胶	1200	0.16	0.14	1.38	0.33
冰	900	2.3	2.0	2.11	0.505

注：1kcal=4.1868kJ。

附表 4　各种材料的表面辐射率

材料名称及表面状况	温度/℃	ε	材料名称及表面状况	温度/℃	ε
铝：抛光的，纯度98%	200~600	0.04~0.06	不锈钢，抛光的	40	0.07~0.17
工业用铝板	100	0.09	锡：光亮的或蒸镀的	40~540	0.01~0.03
严重氧化的	100~500	0.2~0.33	锌：镀锌，灰色	40	0.28
黄铜：高度抛光的	260	0.03	木材：各种木材	40	0.80~0.90
无光泽的	40~260	0.22	石棉：板	40	0.96
氧化的	40~260	0.46~0.56	石棉水泥	40	0.96
铬：抛光板	40~550	0.08~0.27	石棉瓦	40	0.97
铜：高度抛光的电解铜	100	0.02	砖：粗糙红砖	40	0.93
轻微抛光的	40	0.12	耐火黏土砖	980	0.75
氧化变黑的	40	0.76	碳：灯黑	40	0.95
金：高度抛光的纯金	100~600	0.02~0.035	石灰砂浆：白色、粗糙	40~260	0.87~0.92
钢板：抛光的	40~260	0.07~0.1	黏土：耐火黏土	100	0.91
钢板：轧制的	40	0.65	土壤（干）	20	0.92
钢板：粗糙，氧化严重的	40	0.80	土壤（湿）	20	0.95
铸铁：抛光的	200	0.21	混凝土：粗糙表面	40	0.94
新车削的	40	0.44	纸：白纸	40	0.95
氧化的	40~260	0.57~0.66	粗糙屋面焦油纸毡	40	0.90
玻璃：平板玻璃	40	0.94	橡胶：硬质的	40	0.94
瓷：上釉的	40	0.93	雪	-12~-7	0.82
石膏	40	0.80~0.90	水：厚度0.1mm以上	40	0.96
大理石：浅灰，磨光的	40	0.93	人体皮肤	32	0.98
油漆：各种油漆	40	0.92~0.96			
白色油漆	40	0.80~0.95			
光亮油漆	40	0.90			

附表 5　常用换热器传热系数的大致范围

热交换器形式	热交换流体		传热系数 /W·(m²·K)⁻¹	备　　注
	内侧	外侧		
管壳式（光管）	气	气	10~35	常压
	气	高压气	160~170	(200~300)×10⁵Pa
	高压气	气	170~450	(200~300)×10⁵Pa
	气	清水	20~70	常压
	高压气	清水	200~700	(200~300)×10⁵Pa
	清水	清水	1000~2000	液体层流
	清水	水蒸气凝结	2000~4000	液体层流
	高黏度液体	清水	100~300	
	高温液体	气体	30	
	低黏度液体	清水	200~450	

续附表 5

热交换器形式		热交换流体		传热系数 /W·(m²·K)⁻¹	备　注
		内侧	外侧		
盘香管 (外侧沉浸在液体中)		水蒸气凝结	搅动液	700~2000	铜管
		水蒸气凝结	沸腾液	1000~3500	铜管
		冷水	搅动液	900~1400	铜管
		水蒸气凝结	液	280~1400	铜管
		清水	清水	600~900	铜管
		高压气	搅动水	100~350	铜管（200~300）×10⁵Pa
套管式		气	气	10~35	(200~300)×10⁵Pa
		高压气	气	20~60	(200~300)×10⁵Pa
		高压气	高压气	170~450	(200~300)×10⁵Pa
		高压气	清水	200~600	
		水	水	1700~3000	
螺旋式		清水	清水	1700~2200	
		变压器油	清水	350~450	
		油	油	90~140	
		气	气	30~45	
		气	水	35~60	
板式	人字形板片	清水	清水	3000~3500	水速为 0.5m/s 左右
		清水	清水	1700~3000	水速为 0.5m/s 左右
	平直波形板片	油	清水	600~900	水速和油速均 0.5m/s 左右
蜂螺型伴伞板换热器		清水	清水	2000~3500	材料为 1Cr18Ni9Ti
		油	清水	300~370	
板翅式		清水	清水	3000~4500	
		冷水	油	400~600	以油侧面积为准
		油	油	170~350	
		气	气	70~200	
		空气	清水	80~200	空气侧质流密度为12~40kg/(m²·s) 以气侧面积为准

附表 6　部分粉体的物性值表

名　称	真密度 /g·cm⁻³	粉体密度/g·cm⁻³		压缩度 /%	休止角 /(°)	平板角 /(°)	Carr 流动性指数	喷流性指数
		松装密度	振实密度					
氧化锌	5.6	0.567	1.263	55	49	57	28	28
味精	1.635	0.73	0.88	18	17	39	65	
苜宿	1.5	0.25		22.1	42	65	67	53
铝粉	2.71	0.95	1.26	25	39	58	72	83
环氧树脂	1.23	0.63	0.82	23	43	68	63	82
聚氯乙烯	1.4	0.3	0.6	18.4	39		81	67

名　称	真密度 /g·cm⁻³	粉体密度/g·cm⁻³		压缩度 /%	休止角 /(°)	平板角 /(°)	Carr 流动性 指数	喷流性 指数
		松装密度	振实密度					
炭黑	1.53	0.155	0.275	44	43	71	37	95
河沙	2.55	1.45	1.65	13	36	51	87	
黏土	2.6	0.36	0.66	45	49	86	26	
硅微粉	2.5	0.882	1.467	40	48	62	38	64
硅藻土	2.3	0.115	0.29	60	60	83	14	
玉米粉	1.4	0.43	0.69	38	51	79	36	54
钛白粉	4.4	0.49	0.755	35	45	65	41	
氧化镁	3.65	0.15	0.33	55	37	75	35	67
碳化硅	3.2	1.53	1.79	15	40	40	83	
水泥	3.1	0.63	1.16	46	45	71	34	70
纯碱	1.79	1.195	1.284	7.0	30	42	66	78
滑石	2.7	0.26	0.48	46	47	68	39	
重钙	2.72	0.545	1.28	57	47	67	27	70
大豆粉		0.522	0.865	40	51	68	38	85
铁粉	7.9	2.96	3.6	57	54	70	31	
铜粉	8.9	1.77	2.74	36	52	71	33	53
粉煤灰	2.1	0.51	0.95	46	46	82	46	
灭火干粉		0.955	1.555	39	36	59	53	90
膨润土	2.0	0.95	1.22	14	38	69	66	75
萤石	3.1	0.69	2.10	67	48	74	36	68
绿茶粉	1.4	0.26	0.62	58.1	52	81	19	45
蜡石	2.7	1.33	1.55	14	42	37	82	67
白炭黑		0.105	0.185	43	47	69	33	73
三聚氰胺		0.42	0.79	47	54	76	27	38
尿素	1.3	0.48	0.76	36.1	61	76	47	

冶金工业出版社部分图书推荐

书　名	作　者	定价(元)
中国冶金百科全书·金属材料	编委会	229.00
现代材料表面技术科学	戴达煌	99.00
金属功能材料	王新林	189.00
稀土永磁材料(上册)	胡伯平	124.00
稀土永磁材料(下册)	胡伯平	136.00
物理化学(第4版)(本科教材)	王淑兰	45.00
钒钛功能材料	邹建新	78.00
高硬度材料的焊接	李亚江	48.00
工程材料(本科教材)	朱　敏	49.00
金属材料学(第3版)(本科教材)	强文江	66.00
特种冶炼与金属功能材料(本科教材)	崔雅茹	20.00
功能材料学概论	马如璋	109.00
烧结钕铁硼稀土永磁材料与技术	周寿增	69.00
合金相与相变(第2版)(本科教材)	肖纪美	37.00
镁钙系耐火材料(本科教材)	陈树江	39.00
金相实验技术(第2版)(本科教材)	王　岚	32.00
耐火材料(第2版)(本科教材)	薛群虎	35.00
无机非金属材料科学基础(第2版)(本科教材)	马爱琼	64.00
无机非金属材料研究方法(本科教材)	张　颖	35.00
金属学与热处理(本科教材)	陈惠芬	39.00
材料科学基础(本科教材)	李　见	45.00
材料现代测试技术(本科教材)	廖晓玲	45.00
材料研究与测试方法(本科教材)	张国栋	20.00
工程材料基础(高职高专教材)	甄丽萍	26.00
稀土永磁材料制备技术(高职高专教材)	石　富	29.00
机械工程材料(高职高专教材)	于　钧	32.00
一维无机纳米材料	晋传贵	40.00
超细晶碳化钨–钴复合材料	郭胜达	55.00
$Al-Mg_2Si$ 复合材料	秦庆东	55.00
真空材料	张以忱	29.00